从数据科学看懂数字化转型

数据如何改变世界

刘 通 著

清華大學出版社
北京

内容简介

数字化转型是企业在数字经济时代面对的重大战略选择，其本质是通过有效地使用数据资源对业务进行全面的升级和优化，提高企业的综合产业竞争力。本书将数据科学作为出发点，结合大数据、人工智能技术，以数据分析的方法和理论为观察视角，介绍了企业数字化转型的核心知识概念及主要的应用实践策略。

本书共8章，分为数字化产业目标、数据科学原理、数据科学技术，以及数字化业务实践4部分。

数字化产业目标部分(第1章)介绍数字经济时代的产业特征和格局，以及企业数字化的业务本质和重大意义；数据科学原理部分(第2章)主要讨论数据要素的核心价值体系及数据科学的基本理论范畴；数据科学技术部分(第3～6章)主要介绍数据获取及预处理方法、数据规律挖掘方法、数据建模方法，以及数据相关技术系统的建设方法；数字化业务实践部分(第7、8章)讨论企业数字化中的实施落地问题、数字化人才和组织架构，以及不同行业数字化应用的典型场景。

本书适合关注数字化转型话题的数据挖掘、数据分析、数据系统研发等相关行业技术人员，也适合对数据科学感兴趣的数字化转型管理人才和业务专家阅读，还可作为数据产业创业者和研究人员的参考书。

图书在版编目(CIP)数据

从数据科学看懂数字化转型：数据如何改变世界/刘通著.—北京：清华大学出版社，2023.8
ISBN 978-7-302-63505-5

Ⅰ. ①从…　Ⅱ. ①刘…　Ⅲ. ①数据处理－研究　Ⅳ. ①TP274

中国国家版本馆 CIP 数据核字(2023)第 084594 号

责任编辑：赵佳霓
封面设计：刘　键
责任校对：时翠兰
责任印制：刘海龙

出版发行：清华大学出版社
网　　址：http://www.tup.com.cn，http://www.wqbook.com
地　　址：北京清华大学学研大厦 A 座　　**邮　　编**：100084
社 总 机：010-83470000　　**邮　　购**：010-62786544
投稿与读者服务：010-62776969，c-service@tup.tsinghua.edu.cn
质量反馈：010-62772015，zhiliang@tup.tsinghua.edu.cn
课件下载：http://www.tup.com.cn，010-83470236
印 装 者：北京同文印刷有限责任公司
经　　销：全国新华书店
开　　本：186mm×240mm　　**印　张**：18.25　　**字　　数**：355 千字
版　　次：2023 年 10 月第 1 版　　**印　　次**：2023 年 10 月第 1 次印刷
印　　数：1～2000
定　　价：69.00 元

产品编号：098662-01

PREFACE

前　言

数字化转型已经成为大多数企业所面对的巨大发展变革机会。越来越多的企业开始尝试通过数字化转型来获得新的技术和能力，并在所在行业中取得竞争优势。企业要想做好数字化转型工作，就要理解数字化的概念和方法，掌握数字化的关键工具，除此以外，更重要的是读懂数据和使用数据。

数字化转型的核心是数据，关注的是如何使用数据创造业务价值。一般关于数字化转型的讨论大多数是从业务的视角展开，围绕和数据相关的管理方法及基于数据要素的商业模型。本书不仅关注数字化转型在业务实践的一面，同时也关注其科学属性的一面。我们想要探讨的是数据在数字化转型中到底发挥了什么作用，具体是如何一步步地释放信息价值，并对传统的业务模式进行重塑。

数据的作用是传递信息，信息帮助人们进行决策，而管理的本质则是关于决策的活动，因此讨论企业的管理问题，实际上就是讨论如何使用数据的问题。在数字化转型中，企业的全部灵感都要围绕数据展开，也只有通过对数据的管理、加工、分析、交互、共享、反馈才能得以实现。

数据科学是关于数据的综合学科，这里面涉及很多技术方面的内容，例如公式、算法、模型、软件架构，以及核心的数字技术产品。在畅想和规划数字化转型的业务实践路径的同时，我们不应忽略的事实是，转型工作最终还是要回归到对数据的应用上。对数据理解的深度最终会决定我们数字化转型工作成绩的高度。

从数据科学的角度介绍数字化转型是一个全新的思路，在数字化转型的基本概念和总体图景基础之上，帮助进行数字化变革的管理者们能够“自底向上”逐步看清数字技术与业务创新的本质关系。技术决定了业务的能力边界，只要读懂数据科学技术，就能够深刻理解数据在所面对的业务场景下究竟能做什么，同时也帮助我们看清在数字技术的驱动下，前方业务发展的道路应该走向何方。

本书是笔者基于十多年在数据科学方面的学习和工作经验总结整理而成的，其中，涵盖了在上海交通大学博士就读期间对数据驱动的新型管理方法的思考见解，也融合了在金融行业国有企业统筹数据管理与创新工作的产业实践经验，同时也体现了在中国科学院自动化研究所从事大数据科研工作期间的前沿技术积累。

在形成本书内容时，参考了大量数据科学和数字技术方面的高质量论文和书籍，从中筛选出了与数字化转型密切相关的技术知识点，将其按照数字化应用落地的角度重新进行了筛选和组织，最终形成了独有的知识体系脉络。本书涵盖的知识内容十分丰富，呈现方式很压缩，但是在文字表述上尽可能地做到直接、简洁、清晰。书中介绍的所有知识内容最终都指向一个目的，让读者能够看清数字化的科学本质，掌握从宝贵数据资源中构建出成功数字化案例的技术能力。

本书共分 8 章，分布在目标、原理、技术、业务 4 个主要层级板块。依据这 4 个层级的递进关系，完成了从数据科学到数字经济的总体价值实现链路转换，如下图所示。

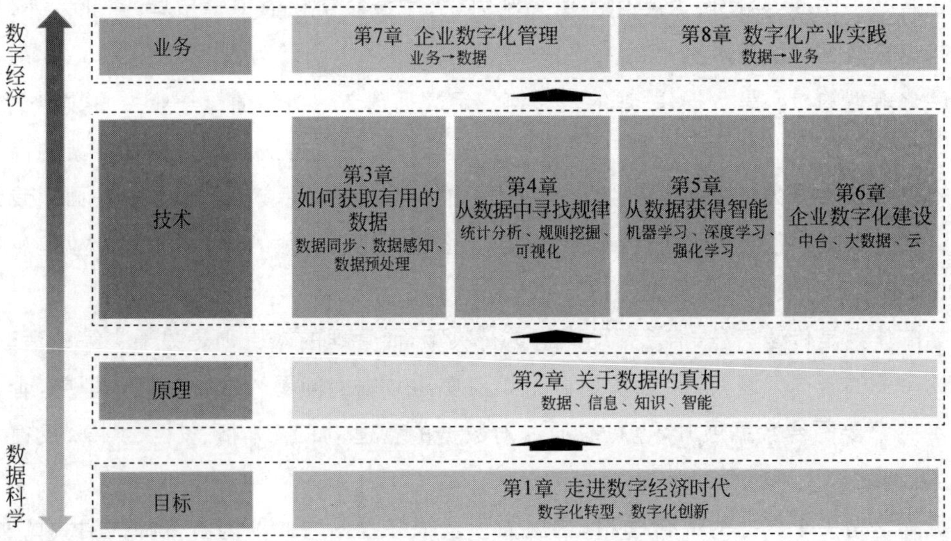

第 1 章介绍了数字经济的基本定义，以及与其密切相关的数字化转型和数字化创新的概念内涵，同时明确提到了数字化的最终目的是通过连接、决策和智能等主要途径为经济活动注入新的秩序。

在原理层级板块，重点关注和数字化相关的底层数据科学知识框架，把数据看作基础的研究对象进行剖析，这一层对应的是本书第 2 章内容。

第 2 章首先介绍了数据的核心价值本源，指出数据的价值包括事实的价值和知识的价值两个层面的内涵。之后，提出决定数据价值水平的两个重要的数据特征，分别是数据的维度和数据的规模。第 2 章还介绍了数据科学学科本身的专业领域范畴，包括数据采集与管理、数据存储与计算、数据分析与应用 3 个方面的知识内容。

数据技术是数据原理的具体能力表现形式。在技术层级板块，重点关注基于数据科学原理的数字技术方案的具体实现，这一层对应的是本书第 3～6 章内容。

第 3 章主要介绍如何从业务环境中获取数据，其中提到了数据感知的概念。数据感知是实现帮助企业从业务活动中捕捉关键信息，并将信息映射到数字世界的关键技术过程。

数据感知包括硬感知和软感知,分别对应从物理世界和虚拟世界进行数据采集。在数据感知的基础上,还需要对数据进行进一步处理才能转化成可用的形式,因此第 3 章也重点介绍了数据的信息提取和信息检索两个主要技术任务。

第 4 章主要介绍如何从数据中寻找规律实现信息价值的启发及新业务知识的获取。具体包括对数据进行客观的统计描述分析,挖掘数据的重要统计特征及其背后的关键业务信息。此外,本章还介绍了主要的规则挖掘技术方法,即如何从数据中提取知识规则并加以业务应用。本章还对数据可视化进行了讨论,介绍了很多重要的数据图形表现形式及其所适用的具体业务分析场景。

第 5 章主要介绍如何从数据中获得智能的方法,目的是从海量数据资源中学习到能够代替人进行智能决策的数据模型。首先介绍了面向有监督数据集的传统机器学习方法,涉及回归分析、支持向量机、概率图、决策树等主要模型;其次介绍了近年来在大数据业务场景下比较流行的深度学习技术,包括深度前馈神经网络、循环神经网络、自编码器等经典的神经网络结构;最后讨论了其他常见的智能数据建模方法,如强化学习、迁移学习、元学习、联邦学习等。

第 6 章主要介绍在数字化转型中企业的 IT 建设工作,讨论在具体的技术落地层面所涉及的主要软件系统及所依赖的底层技术框架。本章首先介绍了支撑企业级数据资源管理、共享和应用的“中台”概念,以及相关的技术应用系统;其次介绍了为企业数字化提供基础服务能力保障的大数据技术栈,并从大数据存储、大数据收集、大数据计算、大数据集群管理等方面进行了详细解读;最后梳理了企业获取数字技术能力的主要实施途径,其中包括软件服务化的总体技术架构趋势,以及云计算的经典服务模型与部署模型。

技术的目的是支撑业务活动,帮助企业完成业务的转型和组织的转型。在业务层级板块,重点关注数据管理和数字化产业实践两方面的内容,分别对应本书的第 7 章和第 8 章。

第 7 章主要介绍企业的数据管理活动。首先介绍了数据管理活动的总体内容框架,特别是数据治理的概念和数据生命周期管理的主要工作范畴;其次介绍了如何建立企业的数据体系,包括对数据架构的设计思路和数据建模的主要方法;最后针对企业中主要的数据类型及相应的管理方法进行了详细说明,包括常规数据、非结构化数据、主数据、参考数据,以及元数据等。

第 8 章主要介绍企业数字化产业实践中的典型问题和应用案例,其中分别介绍了大型和中小型非数字原生企业在转型中的困难和常见的解决方法,并从组织和人才的层面描述了数字化企业的主要特点。最后还专门讨论了餐饮、家居、金融、制造业、能源、农业、城市治理、医疗卫生等重要行业领域的产业实践应用成果。

在业务层级板块的基础上,最终是要实现数字经济的上层目标,这也是本书在第 1 章最开始讨论的内容。

本书内容适用于广大对数据科学感兴趣的技术从业人员，帮助技术人员更好地突破“懂技术，但不落地”的痛点，让读者在掌握核心大数据技术的同时，找准数字产业的应用方向，通过数字化创新的业务场景实现技术价值发挥。本书同时也适用于所有致力于在数字化转型中有更多技术维度思考的管理人员和业务专家，帮助其深入理解数据科学技术的前沿动态，提升自身数据素质和数据产品规划能力，从而更有效地组织技术人员开展数字化项目的实施推进。

作　者

2023年6月

CONTENTS

目　录

第三部分 数据科学技术

第一部分　数字化产业目标

第1章

走进数字经济时代

1.1 大数据与互联网：触动数字经济快捷键

虽然人们通过数据分析进行生产生活实践已有很多年历史，但是数字经济的繁荣及和数字经济相关主题的“火爆”，其实也只是近一两年的事情。众所周知，任何社会发展的潮流和趋势，背后都有一系列综合因素共同驱动，对于数字经济的发展也是一样。我们要关注驱动数字经济发展的关键因素，或者说，影响社会发展大方向的底层“慢变量”到底是什么，这样才能更好地理解数字经济“前世今生”的发展脉络，从而更准确地判断出数据要素支撑产业数字化应用落地的未来方向。

1.1.1 数字经济到来，产业革命加速

1. 数字经济定义

随着2020年中小企业数字化转型的全面产业布局规划，可以说我国已经正式步入数字经济的快车道，当前社会中各行各业的企业和机构都开始拥抱数据科学技术带来的变化与挑战，关注数字化转型的事业，重视数字创新能力的培养，并加快推动其所在领域的数字能力变革。数字经济以互联网、人工智能、区块链作为主要的技术手段，把数据作为业务价值的核心生产要素，对人与人的社会关系和生产服务方式带来了巨大变革。数字经济时代的主要特征见表1-1。

在数字化的产业实践方面，最典型的行业代表当属电商零售领域，产品智能推荐、自动营销推广、社区团购、基于自媒体的远程导购，这些技术应用模式极大地丰富了消费者的购物体验，并提升了产品从生产，到销售，再到物流的整体供应链综合效能。

在城市交通领域，基于对交通数据的融合与协同分析，可以预测路段拥堵事件，对交通信号系统进行智能化联网联控，降低交通阻塞概率，保证出行畅通；通过构建城市要素综合

平台，赋能行业应用，包括智能选址、智能物流调度、智能城市建设规划等；围绕人工智能技术，还发展出了智能汽车的大规模产业化落地，极大地提高了人们出行体验的便捷性和安全性；此外，无人物流配送和智能交通执法也逐渐成为重要的产业化应用方向。

表 1-1　数字经济时代的主要特征

主要特征	第一次（工业或产业革命）蒸汽时代	第二次（科技革命）电气时代	第三次（新科技革命）信息时代	第四次（信息时代的升级）数字经济时代
时间	1760—1840	1870—1910	1950—1990	21 世纪以来
主要标志	蒸汽机的发明应用	电力和内燃机的发明应用	原子能、电子计算机、空间技术和生物工程等领域的重大突破	互联网、人工智能、区块链、生物技术等发展
生产方式	机器大生产取代手工劳动，工业文明出现	科学与技术结合，工业文明极速发展	科学技术转化为直接生产力的速度在加快	数据逐渐成为重要的生产要素
经济结构	农业占比下降，工业占比提升，重点是轻工业	工业化发展到以重工业为重点的新阶段	第三产业占比迅速提升	第三产业保持高占比
新兴行业	纺织、冶金、采煤、机器制造和交通运输	代表性的产业如电力、电机制造、钢铁、汽车、石油、化工以及新兴的通信产业等	核心是电子计算机的广泛应用，涉及信息技术、新能源技术、新材料技术、生物技术、空间技术和海洋技术等诸多领域	5G、人工智能、生物技术、先进制造、量子科技等
社会关系	工厂诞生，工人阶级形成，两大对立阶级——资产阶级和无产阶级的出现	垄断集团出现，少数资本家的控制范围从经济延伸到政治	跨国公司迅速发展；国家之间、不同阶层之间贫富差距加大	在新的技术、新的商业模式的推动下，企业固有的形态和地位都可能被打破，但财富仍然可能向技术和资本的拥有者集中
生活方式	城市化出现	城市化加速	城市化深化	生产的空间和时间的限制将弱化，这可能也会影响产业聚集和人口聚集的状态
世界经济格局	英国率先完成工业革命，很快成为世界霸主，推动了世界市场的形成。中国在全球的经济地位在下滑	德国和美国在这次科技革命中发挥了主导作用，西欧、美国以及日本的工业都得到飞速发展，资本主义的世界体系最终建立	这次科技革命以美国为主导，席卷了整个世界。日本发展迅速，中国也参与其中，全球化提速	科技大国均参与其中。中国有望在第四次科技革命中发挥更大的作用，也需要应对世界经济格局演变中可能的冲突

在金融领域，通过对上市公司的年报统计数据及公司发行股票 K 线走势的历史数据，可以构建关于股价的预测模型，帮助人们更加理性地选股、投资；通过将人工智能技术与区

块链相结合构建智能信用体系，应用在交易中的票据管理、合同管理等方向，多角度实现金融行业服务的降本增效；通过自然语言处理技术、语音识别技术，对包括互联网渠道在内的图文数据、音视频数据进行自动挖掘分析，识别潜力投资方向，引导投资决策。

在医疗领域，可以通过图像识别技术进行影像检测，进行器官病灶的自动筛查，面向心电信号数据的采集与挖掘，可以辅助识别潜在的心血管疾病风险；基于医疗领域的专业知识图谱和图谱背后庞大的知识库，可以实现就医咨询、用药咨询、智能问答、智能导诊及智能预约等自动化远程医疗服务；围绕医疗专业领域知识和海量医疗实验数据的深度关联分析，还能支持药物研发、病患管理，面对复杂病患问题定制专业诊疗方案。数字经济规模与增长变化趋势如图 1-1 所示。

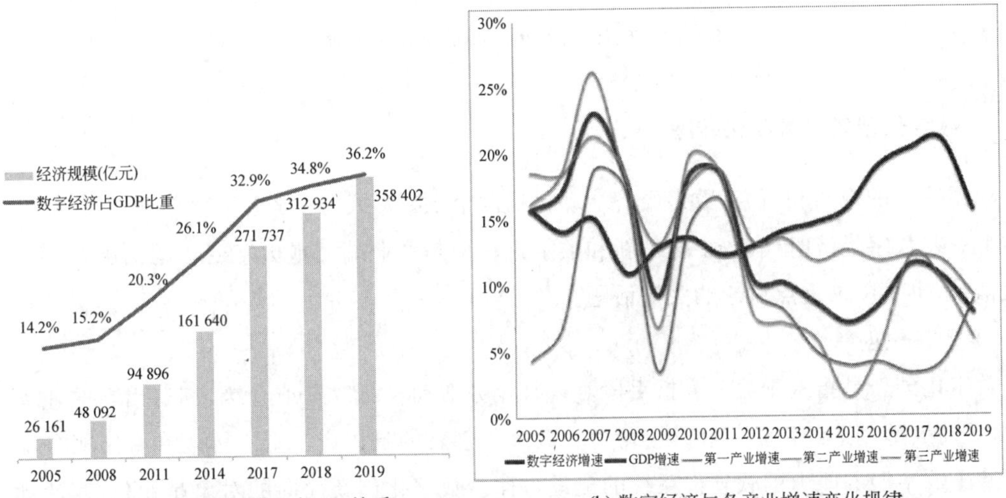

(a) 各年度数字经济规模及占GDP比重　　(b) 数字经济与各产业增速变化规律

图 1-1　数字经济规模与增长变化趋势

当今，使用数据来发现和理解客观世界，挖掘社会和商业的本质规律，并以此对业务进行改造和创新，持续地创造经济价值，已经越来越被产业端所接受。一方面，人们更加熟悉数据是怎么一回事，逐渐认识到数据的重要性，对数据的产业应用落地方向越来越“有感觉”；另一方面，随着数据科学相关学科人才教育和培养的成熟化，整个社会的人力资源结构方面，掌握数据处理、数据分析、数据科技创新方法的人才也越来越多。

到底什么是数字经济？从广义上来讲，凡是直接或间接利用数据来引导资源发挥作用，推动生产力发展的经济形态都可以纳入其范畴。简单地讲，数字经济就是把数据作为核心资源要素的经济活动。如果在业务的开展中，数据对最终经济价值的创造起到了关键作用，那么这个经济活动就可以被看作数字经济的组成部分。在传统的农业经济模式中，经济价值的增长仅仅依赖于技术进步、劳动力和土地；相比较，在工业经济阶段，经济模型中又引入了资本这一项内容，而现在当社会发展到数字经济的阶段时，又进一步添加了数据这个重要的要素(变量)。数字经济与传统经济模式的区别如图 1-2 所示。

图 1-2　数字经济与传统经济模式的区别

2. 数字化创新与数字化转型

根据笔者的观察和研究，数字经济活动包括两个主要形式：一是数字化创新，二是数字化转型。在数字经济时代，数字化创新和数字化转型是产业端拥抱数字变革的两类重要的实践活动，也是本书重点讨论的关键话题。

1）数字化创新

数字化创新是指基于数据分析手段对现有业务活动进行改造或升级，创造出新的业务模式，更高效地创造经济价值和社会价值。数字化创新的具体产出形态体现在数字服务能力及基于数字服务能力的软硬件系统的建设方面。数字化创新面向的对象是业务，其活动通常是产品化、项目制、阶段性的，企业通过设计和构建一个又一个具体的数字化创新应用来实现其数据资源的价值变现。

数字化创新有非常多不同的具体表现形式，如何开展数字化创新取决于企业的规模、所处行业，以及企业所掌握的数据资源类型和丰富程度。在数字化创新中，需要面对具体的业务需求进行数字能力重构，在业务环节中引入算法和大数据要素，并添加人和机器交互的过程。数字化创新的产出是数据产品，一般以软件平台应用或软硬件结合的智能系统作为输出交付，用户通过这些系统达到“降本增效”的目的，从而获得新的业务能力。

2）数字化转型

数字化转型是指企业全面提升自身数据管理和数据应用综合实力的产业活动。数字化转型面向的对象是组织，其活动通常是持续的、长期的。数字化转型没有具体的起始和结束时间节点，企业要认识到数字化转型是整体能力的转型，是业务、技术、人员、战略、文化的全面转型活动，是面向企业自身组织形态和产业形态的系统化建设工作。

在数字化转型过程中，不仅要关注数字化技术的落地实施，更要关注企业完整数字化能力的塑造。在数字化转型过程中，需要解决企业长期的战略发展问题，而非某个单体业务的升级和改造。在数字化转型过程中，企业要定义好数据架构，设计有效的信息战略，搭建相匹配的数字化人才体系，不断建设高价值的数字资源底座，完善和优化数据标准和数据管理制度。

1.1.2　大数据技术：从实验环境走向现实环境

1. 传统数据分析方法无法满足现实业务需求

数字经济之所以快速发展，首先要归功于人们对数据分析处理能力的快速提升。自从2003 年谷歌提出了分布式的数据存储与计算技术架构，大数据技术便得到快速发展和崛起。无论是在软件方面、硬件方面，还是在关于数据处理的技术方面，都出现了越来越多的创新形态，揭示着人们在数据处理能力的边界得到了史无前例的拓展。

可以说，在以数据为基本对象的技术实践上，从传统的实验室环境，真正走向了现实业务的实战环境。数据不是为了验证某个科学理论，而是为了带来业务启发，提供智能决策能力，最终完成从数据要素到经济价值的完整过程转换。为了突出说明大数据技术的重要性，还是要先回到传统的数据分析方法，了解传统方法的特征和局限性。

在传统的数据分析场景中，数据是干净、纯粹、任务相关的，甚至是统计分布客观均匀的。例如要分析小麦作物与光照强度的相关性，那么会严格控制实验环境中温度、湿度、微生物指标等诸多物理参数，接着只要收集足够多的数据样本，就可以进行非常有效的数据分析。这些数据是在严格控制的环境下产生的，因此数据与目标问题的相关性非常强，通过有意“挑选”出来的数据对象可以很好地解释人们关心的问题，提供令人满意的解决方案。

因此，在传统数据分析场景中，数据量通常不需要太大，往往几十条、几百条就能支持业务分析应用。人们此时可以把更多精力关注到数学模型的客观性、严谨性，以及可解释性。对于传统的数据分析，常用的方法主要包括回归分析、统计推断、指标分析、传统机器学习、概率图模型等，这些模型要求变量的挑选及变量之间的关系都设计精良，只有这样，才能充分发挥出这些数据的本源价值，然而，传统的数据分析方法只适用于“实验室环境”的数据集，在真实世界中并没有太多施展拳脚的机会。关于传统数据分析与大数据分析的区别，见表 1-2。

表 1-2 传统数据分析与大数据分析的区别

对比内容	传统数据分析	大数据分析
数据对象	数据样本	数据全集
数据规模	中等规模,GB 以内	海量数据,经常达到 PB 级规模
数据质量	较好	差
结构化程度	结构化数据(表单)	非结构化(文本、图片、音频)、半结构化数据(网页、日志)
关注焦点	因果关系	相关关系
分析目的	解释性分析	探索性分析
专业技术	统计学,业务领域知识	计算机科学、数据挖掘、深度学习、人工智能
主要工具	Excel、SPSS、SAS、R	Hadoop、Spark、Python
应用场景	理论研究、实验对比、统计测量	数字化生产、数字化服务

在真实世界场景中,数据环境是大数据的环境,虽然数据够多,但是数据质量并不好,也就是所谓的数据看起来多,实际上少(有用的数据少)。那么,这个质量不好怎么理解呢?其实就是"著名的"大数据 5V 特征,即 Volume(数据量大)、Velocity(数据高速产生)、Variety(数据形式多样)、Value(价值密度低)、Veracity(真实性差)。此时,需要进行分析的并不是干净的实验室数据,而是实实在在的"脏数据",大数据技术就是用来处理具有杂乱特征的数据资源的相关技术。

大数据概念不是被设计出来的,而是被发现出来的。5V 不就是客观世界中信息的最原始形态么?数据本身是自然而然的,是按照最朴素的状态产生出来的,数据量很大,也不一定干净,有表格、文字、音频、视频、日志等不同格式,数据渠道来源不同,信息有真有假,内容有实有虚。传统数据分析方法中那些看似精巧的人工设计,在这个灵活多变的实战场景下似乎捉襟见肘。人们需要一套应付"非典型"数据问题的数据分析技术——大数据技术。

大数据技术解决了两方面的问题,一是效率的问题,二是质量的问题,两方面问题本身也是彼此相关的。面对效率问题,大数据技术得益于底层软硬件计算框架的能力发展,而面对质量问题,大数据技术则依赖于数据科学算法的研究和创新。

2. 大数据技术提供更高效的数据处理性能

为了解决大数据场景下的数据处理效率问题,需要在底层的计算机技术架构上提出新的设计思路,毕竟,传统的计算框架不能很好地支持和兼容大数据应用场景的特殊性。在现有的计算机硬件基础之上,如何构建有效的软硬件协同机制,更好地适应面向超大规模数据处理"又快又准"的客观需求,是底层数据处理架构设计师"特别关心"的问题。这些架构上的创新,对于大数据的 5V 特征都特别有针对性。面向大数据的应用场景,需要考虑数据的存储问题和数据的计算处理问题。

1）数据的存储问题

为了能够对不同格式的数据进行灵活存储、读写和管理，在传统的关系数据库的基础上，又先后兴起了 NoSQL 和 NewSQL 等非关系数据库。非关系数据库可以对任意结构的数据源进行定义和存储，业务适用性更广泛，很好地回应了 5V 中 Variety（多样）的特征。

此外，由于大数据场景下数据规模巨大（Volume），需要构建能够存储大规模数据的数据管理系统和文件管理系统，于是相应地就催生了分布式的数据存储架构。该架构可以在单台机器存储能力有限的情况下，用多台机器组网构成存储节点集群，统一地存储和管理海量的数据资源。大数据技术生态如图 1-3 所示。

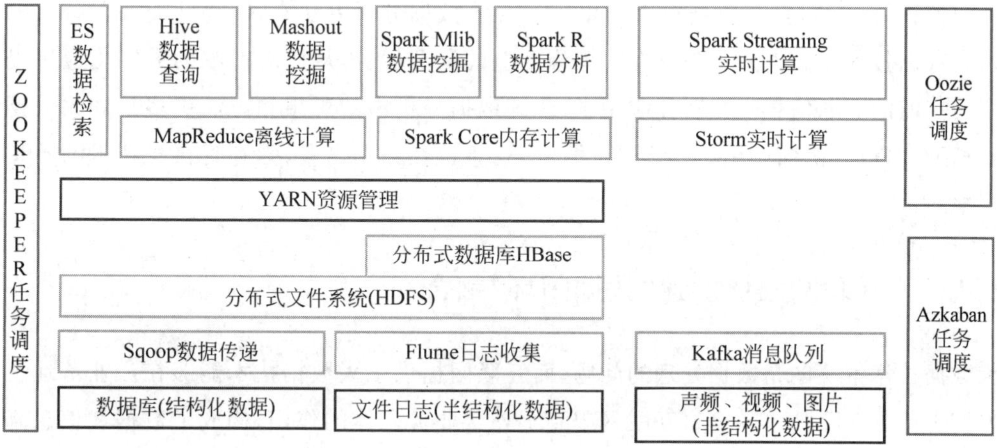

图 1-3　大数据技术生态

2）数据的计算处理问题

针对给定的数据计算问题，大数据技术实现了编程和执行策略的优化设计。例如，通过引入并行计算架构，以及该架构下 OpenMP、GPU、MPI 等相应的并行编程技术，可以同时对多个近似的、单元化的计算任务进行并行处理，提升芯片的整体利用率；通过引入分布式计算架构，把单个复杂的计算任务分配给多个单台机器协同处理，发挥多个计算资源的整体性能；通过引入流式计算架构，可以有效地解决实时计算的问题（Velocity，高速），机器可以边读取、边计算，让数据处理系统快速地响应外部业务环境的实时变化。

3. 大数据技术提供更先进的数据分析能力

考虑到大数据场景下数据质量通常并不那么好，因此在数据分析方法的层面上也逐渐衍生出了新的技术解决思路，即在大数据的“技术理念”下，会自然地“放松”算法模型在科学严谨性上的约束限制，同时更加强调其实用性价值。

人们更加关注数据之间的相关性，而非因果性，尽管这种相关性可能比较隐晦，或者难以解释，但是确实能够呈现出数据背后隐含的业务含义，并对日常应用起到重要的定量决策支撑。深度学习和强化学习可以说是大数据在算法方向最为重要的技术突破，其背后的想法是：只要数据规模足够大，哪怕数据质量差一点也没关系。

尤其是深度学习模型，与传统的统计模型或机器学习模型的不同在于，其模型的变量和结构都可以从数据中探索而来，而不用人为地进行精巧设计。深度学习模型非常善于从低价值密度的大规模数据资源中，面向特定的业务场景，进行知识模型的自动提炼。当前，市场化商业环境所能产生的业务数据，在很多领域已经可以满足建模所需的数据规模需求，这也为深度学习的广泛应用提供了良好的落地基础。

然而值得注意的是，大数据技术的出现对传统数据分析方法来讲，是补充而非替代的作用。大数据技术充分发挥了数据在规模维度上的资源优势，从而对前端的数字化应用提供更多有价值的业务信息。在实际应用中，传统数据分析中的思想和方法更多是和大数据技术互相融会贯通、协同应用，很多底层的技术思想也在互相借鉴，弥补着自身技术的不足与应用缺陷。

1.1.3 互联网发展加速"数据闭环"融合

大数据技术解决的是数据处理的问题，而互联网提供了大数据技术能够在产业落地上充分发挥价值的重要技术环境。互联网起到了连接业务主体的作用，构成了数据和信息高效的自动传播渠道。

首先，通过互联网可以把社会系统和人工系统中关注的信息以数据的形式进行采集和存储操作；其次，使用包括大数据技术在内的一系列数据分析技术从中挖掘出有价值的可指导经济活动的业务知识；最后，充分利用这些知识构建数字产品或方案，再将其放到互联网环境中进行发布和应用。当然，最终的数字化应用还会再产生新的数据，于是通过这个过程，围绕数据主体形成了从产生、到分析，到应用的数字业务闭环。

1. 移动互联网促进社会系统的数字化

数字创新离不开充分的数据资源，而数据资源既来自人类社会系统，也来自人工系统。在人类社会系统中，移动互联网的兴起和深度市场化应用，加速了数据资源增长的总体进程。从表面形态看，移动互联网与传统 PC 互联网看似差异不大，无非是把网络应用的实现载体从 PC 计算机迁移到了手机、平板电脑等移动设备上，但是，移动互联网却不仅是 PC 互联网的简单延伸或补充，而是"无意中"创造了一个全新的网络经济业态。

1）移动互联网解决身份一致问题

在 PC 互联网时代，同一台机器可以供多人使用（如办公环境、网吧环境等），在“多人一机”的模式下，平台很难关注并满足用户网络行为的个性化需求，用户在网络环境中的私有化特征不突出，而移动互联网通过终端实现了“人机合一”的效果，网络终端背后代表的是某个个体，而不是任意一个可能使用这台设备的人。通过“唯一的”终端 ID 号，用户在不同平台的账号都可以进行关联融合，形成丰富的在线行为画像，从而极大地增加了用户在商业世界的可分析性。

2）移动互联网解决数据资源问题

由于移动设备在成本上门槛低，并且在使用上受时空约束的影响较小，因此当移动设备普及应用后，整个社会无论是在上网人数还是人均上网时长方面，都获得了极大的增速；与此同时，当用户的网络使用行为不断强化时，移动应用厂商的创新动力也在同步强化，网页应用、App 应用、微信小程序应用，多种形式的移动应用层出不穷，在零售、教学、健康、交通出行等越来越多的场景实现了线上线下的充分融合。

分别以移动终端和移动应用为物理和内容的载体，加速了人类社会系统的数字化进程，任何与“人”和人的社会活动相关的数字业务创新都有了更强的数据资源基础。互联网加速“数字化”业务闭环的逻辑如图 1-4 所示。

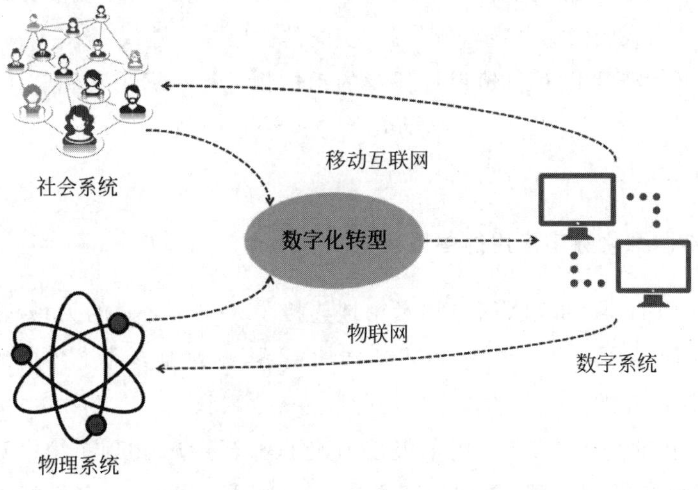

图 1-4　互联网加速“数字化”业务闭环

2. 物联网促进物理系统的数字化

与移动互联网类似，物联网也是依托于互联网技术的技术创新。物联网与传统互联网的区别在于，它不是面向人和人之间的连接，而是对“人和物”及“物和物”进行网络连接，从而支撑面向非社会系统的数字化产业实践，而物理系统进一步又可以分为人工系统和自然系统两方面。

1）面向人工系统的物联网

人工系统的典型的形式是制造业的生产车间环境。通过物联网技术，生产车间中的人、设备、工件、产品都是可“发声”的单元对象，彼此进行实时通信、配合、协同工作。物联网是支撑物与物之间的信息传播的通道，而传播信息的前提则是工业环境的信息可被采集和理解。这就需要传感器对工业状态和工业活动的信息进行自动记录。

生产设备可以随时报告自己的工作状态和生产环境参数；生产线上的工件可以记录在每个工业操作环节前、中、后，以及工件质量发生的时序变化；产成品则可以记录从车间流转到供应链后每个环节的物流节点信息和产品增值信息。

在物联网的基础上，只要有足够多的传感器，就可以更加完整地获取相关“物体”的重要状态信息，通过对这些数据进行深入统计分析、建模分析，就能更加精准地理解复杂的工业系统中各种物体的及时状态与活动规律，从而对生产行为实施有效控制与决策，例如监控系统异常、调整设备参数、优化设备调度、形成生产计划等。

2）面向自然系统的物联网

自然系统的数据分析关注人或物的微观状态信息。在医疗健康领域，通过智能穿戴设备可以持续地采集人的生理信号，然后采用物联网将数据上传到“云”端服务器进行复杂的计算分析，最终推断出人的健康状况，同时提供实时的健康指导建议。

此外，物联网技术还可以对自然界中任意的动植物进行数据采集和监控，更好地对自然环境每时每刻的状态进行定量评估，推动农牧业的综合产值增加，助力以“碳中和”为目标的生态环保事业。

3. 互联网支撑和强化数字应用的落地环境

正如前面所提到的，移动互联网更加紧密地连接了人与人之间的关系，物联网连接了人与物、物与物之间的关系。基于这些各式各样的关系，极大地支撑了数据的产生和数据的传输，为数字化应用提供了充分的数据资源保障。

互联网在数字化的进程中，其作用不仅是加速了社会系统、物理系统中对象的状态和活动向数字系统的映射转化过程，更大的意义在于，互联网提升了数字产品在业务中的实用化效率。

在一个数字化创新业务中，要依托于数据来提供全新的技术解决方案，因此就需要为整个技术解决方案寻找一个合适的应用载体。这个应用载体一般为软件，这些软件可以是部署在某个企业内部的业务系统，也可以是面向社会大众的网站服务，还可以是移动端的App应用，或是操控工业设备自动工作的智能系统或平台。

尽管早期的软件项目大多是单机版本，但是在当今的数字化时代，依托于网络环境的软件应用越来越多，这个技术变迁趋势的好处是显而易见的。只有网络化，才能更好地支撑后台服务器端和前台需求端都日益复杂的软件架构体系。可以说，正是因为互联网技术的成熟应用，才造就了数字化创新产品或服务具有良好的落地环境。互联网对于促进数字应用产业落地的重要性来自以下3个方面。

1）业务场景多样化

在互联网的环境下，人们可以更加便捷地进行远程办公和生活，网络应用跨时空的便利性催生了大量的数字化业务场景。在第4代、第5代移动通信技术（5G）大规模普及的条件下，各种移动设备的网速得到了显著提高。网络信号的接收真正可以做到大容量和低延迟，基于互联网的软件应用与本地化应用的体验在流畅度上几乎别无二致，而基于互联网的数字化应用又能真正打通服务、产品和资源的信息流和业务流，因此，软件的网络化成为未来的主流技术产品趋势。

2）数据能力协作化

互联网是基于分布式架构的重要技术保障。前面提到，产业端的实用化数据分析场景大多是大数据场景，而在大数据场景下，就需要解决大数据的存储和大数据的计算两方面的技术痛点。

分布式的数据存储架构和分布式的数据计算架构，分别是上述问题的主流解决方案。分布式技术架构的底层逻辑，又在于通过多台机器协作的方式，来共同“负担”大规模数据在存储和计算方面的任务压力，而既然是任务共享，多机配合，那么就需要靠底层的机器通信行为完成任务的分配、协调，以及任务结果的整合。这些都需要非常安全、稳定、可靠的网络环境来支撑完成。

3）软件形态服务化

互联网是支撑软件服务化架构的重要技术设施。所谓服务化，就是把软件中重要的、常用的方法功能模块进行独立封装和打包，在构建一个软件应用时，可以通过调取必要的技术服务，快速完成软件功能的搭建。服务化的方式允许软件开发过程像拼乐高积木一样方便快捷。在数字经济时代，市场环境和业务需求总是变化莫测的，因此软件项目的开发实施也需要具备非常强的机动性，能够做到随机应变。

尤其是基于数字化创新的软件项目，由于目标的应用形态也不清晰，具有较强的探索性和前瞻性，就更需要软件项目的技术落地对数字化的应用需求具有非常强的反馈能力。软件系统的服务化可以说是未来技术架构发展的重要潮流。与服务化密切相关的另一重要概念是“云原生”。“云原生”是指将技术服务部署在远程“云”端进行集中部署和管理的一种软件应用设计理念。

对于企业来讲，在进行数字化技术建设时，大多数的数字业务应用的不是从 0 到 1 在本地重新开发代码，而是通过互联网访问“云”端的方式，按需调用服务，最大化地复用已有的成熟数据处理能力。除此以外，互联网还能很好地协调服务与服务之间的黏结、配合与调度。

结合以上的讨论，正是由于互联网技术的发展，我们才能更好地从外部环境中（社会系统、物理系统）中获取有价值的数据，然后充分利用从数据中抽象出来的信息和知识重新对业务进行设计，以软件作为数字产品发布到网络环境，进一步指导业务的优化和升级，形成基于数据的完整价值链闭环。

1.2 熵减：数据“能量”引入新秩序

前面讲到，随着大数据技术和互联网技术的普及应用，数字经济进入了加速发展的时期。那么，本节将要讨论为什么数字化转型这么重要，数字化转型的底层逻辑是什么，以及基于数字化的业务创新思路。本节引入了“熵”的概念，用“熵”来解释为什么数据能够重塑业务形态，并发挥业务价值。

1.2.1 从熵的角度看数据价值

1. 熵与信息熵

1）熵

“熵”是一个用来衡量系统状态的定量指标，这个概念最早被德国物理学家克劳修斯于1865 年提出。“熵”值可以反映一个系统状态的“混乱”程度，当一个系统所处的状态的不确定性越大时，这个系统的“熵”值也就越大。“熵”字的偏旁是一个“火”字旁，实际上暗指这个概念其实和热力学领域的理论是相关的。“熵”的概念与热量、能量的概念是分不开的。根据克劳修斯的能量公式：

$$\mathrm{d}S=\left(\frac{\mathrm{d}Q}{T}\right)_{\text{reversible}} \tag{1-1}$$

“熵”的变化过程对应着能量的输入过程，通过给一个系统输入能量，可以让一个系统的“熵”发生变化，让“熵”值下降。可以通过能量引入“负熵”让这个系统的状态更加有序。不管是社会系统还是物理系统，人们总是追求系统的秩序，而讨厌发生混乱。只有在有序的系统内部，人们才能合理地制定管理策略，有效地引导事件的未来发展和变化，让系统中的各相关方从中获益。

混乱的系统本质上意味着业务目标对象的不确定性。以“能量”的形式来减少业务对象的不确定性是保障产业经济活动综合效能的基础。如果向业务系统注入“能量”，则可以降低市场需求的不确定性、用户消费行为的不确定性、金融投资产出的不确定性、健康状态的不确定性、交通路况的不确定性，以及生产车间各个设备运行状态和产品质量的不确定性。通过引入“负熵”增加业务系统秩序的效果如图 1-5 所示。

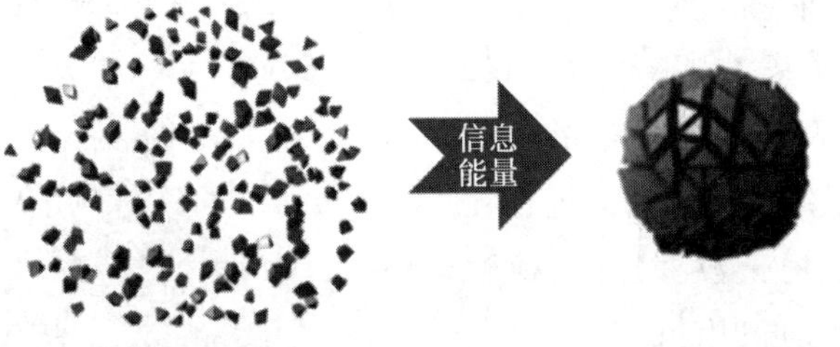

图 1-5　引入“负熵”增加业务系统秩序

那么这个“能量”到底应该如何获得呢？在数字经济的模式中，答案就是通过信息来获得“能量”。知己知彼，方能百战百胜。在开展任何工作时，聪明的决策背后一定掌握了必要充足的信息，而信息又必须从数据中来，反过来也可以说，数据是信息的表现形式与内容载体，因此，如果要让业务更加有序，就必须充分利用好数据资源。于是，获取数据、分析数据、使用数据做决策就成了推动业务发展的关键活动。

2）信息熵

如果以信息的视角来解读“能量”，则可以把熵的概念拓展到信息熵的概念上来。信息熵是指信息源的各可能事件发生的不确定性。20 世纪 40 年代，香农借鉴热力学的概念提出了信息熵的明确定义和公式表达：

$$H(X) = -\sum P(X_i)\log_2(P(X_i)) \quad i = 1,2,\cdots,n \tag{1-2}$$

在一个指定业务系统中，为其提供必要的数据资源就可以降低系统中重要变量的信息熵，让系统能够产生业务目标相关的更高期望收益。数字化的目的就在于让业务系统越来越透明化，通过数据更直接地搞清业务的底层规律。当人们掌握了这些规律后，就可以对原有的业务系统进行重新设计，结合业务目标有针对性地构建一个更加可控的业务系统。此时，新系统将比原有系统更有秩序！

2. 数据、信息、知识与智能

数字化成败的关键在于对数据的有效利用。提到数据，往往会和信息、知识、智能这些概念联系起来。那么这些概念之间又是什么关系呢？充分理解这些概念之间的联系和区别，有利于更好地了解数据的本质，并看懂数据的价值。

1）数据

数据是人们从客观世界中可以直观可见的原始内容素材，这些素材可以被直观地采集、表示、存储和传播。从数据结构的规整程度来看，包括结构化数据、半结构化数据和非结构化数据。

结构化数据主要是指电子表格中的数据，在同一张表格中，数据的结构和内涵都是统一的；非结构化数据包括文本、图片、音频、视频等多种形式，数据的表示形式及自由度较高，含义也比较隐晦；半结构化数据的规整程度在结构化数据和非结构化数据之间，通常这些数据会有相对规整的结构，但是数据结构的内部信息要素表达又相对自由。网页数据是非常典型的半结构化数据。从数据到智能的层级递进关系如图 1-6 所示。

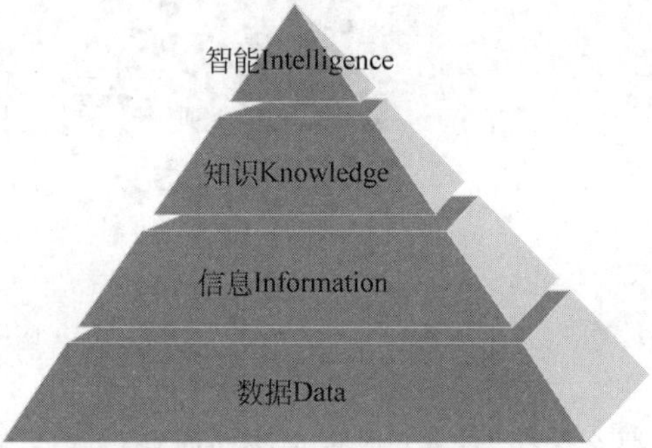

图 1-6　从数据到智能的层级递进关系

2）信息

信息是原始数据被加工后的结果，信息的具体表现是数据在统计意义上的分布特征或变化规律。例如，信息可以是数据在特定维度的统计指标，或基于数据使用算法抽象出来的数学模型。信息是数据的粗加工结果，是从数据中提炼出来的最直观的内容。数据中所含信息量的大小是可以被量化的，例如基于信息熵变化的形式。信息的质量可以被客观地进行评估。

3）知识

知识和具体的业务主题是密切相关的。知识有一定的主观特征，对于同样的信息，从不同的业务主题视角去解读，可以提炼出不同的知识内容。知识包括事实类型的知识和规律类型的知识。事实类型的知识可看作静态知识，规律类型的知识可看作动态知识。知识相比信息的抽象程度更高，价值密度更大，同时价值属性也更加稳定。信息分真假，但知识则必须是客观真实的。

4）智能

智能强调围绕知识开展的具体业务应用。在数字化活动中，如果机器可以自动地获取数据、分析数据，并使用从数据中提取的信息和知识自动进行“聪明”的决策，产生特定的业务活动行为，则它就表现出了智能的特点。智能是数字业务创新的输出成果，依托于同样的业务知识，可以设计出不同的智能化解决方案，让数据资源呈现出不同的具体数字化应用形式。

1.2.2　数字化的本质是引入经济活动秩序

前面提到，通过把数据引入业务活动所在的系统中，可以给系统注入“能量”，从而增加系统输出的确定性。对企业来讲，以这种方式可以提高经济活动的秩序。对内可以保证管理质量和生产质量，对外则可以更精准地对用户行为和市场活动进行运营和管理。在数字化业务活动中，以数据为原料，以数据分析为技术手段，有多种具体的创新业务的实现方式，具体来看主要分为3种情况：面向连接的数字化创新、面向决策的数字化创新，以及面向智能的数字化创新。

1. 面向连接的数字化创新

数字化解决了业务的连接问题，包括人与人、人与物、物与物之间的连接。其底层逻辑在于，通过互联网构建事物之间互通的渠道，打破业务活动在空间和时间上的约束，拓宽业务活动的发生场景，增加业务要素组织方式的柔性，同时也改善业务主体互相协作的机制。

1）人与人的连接模式

在人与人的连接模式下，通过互联网，人的想法和行为能够以数字化的信息进行传播。线下传统业务环境中的活动被“搬到”线上，其中，基于“互联网＋”的诸多商业模式的产生，就是围绕人与人之间连接的数字化创新逻辑展开的。以“互联网＋”医疗为例，通过第三方网络平台，可以让患者在线进行远程就医咨询和就诊预约，获取用药建议，并在医生的指导下对自身的健康状况进行跟踪管理。互联网加强了医生和患者及患者和患者之间的广泛连接。

在传统医疗模式下，患者在有限的一段时间内，只能访问少数医院，对医生资源的选择空间很小。同时，即使只是基于主诉情况的简单问诊咨询，患者也必须在医疗场所的现场才能接受到医生正规的治疗服务。除了患者就诊时间成本较高，在医疗资源极其不均衡的偏远地区，当地患者则只能受限于附近经验匮乏的医生所提供的服务。

然而，在互联网技术提供的便捷性的基础上，患者却可以有更多的就诊选择，可以根据自身的健康状况，在更广泛的范围内筛选有价值的医疗资源，并以线上的方式远程接受医疗服务。在基于连接的数字化创新模式下，患者和医疗资源之间的分配情况可以在更灵活的条件下进行重组优化，实现有限优质医疗资源的高效利用。

“互联网＋”社交也是一样，通过网络条件，改变了人与人之间产生的联系，以及彼此交友的底层规则。在传统的线下社交模式中，交友行为主要依赖于空间上关系的产生，人们更多基于空间上的邻近性产生关系；而在线上的环境中，由于空间约束被打破，人们之间的交往更多由个人兴趣驱动。除此以外，由于社交更加便捷，社交的基本属性也在发生变化。

传统模式的社交活动通常需要中长期的人际关系来维系，而在线社交活动则可以突破时间维度的要求，促进即时社交、弱社交。

2）人与物的连接模式

在人与物的连接模式下，通过为物品构建数字标记的方式，让物品能够主动“发声”。以前是人找商品，购买每一件商品，人们都需要到各个商场的各个货架上慢慢探索，而当销售渠道转换为线上后，商品和服务可以实现基于购买偏好和兴趣的主动推送，也就是所谓的商品找人。

数字化的方式有效地解决了人客观的需求和商品属性之间信息不对称的问题。业务活动中的物理对象在数据域上得到统一表示，并按照特定的逻辑规则相互连接，从而显著地提升经济活动的交易效率。近两年，无论是 B2C、C2C 还是 O2O 的线上产业形态，都遵循这样的思路，其本质都是通过各种数字化的技术手段来增加人和产品及人和服务有效连接的机会。

3）物与物的连接模式

尽管当前在数字化的业务创新中，更多地围绕人的需求增加业务连接，在未来，物与物的连接更可能成为主流。通过物联网技术，可以实现终端设备与管理控制设备的连接，实现对具有生产或服务能力的智能设备终端的远程控制。

智能工厂、智能家电都是上述模式的典型应用。在智能生产车间，通过对生产任务进行规划设计，并把生产方案以 BOM 的形式传输到系统平台，让工业生产设备可以被远程控制。在智能家电场景，仅通过一台装有特定 App 的手机就能对空调、冰箱、电视、电灯等一系列家电设施进行统一操控，让其按照人们的日常生活习惯提前预置和工作。

2. 面向决策的数字化创新

以数字化技术提供的连接能力为基础，融合领域应用的知识规则与经验，可以进一步推出更多面向决策的数字化创新。正如前文所述，互联网提供了连接的能力，而连接的质量，则依赖于基于数据的决策能力。

1）推荐系统

推荐算法的应用是基于决策的数字化创新的典型方式。在依托于互联网经济的诸多商业模式下，通过推荐算法，构建人与产品或服务的关联规则或关联模型，可以让产品或服务更加精准地“触达”终端消费者。这不仅能提高用户的消费体验，同时也能更有效地满足消费者的核心需求。

不同领域的推荐算法的构建逻辑是不一样的，这与领域专家的经验及推荐算法所在领域的业务模型密切相关。

在电商行业，推荐算法根据消费者的历史购买记录（数据）自动推送热门产品的购物链接；在自媒体行业，推荐算法参考用户过往对文章、视频，或笔记的浏览、点赞、分享等行为数据推送用户可能感兴趣的内容素材；在金融领域，推荐算法根据用户的交易行为和信用记录等数据对投资产品或信贷产品进行主动式营销。

推荐算法的实施落地必须依靠算法对用户和产品相关数据的深入分析，通过数据挖掘用户和产品的业务特征，并基于这些提取出来的业务特征形成"聪明"的推荐策略。

2）数据底座

为了更好地支撑业务决策，很多企业也聚焦于构建数据资源的共享能力。数据，作为一种支撑决策的重要信息资源，必须能够在有限范围内实现最大化的信息共享，让需要数据的人能够按需及时获取，充分发挥出数据的综合价值。

在前文提到的真实场景中，数据更多地表现为杂乱无章的状态。很多企业虽然拥有的数据资源很多，但是由于这些数据在不同业务场景下，由不同管理和运营部门产生和维护，于是数据在物理空间的分布十分分散。数据所处的位置不明晰，同时数据的业务含义也没有统一的标准。

在这种情况下，数据的质量不能保证前端业务的可用性。如果对数据进行有效清洗，进行统一表示，以及规范化的治理，将企业内部诸多跨业务、跨部门的数据资源进行统一的资源整合与综合管控，那么就可以保证企业中不同的前端业务部门都可以基于前端复杂的管理或运营需求，在公共的数据资源池中进行充分的业务设计与业务决策。

上述的这种基于数据共享的技术落地方案，在产业端的具体落地形式一般为企业数据中台的建设项目。数据中台是数据治理与共享的技术载体，本质上可以看作提供企业各方面决策能力的信息中心。

为了支撑企业的决策能力，光是实现数据的共享还不行，还要构建一系列的数据分析能力和数据分析结果的呈现能力。企业通过内部自建系统平台或从"云"端订阅服务的方式，可以构建起所需数据分析和数据建模的实验环境。这可以让数据分析师或数据科学家基于数据中台的资源，创造出各种形式的数据产品，例如图表形式的业务结论，或是数据模型的技术服务接口。

3）数字孪生

面向决策的数字化的第 3 个方面的重点应用方式在于数字孪生。数字孪生的概念与智能生产制造的概念关系较为密切，但实际上数字孪生的内涵更加广泛。数字孪生实际上就是把现实世界的物理对象通过数据感知与业务建模的方式，变成数字世界的虚拟模型，让业务对象变得可量化、可分析。在数字模型的基础上，可以进行数据分析、规律挖掘、事件预测等各种特定的计算实验。数字孪生的基本原理如图 1-7 所示。

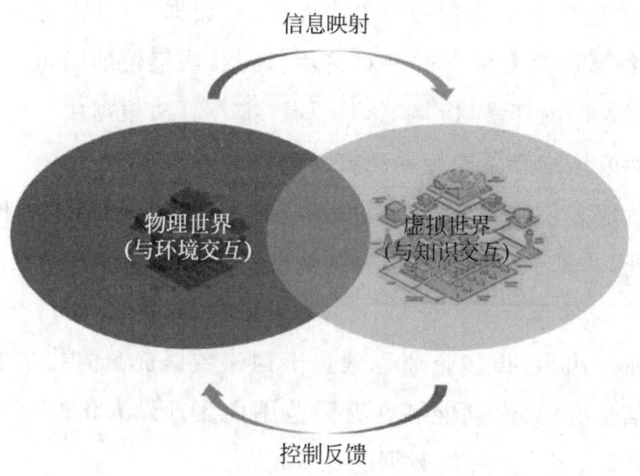

图 1-7　数字孪生的基本原理

数字孪生的应用场景主要是结合人工系统的运营与优化展开。例如工业产品的柔性定制化设计、生产制造车间的监控与管理调度、城市交通网络的管控与优化等。在数字孪生的思想下，数据从物理世界中来，在数字世界进行计算处理，产生的智能化解决方案再回头“反哺”物理世界的活动。

在可精准建模、可客观量化表示的复杂业务系统中，机器比人具有更强的算力优势，即对高复杂性的决策能力。这也是数字孪生“绕个大圈”去做虚拟化映射的重要意义。数字孪生的产业图谱如图 1-8 所示。

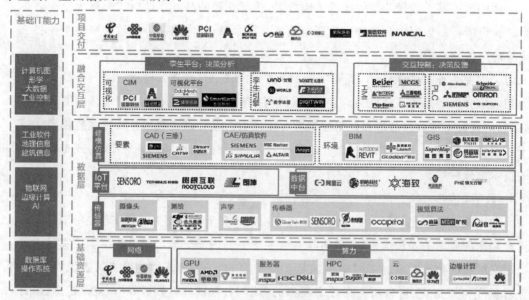

图 1-8　数字孪生的产业图谱(来源：天风证券)

3. 面向智能的数字化创新

数字化的更高级形态是面向智能的数字化创新。所谓智能，是强调机器能够代替人自动提供生产或服务的能力。面向智能的数字化创新的学科基础是人工智能技术，其中算法又是人工智能技术的核心组成部分。通过算法，机器可以根据不同的业务信息输入，产生相应的"聪明"行为。

智能的产生离不开数字化业务系统的连接能力和决策能力。智能的产生除了需要网络连接条件和计算决策能力，还需要在数字化业务中引入使业务参与对象能够自动产生活动的算法机制。这个机制要想发挥作用，就需要构建一个系统，让这个系统能够自动从外部业务环境中源源不断地获取输入信息，基于对这些信息的数据分析，自动化地产生决策行为，并指导下一轮的业务活动。

1）智能诊断

随着人们对个人健康的关注越来越强烈，面向智能的数字化创新在健康领域的应用将会变得更有前景。智能可穿戴设备可以对人的生理信号进行实时采集和监控，而将这些生理数据上传到"云"端后，通过算法分析自动地计算出人的健康状况指标，并及时给出合理的健康管理建议。

例如，通过智能手环可以监控人的日常运动情况、能量消耗情况、睡眠情况，汇总分析用户的综合生理机能，提醒用户合理安排工作与休息的均衡关系，并及时提醒用户严格执行运动计划。另外，智能心电监测背心能够实时采集用户的心电信号，对心脏进行 24h 全方位监控和健康评估，并对常见心脏突发问题进行预警。

2）AIoT

在一个数字化系统中，仅仅有连接能力或仅仅有决策能力都不能构成智能化的应用形态。例如，通过物联网可以把生产车间的设备与控制系统连接起来，但如果只是用网络条件来远程操控生产设备，也不能算是智能生产，而只有当在生产线上部署的信息系统可以做到根据智能算法自动地安排每个生产设备的生产任务，或者根据传感器采集的车间环境信息自动地调整设备运作的工作参数，才能称为有智能化特点的生产能力。

对智能家电场景来讲，家电的智能化水平重点不是在于可用移动设备接入网络对其进行远程遥控，而是可以根据人的自然语言指令，或者对环境的感知，通过底层算法自动分析判断其应该产生什么工作行为。例如，可以直接与智能音箱进行对话，用日常交流的语言告诉智能管家打开电视的需求，此时智能音箱中的语音识别系统就会自动将自然语言指令翻译成"打开"遥控指令并执行。再如，通过声控传感器可以自动地感知到房间里"没人"的状态，从而使正在工作的空调、电灯等家电自动关闭，达到节能减排的效果，同时避免可能发生的用电安全隐患。

智能驾驶可以说是面向智能的最热门数字化创新。智能驾驶的实现依赖于大量传感器的应用和底层的智能控制系统，通过激光雷达、陀螺仪、GPS导航等传感器，智能驾驶系统可以获得环境信息、空间定位信息。通过将这些信息输入底层的算法模型，自动地决定如何实时根据路况动态地调整行驶方向、行驶速度，以及行驶路线，让车辆达到无人驾驶的"智能"效果。

相比于整个社会的产业经济图景来讲，现在真正能比较好地代替人的可靠智能化应用场景还不算很多，但随着人工智能技术在算法发展上越来越成熟，以及这些算法性能所依赖的大数据的可获得性越来越强，面向智能的数字化应用也将会越来越有发展前景。

1.3 通往数据自由：数字经济之现状

数据中蕴含了非常有价值的业务知识，因此通过对数据进行分析可以获得宝贵的业务洞察和业务机会。人们可以充分利用数据资源，结合各种信息技术实现对业务的升级和优化。那么当前在数字化的产业落地方面的发展水平如何呢？如果要想做好数字化转型，接下来又应该做好哪些方面的工作？

本节主要讨论当前数字经济发展的现状及数字化产业中的一些基本角色与业务活动。首先本节将讨论一个与数字化十分密切的概念——信息化，并指出信息化是企业走向数字化的必经之路。通过介绍信息化与数字化的关系与区别，可以让读者更加清晰地认识到数字化的内涵和意义。

1.3.1 信息化浪潮：数字经济发展的必经之路

提到数字化，就不得不提到信息化。信息化的概念出现比数字化要早很多，早在20世纪70年代后期不少国家就逐渐开始了关于信息化应用的探索。与数字化不同，信息化强调引入信息技术来提高业务效率，但并没有突出对数据的使用和围绕数据的业务创新。信息化的概念并不复杂，简单地讲就是企业通过构建各种业务系统，实现业务活动从线下到线上化的转变，提高业务执行的自动化水平和信息获取的便捷程度。

办公自动化（Office Automation，OA）是信息化的典型应用代表，很多办公流程可以通过网络平台实现无纸化办公，其意义不仅是能耗的节约，更多优势在于实现信息留痕，使内容便于检索，以及远程任务的实时对接。

在市场营销领域，通过客户关系管理（Customer Relationship Management，CRM）系统，企业的运营人员可以更好地对客户的信息进行集中管理和分析，并根据营销计划对每个用户细分群体进行定向的活动信息推送。

在制造业领域，信息化则对应着企业资源计划（Enterprise Resource Planning，ERP）和制造执行系统（Manufacturing Execution System，MES）的大规模引入和普及。ERP 实现了制造企业在供应链中财务、市场、物流、销售、采购等不同维度的信息整合与统一管理，MES 则提供了对工业生产设备进行自动化执行控制的核心连接功能。

OA、ERP、CRM 都属于 MIS（管理信息系统）的范畴，相比较来看，MES 更倾向于业务运营系统的范畴，但不管怎样，广义上这些信息系统都属于信息化时代的产物。随着越来越多的企业对信息技术的接受程度不断加深，并寄希望于通过引入信息技术来提高产业效率，面向不同行业、不同业务的信息系统解决方案在过去三十多年来层出不穷，很多业务在电子化、线上化、自动化水平上都得到了大幅度的提升。

在信息化的过程中，通过构建信息系统，让业务的效率得到显著增加，在系统的运作过程中也实现了数据自动产生和自动存储的效果。信息化和数字化都涉及系统建设，并且都涉及与数据的紧密联系，尽管如此，二者工作的本质逻辑是完全不一样的。很多进行数字化转型的企业会对信息化和数字化的概念产生混淆，并且难以区分二者之间的差异。信息化和数字化的区别如图 1-9 所示。

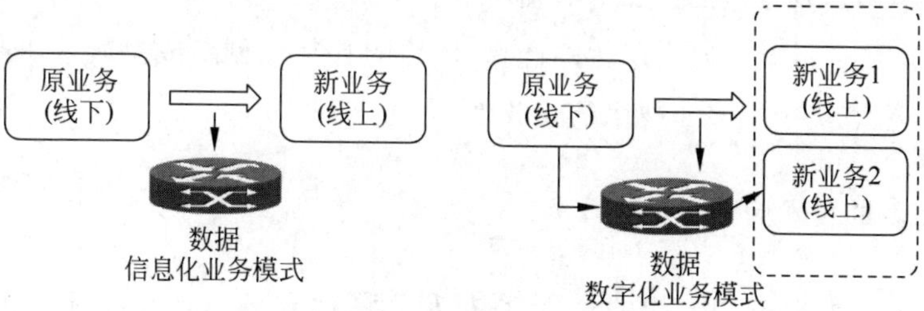

图 1-9　信息化和数字化的区别

信息化解决的是“效率”问题，而数字化解决的是“效能”问题，或者说数字化解决的是“创新”问题。在信息化中，数据是业务系统的输出，是结果，而在数字化中，数据既是输出也是输入。业务系统产生的数据，通过数据分析得到结论，再反过来作用于业务系统。

从本质上讲，信息化只是把业务从线下“搬到”了线上，提高了业务的执行效率，而并没有对原有的业务流程产生本质的改变；数字化则充分利用数据中的结论，并把数据作为业务生产要素之一（用于控制或决策），对原有的业务模式进行更深入的改造和优化，实现业务创新，增加业务的整体“效能”。

很多企业在数字化转型中，经常犯的错误就是，“误把”数字化当作信息化来做。在数字化工作中，只是建设了一些业务系统，提供基础的信息服务，但并没有把系统中的数据真正用于业务模式的创新优化中，即便如此，信息化建设对于数字化转型来讲，也是无可厚非需要重点开展的一件事项。信息化是企业进行数字化转型的必经之路。

很多传统企业或者其他非数字原生企业，本身技术基础比较薄弱，这些企业在上一波的信息化大浪潮中没有很好地跟紧时代趋势，在现有业务中对信息系统的建设和使用方面仍然存在较大的短板。正是基于这样的情况，这些企业对数字化创新所需的数据积累天然不足，因此，它们首要的工作就是搭建基础的信息技术能力。

“巧妇难为无米之炊”，数据是一切数字化转型工作中离不开的核心内容。在进行数字化转型之前，企业首先需要在日常运营活动中充分地引入信息系统的使用，通过信息系统自动地积累必要的业务数据，从而保证数字化活动开展有足够多的数据资源可以调用。

数字化必须基于信息化的基础展开，这样做的好处在于可以获得足够的数据生产环境和信息化服务环境，同时也面向数字化建设的人才需求和技术需求形成丰厚的能力积累。

1.3.2 当数据科学走向实用化：数字化创新

随着产业端信息化的进程不断加深，很多企业开始尝试在通过信息系统所获得的数据内容上进行分析实验，人们通过各种数据分析方法和数据挖掘算法得到有趣的分析结论，同时数据科学的学科发展也迎来了加速的发展节奏。

数字化创新是数据科学走向实用化的产物，优秀的数字化创新成果既取决于数据科学技术的应用能力，也取决于很多非技术的业务因素。

1. 数字化创新的技术因素

数据科学是关于数据处理方法的学科，数据科学的研究目的是通过对数据进行分析，揭示关于数据背后业务的有价值信息并指导业务实践。除了传统的统计分析，数据科学还关注和计算机科学相关的数据挖掘算法和人工智能算法。数据科学的学科发展并非近一两年的事情，统计学的理论从 20 世纪初叶就已经成熟，而计算机技术的能力升级和广泛应用加速了这一过程。

计算机的“算力”优势拓宽了人们处理数据的能力边界，与此同时，大数据技术的流行又进一步提升了人们对数据的计算和分析能力。人们不仅可以从处理中等规模的数据中快速寻找统计规律，从中提炼有价值的业务结论，还能够在海量数据环境中处理更加综合、更加复杂的业务问题。

数据科学的发展让人们在技术维度拥有更强的工具来开展数字化应用，人们对数字化实践热情和动力也随之高涨。在数据科学技术的促进下，利用数字技术进行业务创新的尝试和相应的成功案例也在不断增加。

2. 数字化创新的业务因素

人们的确应该由于技术的进步对数字化创新更有信心，但需要注意的是，技术工具只是数字化成功的必要条件之一。尽管数字化业务创新离不开数据分析，但是从数据分析到真正成功的数字化创新应用之间仍存在着很大的差距要逾越。一个典型的数字化应用的标准流程如图 1-10 所示。

首先，数字化转型不仅关于数据分析，数据分析工作只是整个数字化活动中的一个环节。在数据分析之前，首先要从外部环境中获取数据，而在数据分析之后，还需要根据数据分析结果进行业务决策和与数据相关的应用系统设计，而即便在系统建设工作完成之后，数字化也还没有结束，真正决定数字化结果好坏的关键其实在于数据相关系统的具体使用情况，即企业是否通过系统能力对业务进行了优化。

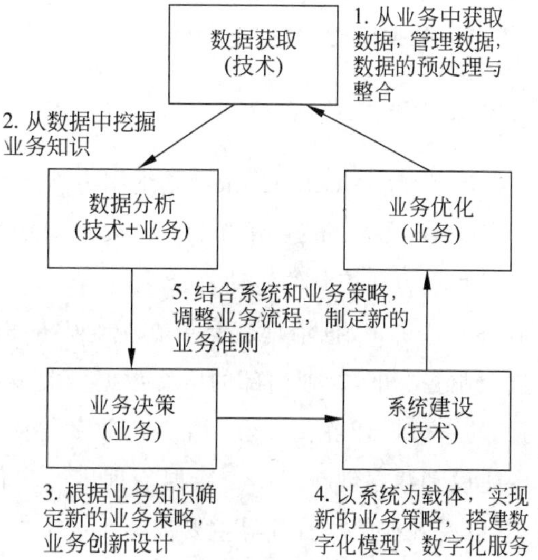

图 1-10　基于数据分析的数字化流程

在定义清晰、结构化程度较高、数据完备、数据质量优质的业务场景下，构建一个“漂亮”的数字化案例是比较简单的，但是现实场景往往不这么理想。现实应用中，业务问题是开放的，业务逻辑是模糊且复杂的，数据是不完备甚至是不可获得的，而同时业务需求又通常是重要而迫切的，因此，如何把现实世界中综合复杂的业务需求抽象为数字世界中可客观量化评估的数据科学问题，并构建出相对可行的技术解决方案，就成了数字化实践的核心工作。

做好这样的数字化业务顶层设计，仅仅掌握数据科学技术能力是不行的，还需要具备丰富的业务经验和管理协调能力。这也是为什么在企业的数字化转型中，相关工作更多地以跨部门、跨团队的形式展开。另外，数字化转型项目的牵头人，不仅需要一定的数据科学素质，更应当是在行业中有一定深耕积累的行业专家。

数据科学的理论能够帮助人们更好地理解数据的价值和内涵，当人们具备了一定的业务经验储备后，可以更好地洞察到数据中蕴含的业务机会。数据科学提供了一个新的看待业务问题的视角。在业务域无法看清的问题在数据域中可能存在可行解。数据科学可以极大地拓宽人们解决问题的工作思路。

可以确定的是,在数字经济时代,随着数字化转型的实践项目经验越来越丰富,数据科学也必将逐渐走出“实验环境”与现实业务更加紧密地结合,加速数据资源的价值释放。

1.3.3 数字化产业服务:转型的技术落地

数字化转型都需要做哪些事情呢?这些工作又与数据科学技术有什么关系呢?数字化转型是一个企业战略层面的综合任务,因此在应用落地上涉及包括管理、技术在内的多方面、多环节的具体工作。接下来不妨围绕数据相关工作来对数字化的相关工作进行介绍,具体包括数据治理、数据平台建设、数据创新三部分内容。

1. 数据治理

数据治理(Data Governance)是组织中涉及数据使用的一整套管理行为,国际数据管理协会(Data Asset Management Association,DAMA)给出的定义是:数据治理是对数据资产管理行使权力和控制的活动集合。

通俗一些讲,数据治理就是要在企业内部构建起一套围绕数据管理工作的业务标准,基于这个业务标准,企业内部的所有数据相关事务可以有据可依,全部人员可实现从“业务到数据”的一致性理解和认知。在整个数字化项目中,数据治理处于最底层,支撑上层的数据平台建设和数据创新工作。数据治理进一步包括数据标准管理、数据质量管理、数据安全管理,以及数据架构管理等主要部分。

数据标准管理解决数据表示统一性问题,在企业中,只有对数据进行标准化,才能实现不同业务线条、不同信息系统之间数据信息的互联互通,实现高效的信息交换和数据服务支撑;数据质量管理解决数据质量评估的问题,企业需要持续地改进数据资源质量,保证基于数据资源所实现数字化服务的有效性,并不断提高数据资源的业务价值潜力;数据安全管理规定了数据存储和使用的安全性规范,保证数据所有者的信息安全和信息隐私,同时也让企业的数据相关业务能够符合行业监管要求;此外,企业架构管理是数据治理的另一个重要的管理内容,规定了企业中数据的业务内涵。数据治理的主要工作内容如图 1-11 所示。

企业的数据架构包括企业的数据模型、信息的价值链分析(使数据与业务流程及其他企业架构的组件相一致)、相关数据交付架构(包括数据库架构、数据整合架构、数据仓库和商务智能架构、文档和内容架构,以及元数据架构等)。基于企业的数据架构,企业可以建立起技术模型与业务活动之间科学的映射关系,进一步把业务需求转换为数据科学技术需求,并进行高效、准确的方案实践。

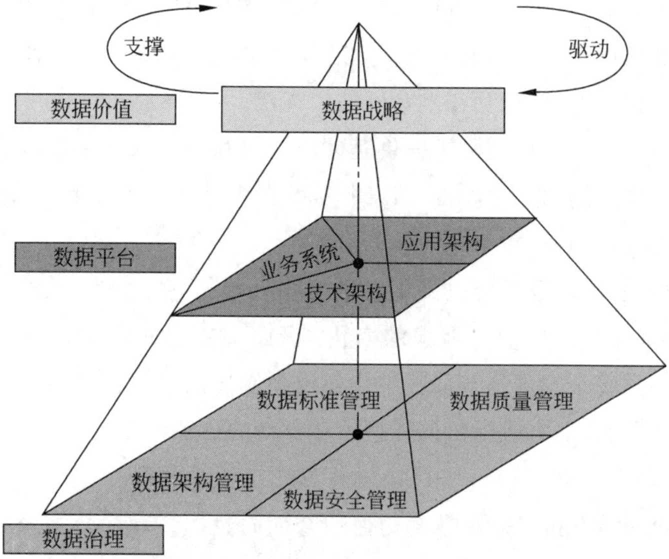

图 1-11　数据治理工作的主要内容

2. 数据平台建设

对于转型的企业来讲，所有关于数据的工作都需要有系统载体落地实现，因此需要开展相应的软硬件资源建设，包括底层的数据基础资源建设和数据管理能力建设。

1）数据基础资源建设

对于数据基础资源建设，企业聚焦于通过底层软硬件资源解决数据的存储问题和计算能力问题，企业除了可以依托自身的技术团队来完成基础建设工作，也可以通过租用“云计算”服务的方式来快速获得相应的技术能力。

数字化转型中的第三方软件供应商也称为“云服务”厂商，其中，阿里云、华为云、腾讯云是国内数字化产业的核心“云”技术厂商。这些厂商不仅可以为数据中心的基础设施提供托管服务，还可以提供面向数据处理的软件运行环境及具体的软件功能。

一个相对通用的软件架构分为 3 个基本层级，即基础设施层、平台开发层，以及用户应用层。根据企业从“云服务”厂商获得数字化能力所覆盖的层级差异，可以分为 IaaS、PaaS、SaaS 3 种“云服务”模式。

在 IaaS 模式中，“云服务”厂商提供软件系统的基础设施层，包括基于互联网数据中心（Internet Data Center，IDC）的服务器、虚拟机、磁盘柜、计算网络，以及包括电力、照明、冷却设备在内的其他机房基础设施。

在 PaaS 模式中，“云服务”厂商提供软件系统的基础设施层和平台软件层，在基础设施层的软硬件资源之上，预配置所有与数据系统运行相关的平台框架，包括操作系统、基础算法库及和数据存储相关的数据库管理系统。此外，与大数据应用相关的技术中间件（分布式存储、分布式计算、流式计算）也会在平台软件层实现。

在 SaaS 模式中，"云服务"厂商除了提供基础设施层和平台软件层的能力，还可以直接为企业的终用户端提供上层的应用软件。订阅 SaaS 服务让企业不用自己建设应用软件也能快速获得软件服务能力，解决数字化的业务需求。

通过"云计算"服务，大多数进行数字化创新或数字化转型的企业不必重复构建底层的"数据基建"，从而能够快速适应业务需求的变化。除了便捷性的好处之外，企业还可以把与系统建设相关的底层复杂技术细节从数字化应用中剥离出来，更加专注于数据的使用和基于数据分析的业务创新，更有效地协调转型中多方面的资源投入。

2）数据管理能力建设

在数据管理能力建设方面，企业需要构建一套面向数据管理和数据分析的系统环境，这里又进一步包括两大类系统的建设，分别是数据中台和数据分析平台。

其中，数据中台提供了企业内数据资源的集中管理和数据基础服务的集成，可以把数据中台看作企业的数据资源池，源源不断地向前端业务场景进行数据赋能。数据中台提供了以数据作为要素的业务创新能力，数据中台提供的数据服务接口是前端数字化应用系统的重要组成部分。

数据分析平台主要是为企业内部提供综合数据分析能力，满足自动化的数据交互分析需求，数据分析平台是企业数字化管理的重要技术工具。除了提供与数据分析相关的统计和挖掘算法，数据分析平台还为企业提供丰富的数据可视化能力，能够以图表的呈现方式，直观地表达业务信息的内容。数据可视化功能可以帮助企业管理人员快速形成业务洞察力，更加快速、精准地形成围绕数据结论的数字产品设计。

3. 数据创新

在构建了系统建设能力后，接下来是数据创新工作，也是最终面向业务活动真正让数据能力发挥作用的环节。数据创新包括对内创新和对外创新两方面内容。

1）对内创新

对内创新是通过引入必要的信息系统，以"系统＋数据"的方式构建全新的业务活动机制，增加决策能力，提高服务质量水平和生产能力。对内创新也可以看作产业端的数字化创新。对内创新涉及数字化在智能制造、数字化办公、数字交通管理、数字城市管理等方面的应用，在该模式下，企业需要为围绕其日常运营需求构建起一套垂直的数字化技术能力，利用数字技术对产业赋能。

在数字产业服务方面，第三方机构除了可以提供基于 IaaS 或 PaaS 的底层数据服务能力，还能够提供面向具体行业的数字化解决方案，即 SaaS(Software as a Service)软件应用。不同领域中都有很多权威的 SaaS 厂商，这些厂商大多熟悉某一行业的业务知识和业务逻辑，会提供面向该行业的一系列通用的数字服务技术。数字化企业可以根据其自身业务需求“按需订阅”所需的数据服务，灵活搭建自身的数字技术能力体系。

数字化综合服务产业图谱可以整体展示为传统企业进行数字化赋能的关键技术品牌。数字化服务产业图谱分为基础层、平台层和应用层，如图 1-12 所示。

图 1-12　数字化综合服务产业图谱

基础层为数字化应用提供底层的软硬件运行环境，主要数字技术产品包括云服务、基础软件、基础硬件；平台层为企业提供跨业务、跨场景的通用数据处理系统，主要数字技术产品包括大数据平台、数据中台、数据可视化平台；应用层为企业提供面向具体应用需求的数据分析工具或基于数据处理能力的业务自动化工具，赋能办公、销售、人力、采购、客服、财税、电子签名等不同运营和管理职能。

2）对外创新

对外创新是要以数据为基本业务要素，设计数字化产品或数字化服务，进行业务创新设计和服务体验的增值，这类创新更多地被看作消费端的数字化创新。对外创新不仅是企业运营能力的升级和优化，更是对服务模式的创新，给消费者带来全新的产品和服务体验，以赢得市场上的产业竞争力。

对外创新涉及数字化在智能家居、智能穿戴设备、数字传媒、在线社交、智慧金融、智慧医疗等方面的应用。考虑企业自身的业务特色和市场竞争需求，企业在设计面向C端的数字创新应用时更多采用“自研＋合作”的方式来开展。这些数字创新应用的技术内核通常以数据服务的形式部署在“云”端的数据中台的底座之上。随着数据中台不断积累高质量的数据资源，企业可以构建出越来越稳健的数据服务，并支撑更加丰富的数字化应用场景。此时，企业面向前端服务的创新能力也会同步得到强化。

值得强调的是，无论是产业端的数字化创新还是消费端的数字化创新，都离不开优质的数据资源。对于开展数字化转型的企业来讲，尽管数据价值体现在最终数字化应用创新的环节，但是更多的努力需要集中在前期数据积累、数据准备，以及与数字化实践相配套的数据管理制度建设方面。

第二部分　数据科学原理

第2章

关于数据的真相

2.1 数据的价值：事实还是知识

首先要讨论什么是数据，以及人们为什么关心数据。在数字经济的总体业务架构中，数据可以看作非常重要的生产要素，为产业实践提供巨大的经济价值。数据的价值来源于两个方面，一是反映事实，二是提供知识，而数据科学技术的作用就是从数据中提炼事实信息、挖掘业务知识，以此来帮助人们解决实际应用问题。

反映事实，是指在业务问题的引导下，基于数据技术直接从数据中发现我们所关心的重要业务信息，通过将这些业务信息作为关键的证据参考，可以帮助我们进行准确的情景判断和业务决策；提供知识，是指通过对数据进行深入的分析，挖掘出潜藏在数据背后有价值的业务规律，拓展人们对生产和生活的实践经验与理论认知。

事实是目前观测到的信息，而知识是持续积累的经验性的信息。将观测到的事实与所掌握的知识相结合，加以综合运用，就可以激发出各种有价值的业务能力。本章将从数据的事实价值和数据的知识价值两个方面来介绍数据的"真相"。

2.1.1 数据的事实价值

1. 数据事实的应用场景

数据的事实就是数据中呈现出的最直观的信息，通过综合各种不同来源的信息，可以对目前的情况做出准确判断，从而提高业务运营的整体效能。例如，商家在设计制定一款新商品的价格时，需要调研所在行业"竞品"的平均定价水平；医生在确定某个患者的疾病罹患情况时，需要参考患者各种生理指标检查项目的结果；投资人在决定购买某个创业公司股票时，也需要系统地分析该公司的诸多财务报表和市场表现数据。

1）数据事实决定决策行为

实时、高质量、准确的业务信息可以尽可能地保证当前的决策行为是“可靠明智的”，从而帮助我们获得接近目标预期的结果。

如果把业务行为看作由某个特定的决策系统产生的，则任何决策行为都必须依赖于一个有效的环境信息输入。当环境信息输入不同时，该决策系统做出的行为也是不同的，因此，为了确定如何产生具体的业务行为，就必须准确地从外部环境中获取数据，并从数据中解读进行业务决策所依赖的信息。从数据中获取业务决策信息的过程如图 2-1 所示。

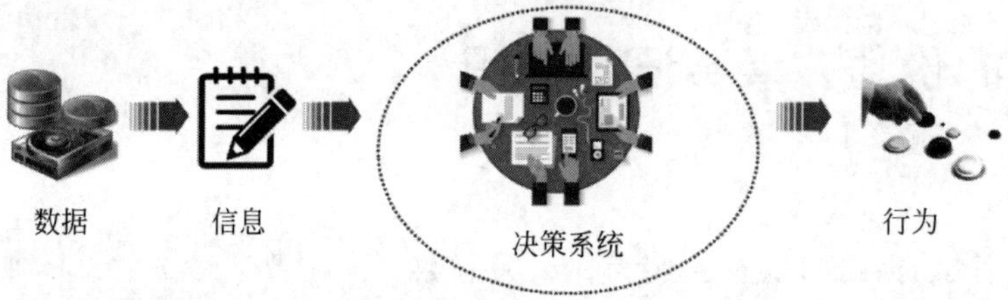

图 2-1　从数据中获取业务决策信息的过程

2）数据事实验证业务假设

在另一种情况下，事实可以帮助人们验证某个业务假设，有利于刻画业务活动的底层逻辑。当一件事情发生后，决策者通常会关心到底是什么事件导致了这个结果，会产生关于整个事件发生的一系列业务假设。这些业务假设的背后需要各种数据来支撑，通过从数据中挖掘到的事实信息，可以形成对上述一系列假设是否真实存在的客观验证。一旦业务假设通过数据中的事实信息得到了验证，管理者就可以进一步基于相关假设和认知逻辑，采取相应的措施，“对症下药”地解决所面临的实际业务问题。

以口腔诊所的数字化运营场景为例，当某连锁口腔诊所近期的患者就诊业务量出现了比较明显的人数下滑时，诊所的管理者需要主动分析问题，找到导致业务下降的原因。诊所的管理者可能会假设业务量下降是由于诊所近期开展的免费洗牙活动到期有关。通过查看活动期间和活动之后的就诊人数的数据，发现业务量开始明显下降的时间节点确实是从活动到期日之后三天内开始的。除此以外，基于其他付费诊疗项目与免费洗牙项目的相关性分析，进一步确认很多就诊业务确实是靠免费洗牙活动拉动的。于是，诊所的管理者决定延长免费洗牙活动的结束时间，持续增加患者与诊所之间的服务黏性。

2. 数据事实的获取

数据的事实信息可以来自结构化数据和非结构化数据。从结构化和非结构化数据中提取信息的方法本质上有所不同，下面分别进行介绍。

1）结构化数据的信息获取

从结构化数据中获取信息，主要体现在数据对特定业务量化指标的数值计算支撑。这些量化指标首先被业务人员总结出来，作为日常管理运营决策的关键参考信息。定量指标的数据源既可以来自企业内部，也可以通过外部获得。但是对于大多数企业来讲，考虑到数据质量和可用性及业务的相关性等原因，从内部数据计算量化指标是更常见的做法。

针对不同的业务应用主题，业务人员会分别针对性地制定一套相应的定量指标。这些业务指标需要给予明确的内涵描述，约束其适用的业务场景，并用计算公式对其进行标准化和规范化的定义。

在计算公式中，定义了指标的量化值是如何根据企业内部原始的数据源计算形成的。在更新指标的取值时，首先需要通过对数据库的查询操作获得相应的基础数据，然后根据业务指标公式进行计算，最后获得业务人员关心的结构化信息。

以电商行业为例，为了更好地对电商平台的实时经营状态合理配置平台资源并发现商业机会，通常会构建非常复杂的结构化业务指标。

(1) 日活跃用户量(Daily Active User,DAU)，统计一日之内，登录或使用了某个产品的用户数，并去重。

(2) 日新增用户(Daily New User,DNU)，表示当天的新增用户。

(3) 最高同时在线人数(Peak Concurrent Users,PCU)，对统计周期内的在线人数不断监控，并持续更新最高值的纪录。

(4) 平均每个活跃用户收益(Average Revenue Per User,ARPU)，统计活跃用户的业务收益并取均值。

(5) 成交总额(Gross Merchandise Volume,GMV)，指下单产生的总金额，是销售额、取消订单金额、退款金额的总和。面向电商平台运营的销售转化指标体系如图2-2所示。

2）非结构化数据的信息获取

非结构化数据包括文本、图片、音频、视频等多种文件形式，这些文件在计算机中的原始数据结构没有具体含义，无法直接进行分析处理。因此，为了从非结构化数据中获取信息，首先需要从原始的数据中提取结构化的数据特征，这些结构化的数据特征需要具备一定的语义内涵，可以支撑有意义的数据模型的构建，推动后续的数据分析处理。

文本数据是最常见的非结构化数据类型，在一般的网页应用中，超过80%的数据是文本数据。文本数据对信息承载密度更大，其可读性、可分析性也更强，具有很大的数据分析需求。

文本数据一般以文件或日志的形式予以存储。例如，产品在线评论、客服对话记录、产品功能说明、企业财务报告、保险记录报告、医疗就诊记录，这些文本数据均蕴含了大量重要的事实信息。从文本中获得事实信息主要包括两个步骤：数据筛选和数据结构化。

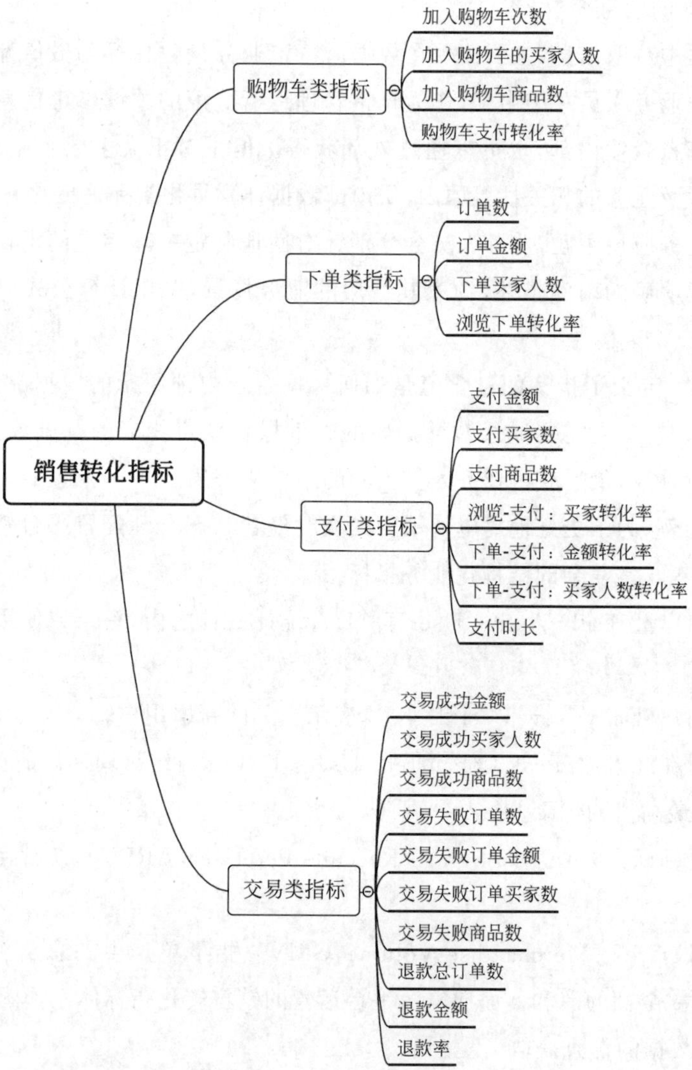

图 2-2　销售转化指标体系

数据筛选主要是指从指定数据源中提取出与所分析业务问题相关的数据子集合。很多企业在存储文本数据时会为文本数据添加主题标签,这些标签一方面可以提供准确的信息索引,另一方面也便于对文本数据的管理维护。数据分析人员通过主题标签能够快速过滤出所需要的文本数据。

除此以外,还可以使用传统的信息检索方式获得文本数据的排序结果。检索到的文本数据如果非常相关,分析人员则可以通过人工阅读的方式直接获得必要的事实信息;而文本数据如果数量较大,事实信息不显著,则还需要通过计算机算法来辅助提取其中的重要信息。通过计算机技术挖掘文本信息的技术也称为自然语言处理(Natural Language Processing,NLP)技术,可以通过语言模型将非结构化的文本数据以相对结构化的形式进行呈现。

NLP技术可以解决很多不同细分场景的分析需求:

(1) 情感分析,统计给定文档集合中不同情感倾向的比例和对应情感的强烈程度,以定量的形式来表示文本内容对某一话题或事件的总体态度,更加细粒度的情感分析技术可以提取出文字中针对不同业务对象和业务属性的情感信息。

(2) 关键词抽取,用少数关键词来代表给定文本资料或文本资料集合的语义内涵,可以把比较长的文章内容压缩为若干个词汇的集合。通过阅读、分析少数词的集合,可以更高效率地理解原文内容。同时,关键词也可以承担非常有意义的文章索引的功能。

(3) 主题分析,用一个数值向量来描述文本数据在各个业务主体下的内容分布,数值向量的每个维度代表一个业务主题,维度上的数值代表文章中该业务主题的成分比例,数值越大则说明文章与该主题越相关。主题分析一方面可以像关键词抽取一样对文章内容进行压缩,另一方面可以对文本内容进行聚类分析。

(4) 事件抽取,从文本中识别重要的事件和事件元素,包括事件类型、事件参与者、事件发生时间,以及事件发生地点等。通过事件抽取可以把非结构化文本数据转换为业务问题关注的事件记录列表。这些事件记录可以用结构化的方式进行表示并进行统计分析。

此外,在具体的行业应用方面,NLP的应用形式也非常丰富:

在电商平台领域,通过对在线评论的文本进行分析,可以分析获得用户对产品质量的满意度情况,以及市场偏好的产品特征;在医疗领域,通过对电子病例的文本进行分析,可以挖掘出患者的主要发病症状和病理特征;在教育领域,通过对学术期刊的论文进行分析,可以了解到最新的研究热点和学科发展方向;在社交媒体领域,通过对用户的访问记录和内容发布记录进行分析,可以对用户的兴趣与喜好规律进行综合刻画。

2.1.2 数据的知识价值

1. 知识分类

通过对数据资源进行分析,除了能够获得关于事实的信息,还可以从中获得对业务有指导性作用的知识内容。正如前文所述,知识比信息具有更高的抽象层级,价值密度更高,同时价值属性也更加稳定。在一系列相关信息的基础之上,给定具体的业务观察视角,通过总结归纳等方式,可以抽象出有价值的业务知识。从知识描述的业务对象类型看,知识可以分为静态知识和动态知识,下面分别进行介绍。

1）静态知识

静态知识也可以看作事实知识。事实知识与事实类信息不同，尽管都是描述客观事物的事实，但是知识具有价值稳定性和真实性等特征。此外，知识与信息相比还具有相对明显的规范化、体系化特点。信息一般是杂乱无章的，而知识则具有内在的体系结构，并且与特定的业务主题相关。

静态知识通常是指对业务概念的形式化定义，其中具体包括概念的内涵、概念的从属关系、层级关系、组成关系、等价关系，以及概念中的固有特征属性。上述这些内容的一种常见表现形式叫作本体（Ontology）。本体可以看作一种“形式化的，对于共享概念体系的明确而又详细的说明”。通过构建某个业务领域的本体，可以形成该领域的知识框架。本体可以对数据模型和数字化应用的设计提供重要的基础数据支撑。

例如在医疗领域，典型的静态知识包括疾病的层级分类，以及每种疾病涉及的典型症状，举例如下：

疾病包括心脑血管疾病、皮肤病、免疫系统疾病、传染病、口腔疾病……

口腔疾病包括牙周类疾病、牙体牙髓疾病、口腔颌面部疾病、口腔组织类疾病、口腔种植体疾病……

牙周类疾病包括牙周炎、牙周炎伴发病变、牙龈病、种植体周病……

牙周炎的主要症状有牙龈出血、牙龈肿痛……

2）动态知识

动态知识也可以看作规律性知识，通常是在大量生产实践过程中总结出来的，可以直接指导业务实践落地。动态知识通常会以规则、模型或函数的形式予以抽象表示。

动态知识可以解决判别的问题，也就是通过给定业务对象的观察特征，即事实信息，推断获得该对象具体的业务分类标签。在数据挖掘领域，这是典型的分类问题。通过对业务对象进行分类，可以确定面向该对象的具体行为策略。

例如，在金融领域，很多银行会通过构建信贷模型来衡量一个贷款申请人或企业主体的资金偿还能力，根据给定的消费记录、贷款记录、偿还记录、资产调查等输入信息，自动对贷款申请人的偿还水平进行“高”“中”“低”的分类标注，进一步确定是否向该用户进行贷款核准。

此外，动态知识还可以解决预测类的问题，通过输入当前业务对象的观察信息，对该对象未来可能产生的行为或该对象可能发生的事件进行预测。例如，在数字传媒领域，通过对用户的基本信息（年龄、性别、地区、职业、兴趣）、位置信息和行为信息（内容搜索记录、网页浏览记录、App 使用记录等）的综合分析，可以对用户的广告链接点击行为和后续的购买转化行为进行预测。这有利于向用户推送相关性强、能够满足用户实用价值需求的广告页面链接。

2. 知识表示

前面提到,可以从数据中提取有价值的业务知识。为了方便计算机软件对这些知识进行自动处理,支持上层的数字化和智能化应用,需要对知识进行标准化、结构化存储,这就涉及对知识进行表示的问题。

知识的概念根据能否规范化表达并且是否容易传播,可以分为显性知识和隐性知识。在人工智能领域,从学派上可以分为符号主义流派、联结主义流派和行为主义流派。

其中,符号主义流派强调知识的符号表示和知识运用,研究让机器掌握知识概念和基于知识的分析推理能力。在符号主义流派中,通常采用显性的方式对知识进行定义和表示。

联结主义流派认为智能来自对人脑的模拟,聚焦算法模块中信息节点之间的底层传播机制,强调智能的产生是由大量简单的计算单元,通过复杂相互联结和混合作用的结果。联结主义把知识内化为数学模型中的变量参数,以这种方式来定义知识可以兼容隐性知识的表达和应用的客观需求。下面将从符号主义流派和联结主义流派两方面来介绍知识的表示方法。

1) 符号主义流派的知识表示方法

符号主义流派的知识表示方法包括框架表示法、语义网络表示法、产生式表示法、谓词逻辑表示法、脚本表示法、本体表示法、状态空间表示法等主要类型,其中语义网络表示法和本体表示法比较适用于表示静态知识;产生式表示法、脚本表示法、状态空间表示法比较适用于表示动态知识;框架表示法、谓词逻辑表示法可以同时兼容静态知识和动态知识。

对于静态知识,选择语义网络(Semantic Network)表示法进行重点介绍。语义网络是一种非常灵活的描述事物之间关系的数据结构,该数据结构由知识节点及知识节点之间表示语义关系的边组成。

其中,节点可以代表具体的事物、概念、情况、属性、状态、事件。在语义关系中,以类属关系最为基础和重要。常见的类属关系包括 ISA(Is-a,一个事物是一个事物的实例)、AKO(A-Kind-of,一个事物是另一个事物的一种类型)、AMO(A-Member-of,一个事物是另一个事物的成员)等几种具体情况。描述不同语义关系的语义网络如图 2-3 所示。

通过构建某一行业领域概念的类属关系,可以形成该领域最基本的信息框架。当前,在自然语言处理领域,已经有一些相对通用的语义网络知识,如 WordNet(英文)、BabelNet(多语言)、HowNet(知网,中文),这些语义网络知识极大地提高了语义消歧、信息检索、文本分类、文本摘要等不同文本分析任务的智能化水平。

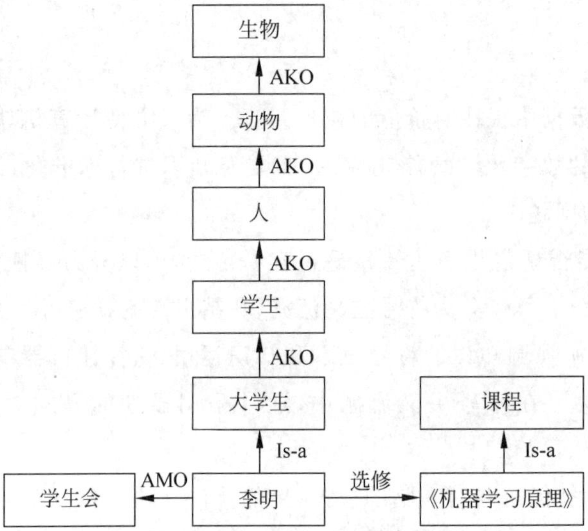

图 2-3　语义网络的示例

基于语义网络的表示方法，在产业实践方面，根据具体的业务发展需要逐渐衍生出语义网(Semantic Web)和知识图谱(Knowledge Graph，KG)两种重要的知识数据表示技术。

语义网最早是由万维网之父 Tim Berners Lee 在 1998 年提出的。语义网把网络上的数据看作彼此连接的知识源，使互联网上的数据可以被机器阅读理解，实现自动化、智能化的网络应用，如网页的智能检索，以及基于网页信息的数据推理。语义网的底层信息表示依托于 RDF(Resource Description Framework)、RDFS(Resource Description Framework Schema)和 OWL(Web Ontology Language)等语言作为技术标准。

尽管语义网对知识的表达能力很强，但是其对于人工设定的依赖性过强，要求在网页数据发布时就遵循复杂的技术标准。语义网在产业落地时的技术门槛过高，与网络信息爆炸的时代特征产生了较大的矛盾。

对于语义网的不足，在业界近些年产生了一种新的知识表示方式——知识图谱。知识图谱把互联网数据和底层业务知识分离对待，把来自业务系统或从网络数据中自动提取的知识进行结构化的信息表示。与语义网相比，知识图谱技术有诸多优势：

首先，知识图谱进一步对实体层和本体层的概念对象进行了区分，通过本体层的类属框架对实体层的知识节点进行更加严格的约束，从而能够稳定地兼容前端的产业应用；其次，在构建知识数据的过程中，知识图谱技术可充分利用基于命名实体识别(Named Entity Recognition，NER)、实体抽取、事件抽取等机器学习方法自动、批量生成的知识内容；此外，在数据的开放性方面，语义网比较强调知识数据的开放性，而知识图谱则强调首先解决企业内部需求，开放性不是企业的必选项。这又进一步降低了知识表示技术的推广难度，加速了产业落地的总体过程。

通过对人物的社交网络构建知识图谱，记录用户之间的社交关系，以及用户的内容、话题喜好，可以更好地对用户进行自媒体内容的推荐，增加平台黏性和用户满意度。基于人物社交关系的知识图谱如图 2-4 所示。

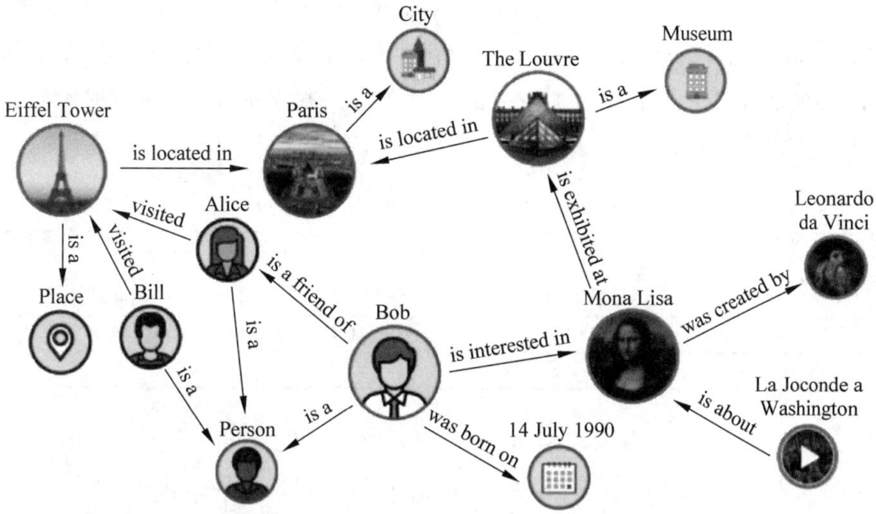

图 2-4　人物社交关系的知识图谱示例

例如，基于医疗领域的疾病、症状、药物构建知识图谱，可以实现 AI 辅助诊断、医疗信息查询、药物信息查询、智能导医、自动问答等丰富的智能化医疗应用。关于 COVID-19 的医疗知识图谱的可视化效果如图 2-5 所示。

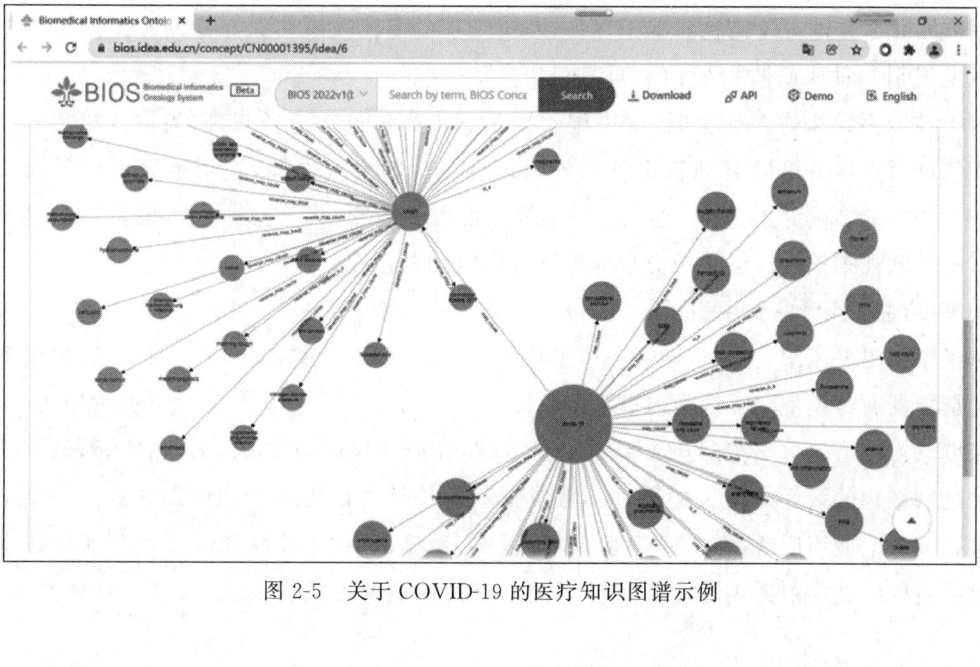

图 2-5　关于 COVID-19 的医疗知识图谱示例

从数据格式上，知识图谱本质上是通过若干形如（实体-关系-实体）或（实体-属性-值）的三元组组成的，分别表示实体与实体的关系和实体的某个特定属性取值。三元组形式的知识数据一般可以直接沿用语义网的 RDF 框架标准进行表示存储。

随着近年来以 Neo4J、Janus Graph、Nebula Graph 为代表的新型图数据库的出现，以节点为中心对知识进行记录的方法也逐渐开始流行。很多图数据库支持丰富的复杂图计算方法，这对知识推理的广泛应用提供了极大的便利条件。基于 RDF 和图数据库的知识图谱表示比较情况，见表 2-1。

表 2-1　图数据库与 RDF 比较

图数据库	RDF	图数据库	RDF
节点存储	三元组存储	支持查询算法、推理引擎灵活	推理方法标准
容易管理	容易传输	广泛用于工业场景	学术界应用较多
搜索效率高	搜索效率低		

对于动态知识，产生式的知识表示方法比较典型。产生式方法以诸如“Condition→Action”格式的规则对知识进行表示，其中 Condition 作为规则前件或模式，Action 作为规则后件或结论。知识规则记录了在特定条件下会产生怎样的目标判定结果。

在人工智能领域，知识规则最典型的应用就是专家系统（Expert System，ES）。所谓专家系统，就是指面向特定的业务需求，通过对知识规则库中的大量知识进行综合推理和应用，自动地提供智能化的诊断结果和决策方案。世界上的第 1 个专家系统 DENDRAL 是由美国斯坦福大学的费根鲍姆教授于 1965 年开发的，其主要功能是根据化合物的分子式和质谱数据推断化合物的分子结构。除此以外，基于知识的专家系统在医疗诊断和工业设备故障发现及识别方面具有非常成熟的应用成果。

对于专家系统来讲，只要知识库中记录了足够多高价值的业务规则，当输入给定的观测事实信息后机器就可以自动应用已知规则进行逐步的事实推理，直到推导出业务人员“感兴趣”的目标结论为止。在专家系统中，规则可以由专家人工总结录入，也可以通过机器学习的关联规则挖掘算法从历史数据进行自动检测并补充。

2）联结主义流派的知识表示方法

对于联结主义流派，主要以函数或模型作为常用的知识表示技术手段，其中，数据模型主要包括机器学习模型和深度学习模型。

深度学习模型的数学基础是人工神经网络（Artificial Neural Network，ANN），该类模型的功能和结构的设计在很大程度上参考了人脑对外界事物的感知和认知方式。深度学习模型在业务上应用广泛，在文本识别、语音识别、手势识别、机器翻译等多种现实问题上表现出了特殊的技术魅力。深度学习模型的特点是模型的参数规模庞大、变量结构复杂，可以看作一个“黑盒模型”，模型内部的变量关系通常难以解释。

在深度学习模型中，知识体现在神经网络的变量联结关系和联结权重上。通过对大量的数据集合进行模型的训练，可以自动地挖掘出这些隐含的知识。尽管这些知识在很大程度上可理解性、可预测性都不强，但具备非常强的实用功能价值。

模型除了能够定义动态知识，还可以对静态知识进行表示，即直接用分布式表示(Distributed Representation)的技术，把知识符号转换为向量进行量化表示。向量化的知识可以直接代入数据模型参与数值计算，这种将符号知识转换为数值知识的方式，其目的是把逻辑推理问题映射为数值计算问题进行处理，以便更有效地发挥大数据的计算能力。

例如，对于符号化的“三元组”知识图谱数据，可以通过 TransE、TransR、TransH、TransD 等矩阵分解技术，将其转换为数值向量。数值向量中各维度的取值是连续稠密的，这种知识表示形式虽然丧失了一定的可解释性，但是更加容易进行数值计算和预测分析，可以广泛应用于知识图谱中节点关系预测的任务。

3. 知识的来源

知识从实际的用途看，分为客观规律知识和行为决策知识。

客观规律知识需要从日常经验中不断总结发现，例如，金融市场的变化周期、特殊疾病的致病因素、用户在线购物的偏好规律、生产事故的隐患发生、客户反馈的语言习惯等。从数据科学的角度出发，客观规律知识蕴含在大量的业务数据中，借助计算机的运算能力优势，通过各种数据挖掘、数据分析技术，可以对这些潜在的知识进行外显。最终，知识以数据模型的形式沉淀下来并存储。

行为决策知识是指既定的业务工作流程和标准规范，例如，交易条款、法律法规、交通条例、设计工艺、机械构造、治疗方案等，这些知识是由业务人员专门设计出来的。在基于数字化的应用中，充分利用行为决策知识，可以实现业务的定制化和自动化，显著提高业务活动执行的综合效率。在很多智能化应用中，需要领域专家对这些知识进行结构化表示和录入，然后机器根据预先设定的知识进行各项相关操作。

尽管客观规律知识和行为决策知识分别以机器分析和人工构建为主，但是在实际应用中，两种类型的知识都需要以人机结合的方式进行生成和管理，才能达到更优的效果。

对客观规律知识来讲，依托于快速的数据建模能力，机器可以承担很多自动发现知识的任务，但是在整个数据建模过程中，仍然需要人根据经验来提供一些最基本的模型条件。这些模型条件包括模型结构、模型的复杂度，以及变量特征等，可以有效地限定知识发现的范围和方向。

对于行为决策知识来讲，很多领域中既定的行业解决方案已经比较成熟，但是从发展的眼光看，这些方案应该进行不断优化更新，从而适应错综复杂的社会环境和市场环境。人们在定义行为决策知识时，需要不断地借鉴动态更新的客观规律知识。可以说，两类知识的创造过程是相辅相成的。

2.2 数据怎么用，就看“维度”与“规模”

数据科学是解决数字化应用及实现的重要学科基础，而数据科学又是以“数据”作为基本研究对象。从数据本身的视角看，数据有两个重要的属性，分别是“维度”和“规模”，数据的维度和规模会影响数据进行具体分析处理的方法选择和最终效果，两者共同决定了数据的应用价值。

2.2.1 数据维度决定创新性

数据的维度就是数据的字段个数或属性项个数。如果将一条数据表示为一个数值向量，则数据的维度就是向量的维度，如果将一条数据置于 Excel 表格中进行呈现，则数据的维度就是表格的列数。显而易见，数据的维度越高，数据的内涵就越丰富，数据所承载的信息量也就越大。

随着大数据时代的到来，数据的维度一般会有比较好的保障，也提供了更多获得有趣商业洞察的机会。然而，此时人们面临的问题是，高维数据同时会带来更多的干扰，让真正有用的信息隐藏在繁杂的变量关系中。由于数据的维度过高，在面对具体业务问题时，很难发现真正有影响的业务变量。这种情况进一步增加了发现关键业务结论和构建有用数据模型的现实难度。

在产业应用中，通常把数据的维度所描述的“维”叫作数据特征，每个数据特征就是一个特定的属性项。在数据分析任务中，设计和选择合适的数据特征是极为重要的工作，好的数据分析活动必须聚焦在高价值的数据特征范围内开展，因此，在进行数据分析时，找到那些关键的数据特征，对业务人员来讲是核心的任务之一。

例如，在预测某个二级市场金融产品的价格走势时，通常动辄有上百个业务变量特征可以作为分析判断的参考，例如这个金融产品在 5 分钟内、1 天内、1 周内，以及 1 个月内的最低价位、平均价位、最高价位、价位变化幅度等，但是到底哪个变量会真正影响该金融产品的变化，事先是不知道的，所以需要通过对大量的数据进行统计分析，来找到那些真正重要的数据特征。

这些特征可以依靠专家经验进行人工设计，也可以基于数据的统计规律用算法自动地挖掘生成。这些基于原始数据，构建有重要业务价值的数据特征的工作，也称作特征工程。通过特征工程来设计有价值的分析模型，是体现数据分析人员技术和业务综合能力的挑战性任务，也是面向数据的算法研究工作的极大魅力所在。

本节将以分类问题为主要技术场景对特征工程的相关工作进行介绍，关于特征工程的具体内容框架如图 2-6 所示。

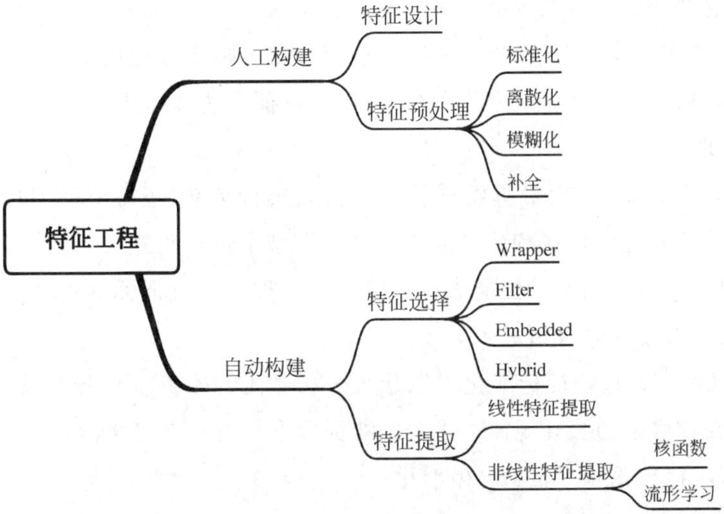

图 2-6 特征工程内容框架

1. 人工构建

人工构建特征包括特征设计和特征预处理，其中，在特征设计环节融入了业务需求，在特征预处理环节融入了技术需求。前者通常是由业务人员主导定义的，后者通常是由数据科学家主导定义的。关于人工构建特征的过程示意图如图 2-7 所示。

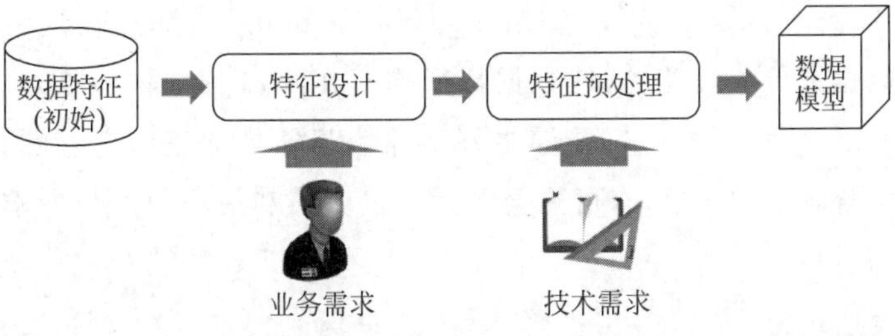

图 2-7 人工构建特征的过程示意图

1）特征设计

特征构建是指在设计数据分析模型时，分析人员根据已有的原始变量特征，有针对性地进行特征设计。特征构建工作建立在分析人员对数据源有自身主观理解和判断的基础之上。分析人员在特征构建的过程中，相当于把专家知识注入了数据分析模型。

特征构建的典型场景之一是前文关于事实信息的业务指标设计工作。无论是某个具体的业务指标，还是面向整个业务环境的指标体系，都是领域专家根据长期经验积累，讨论并设计出来的。这些业务指标在数据分析中可以直接被运用，例如直接通过可视化分析的形式呈现，或进一步用于构建具体的数据分析模型。在实际业务应用中，数据源中的原始数据字段可以直接被当作数据特征来用，也可以基于特征表达公式计算生成。

2）特征预处理

在特征构建环节，除了要对数据特征的赋值公式进行定义，还需要确定数据特征的预处理规则。特征的预处理是指将特征的征取值输入模型中进行正式分析之前，对特征值进行提前变换，提高数据模型结果的性能表现。特征预处理包括特征标准化、特征离散化、特征模糊化，以及特征补全等几种情况。

(1) 特征标准化。通过特征标准化可以让被分析数据样本的统计分布发生变化，有利于发现数据特征在数学上的统计规律。主要的特征标准化方法有 Z-score 标准化、0-1 标准化、稳健标准化、L_p 标准化和 Logistic 标准化。

Z-score 标准化，表达式为

$$x_i^* = (x_i - \mu)/\sigma \tag{2-1}$$

x_i 是原始的特征值，x_i^* 是标准化后的特征值，μ 和 σ 分别是 x_i 的均值和标准差。Z-score 方法使处理后的数据近似符合 $N\sim(0,1)$的标准正态分布。该方法计算简单，可以消除不同量纲之间在取值范围上的差异，但却容易丢失数据特征本身的原始意义。该方法适用于数据集的最大值和最小值未知，并且存在一定离群数据样本的情况。

0-1 标准化，表达式为

$$x_i^* = (x_i - \min)/(\max - \min) \tag{2-2}$$

0-1 标准化对数据进行线性变化，使数据特征均落在[0,1]范围内，该方法可以消除量纲的影响，同时也可以消除负数变量，能够更好地兼容只能处理正值变量的数据模型。该方法的缺点在于，当新数据加入后，有可能会随时对最大值和最小值产生影响，容易导致数据的频繁变动。

稳健标准化，表达式为

$$x_i^* = (x_i - \text{median})/(Q_3(x) - Q_1(x)) \tag{2-3}$$

该方法中 $Q_1(x)$、median、$Q_3(x)$分别是数据集的四分之一分位数、中位数和四分之三分位数。该方法在一定程度上减少了异常值对数据分析造成的影响，适合异常值较多的数据集合。该方法的问题主要是对高维数据的支持度不太好。

L_p 标准化，表达式为

$$x_i^* = x_i / \| x_i \|_p \tag{2-4}$$

L_p 标准化方法可以通过调节 p 的取值将原始变量映射到指定数值空间区域，便于在图中发现数据的统计规律。当 p 取值为 1 时，可以把数据归一化到一个菱形区域，当 p 取值为 2 时，可以把数据归一化到一个球形区域。L_p 标准化方法可以加快数据模型对数据样本拟合的收敛速度。

Logistic 标准化，表达式为

$$x_i^* = 1/(1+e^{-x_i}) \tag{2-5}$$

Logistic 标准化充分利用了 Sigmoid 函数的特性，将原始数据映射到[0,1]范围内。该方法在数据特征之间的取值差异不大时效果比较好。该方法适用于数据对象比较集中地分布于 0 值两侧的情况。

(2) 特征离散化。特征离散化是指把连续特征转换为离散特征，以此来适应特定的数据分析模型。在很多数据分析场景中，分析人员比较关注对事物的定性描述而非具体的某个参数值，更加偏好采用分类变量对分析对象的某个属性维度进行量化评估。例如，在对目标客群进行营销分析时，市场人员更加关注某个客户的年纪是老、中，还是年轻。如果仅仅指出某个人的年龄为 46 岁，则不太容易得到直观的分析结论及相应的业务策略。

例如在石油钻探工业活动中，需要结合采集的现场开采设备参数对有可能发生的溢流事故进行分析预警。该模型需要输入的一个关键变量为立管压力变化量，根据需要，把该变化量分为高、中、低 3 个等级进行深入分析。实际上，在现场采集到的立管压力变化量是一个连续的物理参数，单位为 MPa。于是就需要构建相应的特征离散化规则，将连续特征转换为可以被事故预警模型理解的离散特征。

例如可以约定，当 $x \in [0,30]$ 时取值为低，当 $x \in (30,70]$ 时取值为中，当 $x \in (70,\infty)$ 时取值为高。在该例中，为了区分变量等级，需要设置用于区分特征取值的关键分割点，如 30、70 等，这些分割点的选定与专家经验密切相关，对后续的数据分析影响很大，是数据模型最终表现成功与否的重要因素。

(3) 特征模糊化。特征模糊化是特征离散化的拓展情况，其本质目的还是把连续值转换为离散值，只不过并非以某个具体的数值点来分割不同的数据类别，而是采用一个数值区间来解决该问题。在离散化的过程中，特征取值被分到高、中、低 3 个类别之一，而在模糊化工作中，则在定义每个原始测量值的情况下，数据特征取值为高、中、低 3 个类别上的权重分别为 μ(高)、μ(中)、μ(低)，并且有

$$\mu(\text{高})+\mu(\text{中})+\mu(\text{低})=1$$

在定义模糊化规则时,需要对原始连续特征向离散分类特征自动映射的隶属函数进行定义。数学上,常用的隶属函数包括三角隶属函数和梯形隶属函数,其中,梯形隶属函数的定义如下:

$$\mu(x,a,b,c,d)=\begin{cases}0, & x<a\\ \dfrac{x-a}{b-a}, & a\leqslant x\leqslant b\\ 1, & b\leqslant x\leqslant c\\ \dfrac{x-c}{d-c}, & c\leqslant x\leqslant d\\ 0, & x>d\end{cases} \tag{2-6}$$

以上述石油钻探事故的案例进行说明,除了将设备采集的物理参数直接进行严格分类,还可以采用梯形隶属函数对立管压力变化量进行模糊化处理。通过隶属函数,可以将同一观测值对应到不同等级上,并得到对应的模糊化权重。立管压力隶属函数的统计分布情况如图 2-8 所示。

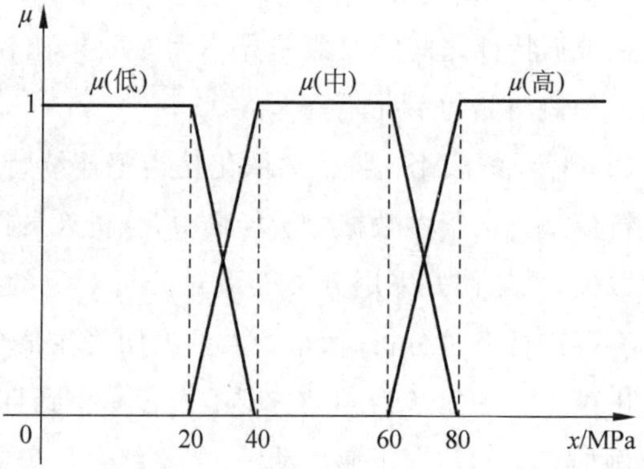

图 2-8 立管压力隶属函数分布

(4) 特征补全。很多数据分析模型不允许有缺失特征,如果一条数据记录只有一两个特征项是有值的,而大多数特征为空,则模型将无法计算得到分析结果,因此,无论是在构建模型的过程中,还是使用模型解决分类或预测等现实问题,都需要对缺失的数据特征进行提前赋值。数据分析人员需要根据业务场景形成合理的数据假设,从而制定相对可靠的特征补全策略,以此保证数据分析结果不会产生显著偏差。

例如,医疗领域的数据分析人员想通过数据分析方法构建一个糖尿病并发症的智能诊断模型,其输入的特征值为患者的检查数据。在实际的应用场景下,患者病例中记载的指标检查项总是不全的。如果患者的某些检查项目没有被有效赋值,则根据正常健康人群的生理指标范围均值进行默认赋值,其实也是比较合理的一种技术处理方案。

2. 特征选择

特征的构建除了可以通过人工设计的方法来开展,也可以采用机器自动化的方式实现。基于原始数据的统计规律,计算机可以采用特定的算法自动筛选或合成出有意义的数据特征，其中，以筛选的方式来获得数据特征，相应的方法称为特征选择；以合成的方式来获得数据特征，相应的方法称为特征提取。

特征选择的目的是在现有原始数据的特征集合中，以不影响分析模型效果为前提，筛选出有效的核心数据特征子集，作为后续数据分析任务的特征输入条件。特征选择的目的是要删减掉原始数据中不重要、不相关，以及具有较大分析干扰性的数据特征，达到数据降维(Data Reduction)的效果。

特征选择一方面可以降低数据的冗余，提高数据分析的计算效率；另一方面也可以提高数据模型预测的准确性。特征选择用公式来表达形式如下：

$$\widetilde{F}=\{\tilde{f}_i \mid i=1,2,\cdots,d,\tilde{f}_i \in \mathbf{R}^n\} \subset F=\{f_i \mid i=1,2,\cdots,D,f_i \in \mathbf{R}^n\} \qquad (2\text{-}7)$$

特征选择的任务过程是在特征集合 F 中找到使数据分析模型表现最优的特征子集 $\widetilde{F}$。特征选择的基本思路是针对各个特征子集的排列组合进行效果评估，选择评估性能好的数据特征子集作为最终输出结果。特征选择的具体技术实现，需要考虑特征搜索策略、特征评估标准、特征选择策略 3 方面问题，下面分别进行介绍。

1）特征选择搜索策略

在原始数据特征维度已经很高的情况下，如果采用枚举所有特征组合并逐个比对的方式来找到特征组合的最优解，则几乎是不可能的，因此，需要构造一些启发式的特征搜索策略算法，加快有效特征集合的发现速度。

通过算法来搜索特征集合可能会牺牲掉数据模型的一部分性能，但是依然可以近似得到最优解来满足前端的应用。比较典型的特征搜索算法有顺序前向搜索算法(Sequential Forward Search，SFS)、顺序后向搜索算法(Sequential Backward Search，SBS)、遗传算法(Genetic Algorithm，GA)，以及模拟退火算法(Simulated Annealing，SA)等。

2）特征选择评估标准

数据特征好坏的评估标准会直接影响到数据特征子集的选择结果。特征评估是指构造一个客观统一的标准，使用该标准衡量数据特征的质量，从而决定特征是否应该予以保留。在对特征子集进行选择时，常用的方法是基于数据在给定特征子集上的信息表示，计算衡量数据集自身的或与具体分类问题相关的统计指标。最终，以该指标取值的高低间接反映所选特征子集的有效性。

例如，可以通过 χ^2 统计量衡量某个特征项 ω 和类别 c 之间的相关程度。如果特征项 ω 与该类别的相关性较大，则表示该数据特征对于分类问题(数据样本的类别是否为 c)所携带的信息量更高。此时，在特征选择任务中倾向于把 ω 保留在最终选定的特征子集中。

在计算 ω 和类别 c 的 χ^2 统计量时，需要定义关于统计量的频数统计矩阵，见表 2-2。

表 2-2 统计量的频数统计矩阵

特征出现情况	样本属于 c	样本不属于 c
ω 出现	A	B
ω 不出现	C	D

以 N 为数据集合的样本总数，在特征出现和不出现的情况下，分别统计数据集中属于类别 c 和不属于类别 c 的数据样本个数。如果将计数结果录入上面的统计矩阵中，则 χ^2 的计算公式如下所示。

$$\chi^2(\omega,c)=\frac{N(AD-CB)^2}{(A+C)(B+D)(A+B)(C+D)} \tag{2-8}$$

除了 χ^2 统计量，常用的特征质量评价指标还包括条件熵、互信息、信息增益，以及数据样本一致性等。

3）特征选择策略

直接在数据集中进行特征筛选的策略叫作 Filter 方法。Filter 方法逐一考察每个数据特征对类别标签取值的影响显著性，过滤掉与分类问题不相干的数据特征，剩余的数据特征构成目标数据特征子集。Filter 方法的优势是快捷简便，但是容易忽略特征之间的相关性，尤其是非线性的复杂相关性。Filter 对数据特征与具体分类任务的兼容情况也有欠考虑。

基于 Filter 的特征选择方法有 Focus 算法和 Relief 算法。Focus 算法关注少数的强相关特征，但是容易忽略其他必要的强相关特征，而 Relief 算法则基于显著性的相对权重进行特征筛选，容易导致所选中的数据特征冗余的情况出现。两种算法分别适用于强相关特征和弱相关特征的特征筛选需求。

除了可以通过对数据集的统计指标进行计算来评估数据特征，还可以对基于特征选择结果得到的分类模型进行评估。这种方法是以结果为导向的数据特征选择策略，相应的数据特征筛选方法称为 Wrapper。Wrapper 方法将数据特征识别与分类学习任务统一起来，可以有效地应对 Filter 对数据特征之间相关性识别不足的缺点。

由于 Wrapper 需要对每种备选的数据特征子集产生的分类器能力进行评判，所花费的计算时间远远大于 Filter 的方法，因此 Wrapper 对于数据特征维度巨大的数据建模任务是极其难以实现的。此外，Wrapper 直接面向数据特征的子集进行评估，整个数据特征子集的表现随着任务和数据集的变化具有很大波动性。数据科学家对于 Wrapper 直接筛选出的整个数据特征子集缺少足够的业务解释能力。

基于以上考虑，在大数据的应用中，实际上更多地采用 Hybrid 方法。首先，使用 Filter 方法对原始数据特征进行粗筛选，去掉相关性极低的大部分数据特征，然后，对剩下的小规模数据特征再采用 Wrapper 方法进行分析处理。Filter 和 Wrapper 两种方法如图 2-9 所示。

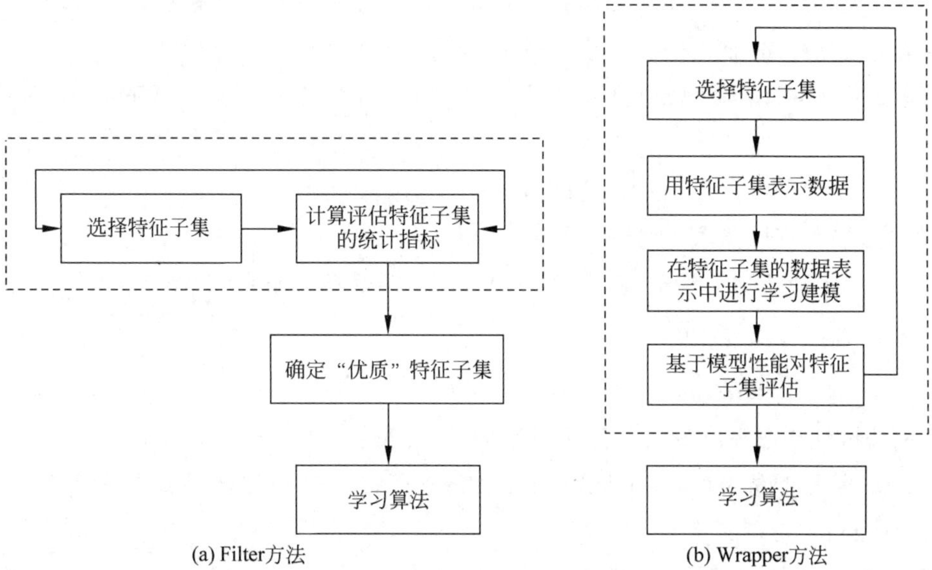

图 2-9　特征选择的 Filter 方法和 Wrapper 方法

3. 特征提取

特征提取是指以合成的方式自动地从原始数据集中挖掘，以此获得有价值的数据特征，在这个过程中重组产生了新的数据特征。

特征提取通过函数的形式把多个原始数据特征 $X=\{X_i \mid i=1,2,\cdots,n,X_i \in \mathbf{R}^D\}$映射为新的数据特征 $Y=\{Y_i \mid i=1,2,\cdots,n,Y_i \in \mathbf{R}^d\}$。一般来讲，新的数据特征与原始数据特征相比较具有更好的统计特性，其所蕴含的信息能够更好地支撑数据分析应用。特征选择与特征提取的区别如图 2-10 所示。

从特征映射函数的结构性质来看，特征提取包括线性方法和非线性方法，下面分别进行介绍。

1）线性特征提取技术

在线性特征提取方法中，新的特征可以看作原有特征的线性权重组合。线性特征主要是为了进行数据降维，目的是实现后续数据分析计算效率的提升。常见的线性特征提取算法有主成分分析（Principal Components Analysis，PCA）、线性判别分

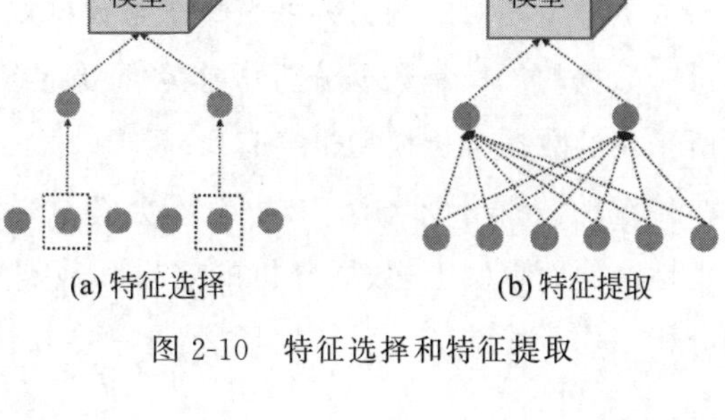

图 2-10　特征选择和特征提取

析(Linear Discriminant Analysis,LDA)、独立成分分析(Independent Component Analysis,ICA),以及最大间距准则法(Maximizing Margin Criterion,MMC)等,其中PCA和ICA方法独立于数据分类任务,而LDA与MMC则需要考虑数据集合的分类标签。

线性特征提取的本质是找到能够实现特征映射的变换矩阵 $\boldsymbol{V}$,其公式如下:

$$\boldsymbol{Y}=\boldsymbol{V}^{\mathrm{T}}\boldsymbol{X}$$
$$\boldsymbol{V}=[\boldsymbol{V}_1,\boldsymbol{V}_2,\cdots,\boldsymbol{V}_d]_{D\times d} \tag{2-9}$$

2) 非线性特征提取技术

对于非线性特征提取算法来讲,式(2-9)的特征变换矩阵 $\boldsymbol{V}$ 不存在,需要构建非线性函数 f 实现数据特征的变换,即

$$X=\{X_i \mid i=1,2,\cdots,n,X_i\in\mathbf{R}^D\}\xrightarrow{f}Y=\{Y_i \mid i=1,2,\cdots,n,Y_i\in\mathbf{R}^d\} \tag{2-10}$$

常见的非线性特征提取算法包括核函数法、等距映射法(Isometric Feature Mapping,ISOMAP)、局部线性嵌入(Locally Linear Embedding,LLE)和拉普拉斯特征值映射法(Laplacian Eigenmaps,LE)等。

非线性特征提取算法可以改变数据样本在特征空间中的分布情况,更容易构建出能够对数据类别进行区分的算法模型。在这种应用场景下,很多时候特征提取甚至采取了“数据升维”的策略。尽管数据的表示变得更加复杂,但是数据的数值空间分布更加“优美”。

例如,很多数据对象集合在原始的数据特征表示下没有办法找到一条直线或一个超平面进行类别划分,即难以创建结构简单的数据分类模型,但是,通过核函数映射的方法,可以让原始数据的空间分布发生改变,使不同类别的数据可以被线性分割。采用核函数进行数据特征提取,优化数据分类结果的过程如图2-11所示。

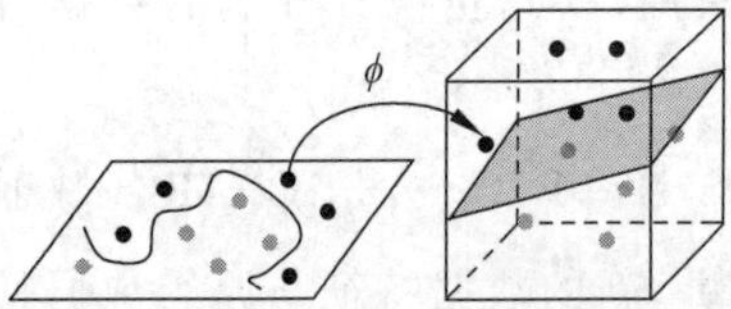

图2-11 基于核函数的数据特征提取

2.2.2 数据规模决定可靠性

1. 模型的有效性

与数据维度相对应的另外一个概念是数据规模,数据规模是数据集合所包含的数据样本数量。数据的规模是数据分析中非常重要的参考变量,随着数据规模的变化,数据分析人员所采用的数据分析模型也会有所差别。

在传统的数据分析方法中,一般不会特意强调数据规模的问题,而更加关注算法本身的合理性。然而事实上,数据分析的效果和数据集的样本规模是密切相关的,面向传统的数据分析工作所构造的实验数据环境,通常会默认数据规模处在一个“合理的”区间内。

在数据的实践应用中，人们所掌握的数据规模无法随意指定设置，于是需要理解究竟何种数据规模才能更好地兼容所面临的具体业务问题。数据规模的合理性与数据模型假设的复杂度密切相关。数据模型的假设越复杂，就越需要更大的数据规模来支撑。

那么，如何理解这个有效性呢？

从数据中抽象出模型的目的，在于通过模型反映数据背后的底层知识，而这个底层知识又可以进一步帮助我们看清那些还没有在数据中反映出的事实，从而帮助人们对未知的情况进行评估或预测。从机器学习的角度来看，就是通过数据学习训练出模型，再将模型用于实际的测试环境，解决业务问题。所谓模型的有效性，就是指模型在实际测试环境中，能够准确地推测未知数据特征结果，解决业务需求。

如果用于生成模型的数据规模与数据模型复杂度相匹配，模型就具备高有效性。数据模型与数据规模不匹配的情况有两种：第 1 种情况是数据规模足够大，但是模型的假设过于简单，这种场景下会导致模型欠拟合（Under Fitting）的情况发生；第 2 种情况是数据规模较小，无法支撑现有的模型假设，这种场景下会导致模型的过拟合（Over Fitting）的情况发生。数据模型欠拟合和过拟合情况下的效果如图 2-12 所示。

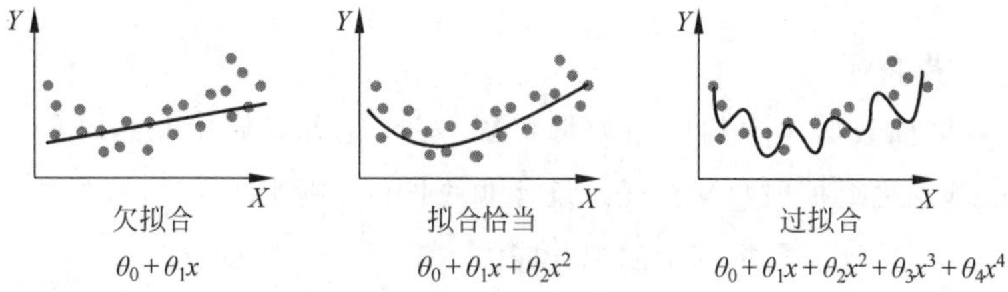

图 2-12　欠拟合和过拟合的情况示意图

在进行数据分析模型构建之前，分析人员需要设定模型的基本假设，在设定模型假设时，相当于引入了关于该业务问题的经验知识。在对模型进行假设时，一方面要为经验知识选择合适的模型参数或模型结构进行表达，另一方面，也要考虑和当前数据集的数据规模应尽可能地保持一致性。

2. 模型欠拟合的解决方案

欠拟合的问题经常会发生于数据源的数据维度不足的情况下。当现有数据集中数据维度过低，但是所分析的问题影响因素又错综复杂，在这种情况下分析人员通常会“被迫”简化数据模型，在目标数据模型中只引入比较少的数据特征。

在数据模型的构建过程中，欠拟合的问题主要体现在从数据集中抽象出的模型无法很好地拟合当前的数据样本点，数据样本点距离数据模型的函数曲线具有较大偏离——曲线与数据点分布的形状不太相似。欠拟合的数据模型与历史观测数据的一致性不高。为了缓解欠拟合的问题，主要有以下3种解决方案。

1）增强原始数据特征

通过引入更多数据特征，可以有效地缓解欠拟合带来的负面影响。更多的数据特征会给予分析人员更多的数据模型想象空间。当有限的数据特征无法解释目标变量的全部变动原因时，对于数据建模人员来讲，最直观的想法就是探索更多尚未发现的潜在数据特征因素。

在进行数据建模时，假如数据集中的数据特征数量不足，基于少量的数据特征进行建模很容易得到欠拟合的数据模型，因此，在数字化业务实践中，为了构建更加准确可靠的数据服务模型，就需要对原始的数据特征进行强化，提高有效数据特征的数量。

一般来讲，充分引入互联网上的开源数据是十分常用的做法，很多社交平台、交易平台，以及政务平台在尝试通过有限、合理的数据开放形式，加强外部产业合作，最大化地发挥数据的经济价值和社会价值。通过数据合作的方式，以服务接口的方式引入外部数据资源，采用隐私计算等相关的安全技术架构，可以快速增加数据特征的维度，减少数据模型欠拟合的风险。

2）增加组合数据特征

除了可以直接增加数据集中的原始数据特征数量，还可以使用非线性特征组合的方式，在现有特征的基础之上扩展数据特征。设计非线性的数据特征会引入数据模型的复杂度，从而提高现有数据特征对目标变量的拟合能力。

在回归模型中，经常会引入原始数据特征 x 的多项式形式，如 x^2、x^3 等，以此来丰富数据模型的公式表达，相应的回归模型也叫作多项式回归。这种做法在基于时间序列分析的股价预测、气候预测、市场规模预测等场景的应用较多。这些具有非线性特点的自然系统或社会系统大多数情况下可以看作复杂系统，这些复杂系统基于正反馈、负反馈等特殊机制的循环作用，很容易产生高阶次的模型变量结构。

在数据建模的过程中，通过引入多项式项可以很好地在模型中表现出数据对象的曲线规律特点。除此以外，对于多维数据的建模，核函数也是常用的数据特征“升维”方法。通过核函数的方式可以隐含地对非线性的变量结构进行设计，更高效地为数据模型引入复杂性，提高数据模型的整体表达能力。

3）分组建模

除了可以对数据特征进行处理，还可以采用对数据集进行划分的方法来简化数据模型的抽象拟合问题。这是一种分而治之的解决问题的思路，考虑到观测到的数据集在统计分布上过于复杂，很难用单一模型进行抽象表示。如果把数据集进行分区或分段，则每个小区域的数据分布都具有比较直观、简洁的统计特征。在这种情况下，可以采用对每个小区域的数据分别进行数据建模，从而规避数据特征不足或数据模型结构未知的问题。

在具体操作上，一种方式是基于聚类的思想，分析人员可以对数据先分区、再建模，或者直接引入包含隐藏变量的混合模型。例如，高斯分布一般是对随机变量进行描述的常用统计分布，但是有些数据对象的数据特征在统计分布上，会表现为“多峰”的形状，因此，如果直接用一般的高斯分布进行统计建模和相应的参数估计，则得到的数据模型就会出现欠拟合的情况，无法准确地表达数据对象的统计规律。

一种替代的方式是假设数据模型为高斯混合分布（Gaussian Mixture Model，GMM），再通过 E-M（Expectation Maximization）算法来迭代求解模型参数。通过 3 个均值、方差均不相同的高斯分布叠加出具有 3 个波峰特征的数据集合统计分布效果。混合高斯模型的统计分布如图 2-13 所示。

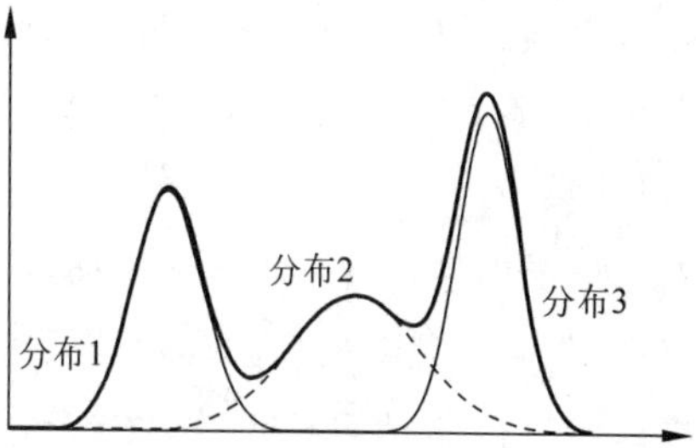

图 2-13　混合高斯模型的统计分布

另一种方式是基于分类的思想，如果有预先的数据分类标准，则可以根据规则先对数据集进行分类，再对每个类别的数据子集分别进行数据建模分析。例如，企业的市场部门在对产品销量进行预测时，往往会采用用户细分、产品细分、区域细分等不同策略对销售数据进行建模分析。这种处理方式不仅可以准确地得到总的市场规模预测结果，还可以得到每种不同细分市场的规模分布情况。

3. 模型过拟合的解决方案

相比欠拟合的问题，过拟合更容易发生在数据模型复杂度较高，但是数据规模不足的情况下。例如，在大数据场景下，很多数据源中有非常多的数据特征，分析人员预先并不知道哪些数据特征是有效的，因此会提前假定模型包含全部的数据特征。

在数据特征较多的情况下，训练得到能够很好地拟合历史数据的数据模型并不困难，然而，对历史数据的表达能力好，并不是数据分析的最终目的。数据分析人员真正想要获得能够很好地对未知数据进行分类或预测的模型，而不仅是“在重复诉说历史”，数据模型需要有一定的“泛化能力”（Generalization Ability）。

过拟合的问题比较容易出现在深度学习模型的数据建模场景中。深度学习模型是基于神经网络的模型结构，在神经网络的每层都有很多模型变量节点，各层模型变量节点之间基于各种排列组合，会形成巨大规模的参数空间，因此，在应用深度学习对数据集进行模型抽象时，通常需要依赖于大量的数据样本集合。当用户采集的数据样本不足时，就很难保障深度学习模型的训练效果。

产生过拟合现象的原因在于，基于历史经验总结出来的模型并不一定对未来的情况仍然有效。避免过拟合的方法主要有两种，一是对模型进行适当简化，二是增加数据的规模。

1）模型简化

首先谈论模型的简化问题。好的模型不能一味地只考虑对历史数据进行充分表示，还要尽可能地遵循简洁原则，这个原则就是著名的奥卡姆剃刀（Occam's Razor）原理。

奥卡姆剃刀是一个哲学原理，是由 14 世纪英格兰的逻辑学家威廉·奥卡姆提出的。该原理指出"如无必要，勿增实体"。在生活中，能用简单的方法来解决问题，就不用复杂的。在数据科学领域也是一样，要尽量用尽可能简单的数据模型对历史数据进行表示。在实际建模应用中，通常建议牺牲掉一部分对历史数据的拟合性，以此来获得更加简单直观的数据分析模型。

对数据模型进行简化本质上是通过为模型添加业务约束的方式，快速"削减"模型参数的搜索空间，引导最终模型的参数结果在"正确"的范围内取值。

在一般的机器学习模型中，如线性回归、Logistic 回归，常用的方法是向模型中引入"正则项"，从而得到稀疏的模型结果。例如，通过引入 L_1 正则化项，可以让更多的模型参数取值为 0，让通过数据集合拟合得到的模型结果仅包含少数有效的数据特征。在包含两个变量的回归模型中，引入 L_1 正则化后的模型参数取值区域如图 2-14 所示。

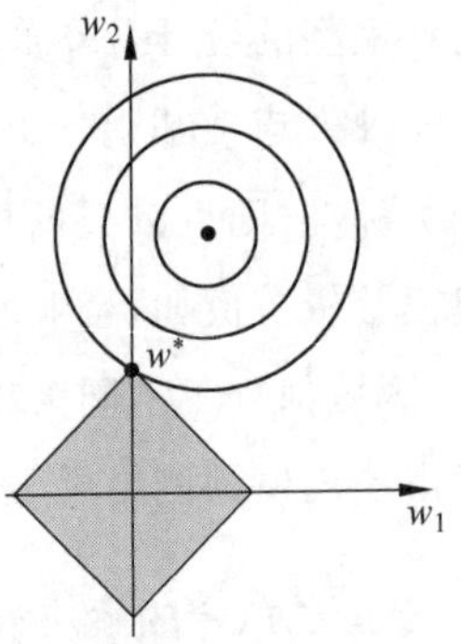

图 2-14　引入 L_1 正则化的模型参数取值区域

在深度学习的建模中，有时也采用提前结束训练过程的方式来缓解模型的过拟合问题，让更多模型参数的权值大小得到控制。另外一种更加常用的方式是在神经网络的模型结构中引入 DropOut 机制。

对于 DropOut 机制，在每次模型参数迭代时随机关闭一些神经单元，随着迭代的进行，由于其他神经元可能在任何时候都被关闭，因此神经元对其他特定神经元的激活就变得不再敏感。DropOut 方法可以降低神经网络中神经元之间的参数权重密度，达到模型参数取平均的作用，同时可以减少神经网络中神经元之间复杂的共适应关系。基于 DropOut 简化深度学习模型的效果如图 2-15 所示。

2）数据增强

数据增强（Data Augmentation）是从数据规模方面入手来解决过拟合的方法。数据增强在很多情况下被用来应对由于数据集中数据样本不均衡导致的模型过拟合情况。例如，在工业故障识别及医疗疾病诊断方面，真正值得关注的异常事件在整个数据集中的比例极低，这种情况很容易造成所得到的数据模型参数与实际情况有偏差。

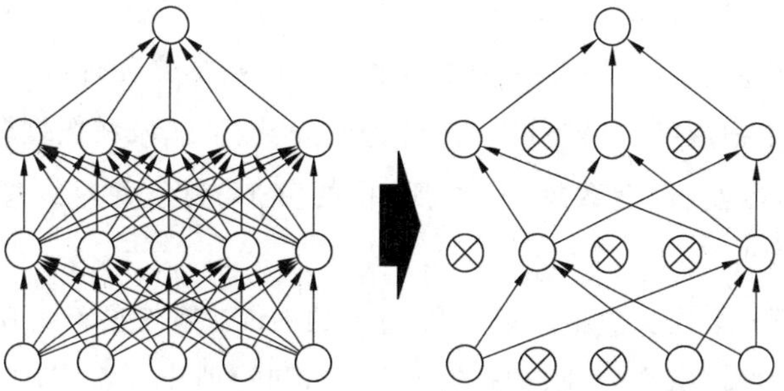

图 2-15　基于 DropOut 来简化深度学习模型

数据增强是指在实际数据集的规模不增加的情况下对原始数据进行加工，提高数据的数量和质量，从而达到更大规模数据集的价值效果。在数据增强的过程中，可以融合业务人员对数据集背后统计分布的先验知识，以此为基础自动加工出更多有用的数据对象。

在图像分类任务中，可以通过几何变换和像素变换的方法批量产生数据样本，其中，常见的几何变换方法有裁剪、拼接、旋转、缩放、平移、抖动等方式，像素变换方法则包括椒盐噪声、高斯噪声、调整 HSV 对比度、调节亮度、调节饱和度、直方图均衡化，以及调整白平衡等。

数据增强技术产生的数据可以和已有数据独立同分布，也可以是近似独立同分布的。数据增强技术常用的方法包括从数据源头采集更多数据、复制原有数据并添加噪声、数据重采样，以及用融合先验知识的生成式模型随机生成更多有效数据。

需要注意的是，在某些应用程序中，训练数据可能太过有限，无法通过数据扩充来提供帮助。在这些情况下必须收集更多的数据，直到数据的规模达到满足数据建模要求的最小阈值条件，这样才能使用数据增强的方法来改善现状。

2.3　数据科学家关心的那些事儿

数字化转型的底层学科基础是数据科学。数据科学是集成了数学、计算机科学、统计学、信息学、系统科学等多重学科的一门综合学科，数据科学以数据本身作为研究对象，研究数据的特征和规律，同时也把数据作为解决实际问题的方法论。

在数字化时代，围绕数据科学产生了数据科学家这一职业类型。数据科学家以数据科学理论为工具，通过编程实验、建模分析、方法设计等一系列关于数据的处理工作，发现有用的业务结论，改善业务流程，创造经济价值。在长期实践中，数据科学家会面临各种各样关于数据处理的问题，深度参与数字化转型中各种具体的数据操作任务。

从整体布局看，可以把数字化转型的工作分为业务域、管理域和数据域3个维度。数据科学家主要是从数据域出发，设计数据“从取到用”的整个流程，并对管理域和业务域提供重要的技术支撑。

在数字化业务应用中，很多企业可以采用通用的SaaS形态或商业套件来应对所面临的各种业务需求痛点，然而，每个企业自身的业务形态和管理模式都是独一无二的，在对数据模型及基于数据模型的数字化服务进行设计实现时，需要数据科学家结合业务逻辑进行深度定制和迭代优化。数据科学家在数字化实践中既要考虑数据的业务价值，也要考虑数据分析技术在工程上落地的可行性。

本节主要介绍在数字化转型中，数据科学家需要解决的诸多技术问题，以及当前业界的常见技术思路。本节重点从数据采集与管理、数据存储与计算、数据分析与应用3个方面展开介绍。

2.3.1 数据采集与管理

“巧妇难为无米之炊”，数字化转型是基于数据的方法论，如果没有数据，数字化自然就无从谈起。企业在进行数字化转型之前，需要先做好数据准备，构建自身的数据管理体系和相应的数据管理工具，这样才能高效地基于数据资源进行广泛的数字应用创新。对于很多大型非数字原生企业来讲，前期甚至需要经过数年的“数据准备”周期，在此期间梳理数据源，定义不同数据源的数据质量，确定数据责任主体，并规范数据的具体使用方法。

1. 数据获取

对于数据科学家来讲，数据源决定了数据的价值创造方式。面对不同的数据源类型和形态，需要有针对性地设计不同的数据处理技术来构建有效的数字化应用。如何获取用于数据分析的数据源是一切数字化应用的基础，数据获取主要有数据同步和数据感知两种主要的技术方法，如图2-16所示。

1）数据同步

按照数据产生和存储的位置，可以将企业中的数据分为生产数据和离线数据，其中，生产数据是指企业在通过业务信息系统提供自动化或智能化服务时，机器自动产生的数据。数据产生的环境也称为生产环境。

由于业务活动本身的动态性特征，数据本身是不断变化的，一般只有目前实时的数据才具有信息价值。业务信息系统中的数据被存储下来并非为了进行数据分析，而是为了支撑整个业务活动的信息传递。

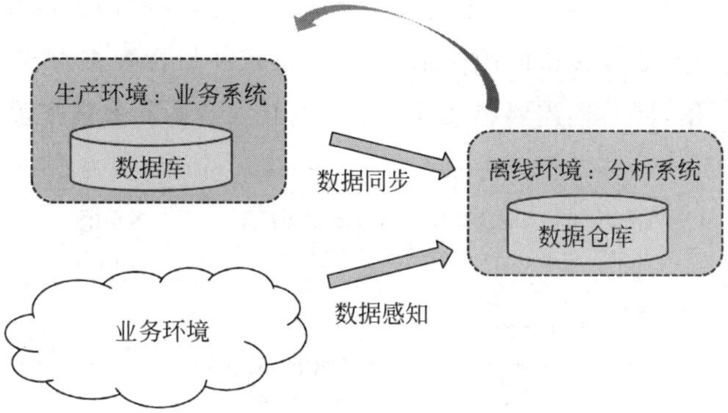

图 2-16　从生产环境和业务环境获取数据

对于数字化应用来讲，业务系统中的数据无法直接进行价值挖掘和应用，必须将生产数据“复制”出来，“搬运”到离线环境中才可以进行后续的分析处理。为了对内部数据进行分析，就需要通过数据同步的方式，把生产数据转换为离线数据。在业务系统中，大多数情况下是以结构化数据实现各种业务逻辑的，因此数据同步工作主要面向结构化数据。

在离线环境中对数据进行查询和分析，不会对生产环境中支持业务活动的正常数据交互产生影响，因此，企业需要为数据分析工作专门构建独立的数据操作区。

企业可以在离线环境中构建数据仓库（Data Warehouse，DW）和数据集市（Data Market，DM）来存储用于分析的数据资源。

数据仓库中的数据表采用和生产环境中的数据库完全不同的数据模型进行数据存储。数据仓库中的数据表是按照业务主题进行划分的，每个数据表分别存储和某类特定业务主题关联的数据内容。

数据集市是从数据仓库中提取出的数据子集。数据集市一般面向某类场景的应用，数据详细程度较低，包含更多的概要和综合数据。数据集市有时也称为部门级的数据仓库。

以数据同步的方式将数据从生产环境加载到离线环境的过程如图 2-17 所示。

除此以外，很多企业会构建一个具有综合数据管理和高性能数据分析能力的企业级公共数据平台。该平台整合了来自企业不同业务系统的数据资源，任何数字业务应用都可以直接从这个平台获得所需的数据资源和数据功能。这个平台叫作数据中台。

对于数据中台来讲，不仅包含原先数据仓库的数据资源，还提供了面向各种基础数据功能的数据服务，帮助用户更便捷、更开放地使用数据资源。

综上，数据同步工作的目的本质上就是将数据库中的数据抽取到数据仓库或数据中台中进行存储。当生产数据以数据同步的方式成为离线数据时，还应当考虑到数据在生产环境和离线环境中具有完全不同的作用,分别支撑业务逻辑和业务分析,因此,需要将原始数据的表示进行转换。对于数据转换的操作来讲,需要确定在目标数据存储中哪些数据特征是重要的,应当予以保留,同时还需要定义数据格式的转换规则和数据字段的映射关系。

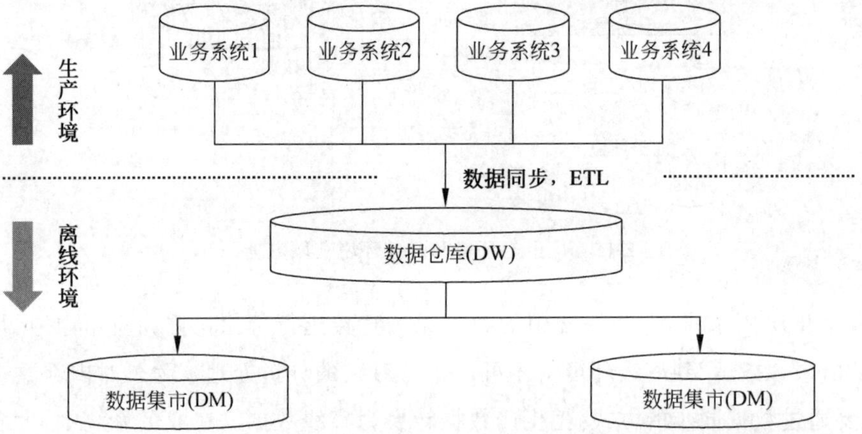

图 2-17　以数据同步的方式将数据从生产环境加载到离线环境

可以把整个数据同步工作看作抽取(Extraction)、转换(Transform)、加载(Load)3 个基本操作。早期从业务系统到数据仓库的数据同步方式主要为 ETL。近年来流行的数据湖(Data Lake)的解决方案比较新颖,强调先加载,后转换,并不预先在目标离线环境中定义数据格式,对应的数据同步方式为 ELT。

2）数据感知

数据感知是指直接从业务环境中采集并获取数据。与数据同步方式不同,数据感知是一种主动获取数据的方式,数据感知直接服务于数据分析的需求。企业可以通过对服务器进行监控的方式采集应用程序的访问日志数据,该类数据一般是结构化或半结构化的。此外,还可以通过网络爬虫及各种其他数据采集终端,获取文本、图像、音频、视频等有价值的非结构化数据。数据感知的应用效果如图 2-18 所示。

对于企业获取数据来讲,数据感知是数据同步的重要补充。当前,越来越多的企业开始认识到数据的价值,关注数据驱动的业务模式。企业会根据数字化的业务需求场景,在业务的初始设计阶段就考虑到从业务环境采集数据的需求。对于大型数字化企业来讲,数据感知能力是重要的数据资源底座,可以保证高质量数据源的

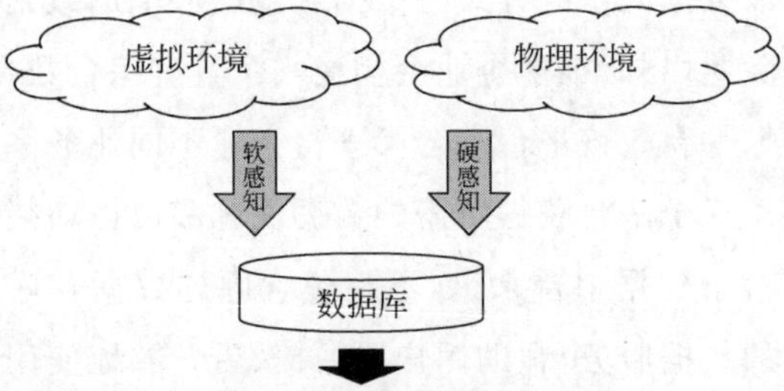

图 2-18　数据感知的应用效果

实时性和充足性。

2. 数据管理

数据管理主要是针对离线数据开展的工作，其目的是提高数据的价值和可用性。数据管理包括对数据资源进行加工，提高数据价值，同时也需要根据业务端的数据消费情况持续地对数据资源质量进行不断优化和改进。从数据科学的角度出发，数据管理工作需要关注数据预处理、数据整合，以及数据质量评估等技术问题。

1）数据预处理

数据预处理是通过数据技术在对数据进行应用之前，对数据对象进行预加工，让数据对象满足数字化应用的技术条件。

首先，通过数据预处理可以让数据特征在形式上和数据模型相匹配，通过改变数据特征的表现形式，让数据对象能够易于进行数据建模，同时也更加容易被数据消费者理解。转变数据特征的常见方法包括结构化特征提取、特征精度变换，以及特征单位变换等方式。

结构化特征提取是指通过数据分析技术，将非结构化的数据转换为结构化数据。结构化数据以具有特定语义内涵的数据特征作为基本数据结构，结构化的数据表达形式有利于后续的数据分析与建模。自然语言处理（Natural Language Processing，NLP）、机器视觉（Computer Vision，CV）、语音识别（Automatic Speech Recognition，ASR）等技术，分别是对文本、图像、音频等非结构化数据进行预处理的关键技术。

特征精度变换可以将数据特征在粗粒度和细粒度之间进行变换，典型的方式是对数据特征进行离散化，把作为连续值的数据特征划分到不同的离散分类标签中。特征变换的另外一种方式是对数据特征进行统计汇总，例如将按次进行统计的业务量，按日、月、年等时间周期重新进行汇总。

其次，通过数据预处理可以让数据对象的质量与数据模型相匹配，具体来讲，是要从数据集中剔除干扰数据分析和数据建模的无效数据记录。对数据任务产生干扰的数据叫“噪声数据”。根据噪声数据产生的原因，可以分为误差数据、虚假数据、异常数据，以及无关数据等。

2）数据整合

企业在进行数据分析时，经常需要从不同的业务系统和数据平台，对不同的数据来源进行汇集合并，实现数据资源的整合。例如，将企业内不同产品线条或职能部门的数据进行关联整合，甚至将企业内部和外部的数据进行整合。

整合不同渠道的数据源可以带来诸多好处。首先，能够在物理空间上实现数据的统一组织和管理，这便于构建起标准化、一致性的数据访问服务，提供集中式的数据权限管理与控制能力；其次，整合数据资源可以丰富数据信息的维度，实现不同场景之间数据的交叉和关联，创造出更大的数据创新潜力和数据分析视角。通过把来自不同渠道的数据特征进行融合、加工，可以形成更有价值的业务信息。

在对来自不同数据源的数据对象进行整合时，需要选定一个“主键”对数据记录进行对齐。对于同一个数据对象，在不同数据源中有不同的业务身份或业务编码，只要通过规则或算法找到这些编码之间的对应关系，即可对各场景中独特的数据字段进行拼接，达到数据内容的整合效果。

3）数据质量评估

数据质量评估是为了保证数据资源的可用性。对数据质量进行评价并基于数据质量的评价结果持续对数据资源进行整改和价值挖掘，是数据管理工作的重要内容。企业可以采用自动化的手段来辅助进行数据质量的评价工作，通过构建数据质量的评价规则，自动检查系统范围内的数据检查项，对数据对象自动打上质量标签。

数据质量规则可以用于判断企业存储的数据内容是否满足数据质量的逻辑约束，通过实时的数据监控分析程序，对企业中源源不断产生的数据进行查看和分类，将不满足逻辑约束的数据对象判定为“低质量”数据。

不同企业可以根据自己的业务复杂度和生产实践需求设计符合自身情况的数据质量规则体系，以此来支撑数据质量管理的日常服务。在华为的数据治理体系中，提出了4类关键的数据质量分类框架：

（1）单列数据质量规则，关注数据属性值是否缺失及是否符合业务逻辑规定的有效性约束。

（2）跨列数据质量规则，关注数据属性间的关联关系是否与企业业务模型保持一致。

（3）跨行数据质量规则，关注数据记录之间是否存在信息矛盾与不一致。

（4）跨表数据质量规则，对数据集之间的关联关系进行分析和逻辑检验。

基于上述4类数据质量框架，华为的数据质量规则体系如图2-19所示。

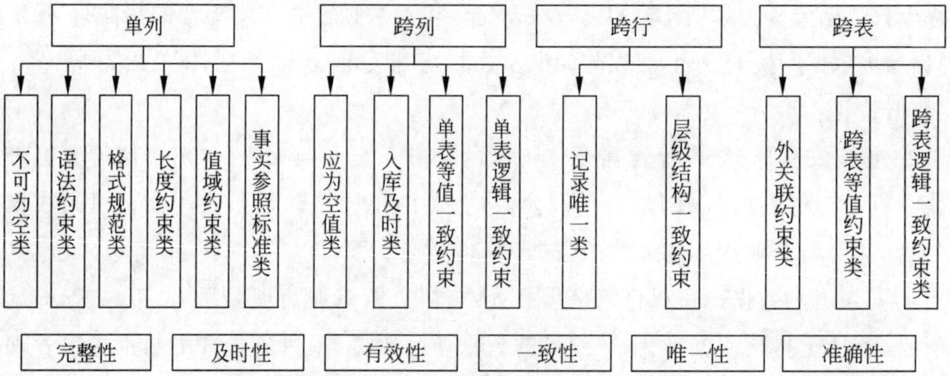

图2-19　华为的数据质量规则体系

2.3.2　数据存储与计算

任何面向数据的分析活动其实都离不开数据存储与数据计算方面的底层技术能力。在真实的数字应用环境下，企业大多数情况面对的是非典型的复杂数据处理问题，因此，在企业的底层数字化能力的建设上，需要对数据的存储能力和计算能力提出特殊的性能要求。

1. 数据存储

为了解决数据存储的问题，需要构建不同类型的数据库管理系统，以满足各种复杂的数据应用场景。数据库管理系统(Database Management System，DBMS)是存储数据的软件载体，建设在数据库管理系统上的应用软件可以方便快捷地调取底层的数据进行查询、更新与管理。

根据数据库的特点，可以将数据库进行分类。典型的分类方法是，根据数据的组织结构特点，将数据库分为传统的关系数据库和非关系数据库。根据数据存储位置的特点，还可以分为集中式数据库和分布式数据库。另外，面向上层不同的数据应用场景，还可以细分出其他特殊类型的数据库，下面分别进行介绍。

1）关系数据库

关系数据库是基于模式在前数据在后的数据存储方式的数据库管理系统。关系数据库需要先制定数据表的表头，然后根据表头填入具体的数据内容。关系数据库是最传统的数据库类型，发展已有40余年，在业界使用情况也最为普及。当前主要的关系数据库管理系统有SQL Server、MySQL、Oracle等。

2）非关系数据库

对于非关系数据库来讲，不需要受到模式的约束。在实际数据应用场景中，由于业务场景、数据项的内部数据结构、数据项的关联关系具有较大的不确定性，因此无法预先对数据项的表头进行定义。

在这种情况下，就比较适合采用非关系数据库进行数据存储和管理。非关系数据库也叫作NoSQL(NotOnly SQL)，在具体的数据存储过程中不依赖于“规范严格”的数据表的表头约束。常见的NoSQL类型包括键值存储数据库(如Memcached、Redis)、列存储数据库(如Cassandra、HBase)，以及面向文档的数据库(如MongoDB、CouchDB)。

3）集中式数据库和分布式数据库

集中式数据库在单一的存储设备和操作系统上管理数据资源，分布式数据库在多台存储设备上对数据进行管理，但是提供统一的用户视图接口。根据分布式数据库系统组件的自治性，分布式数据库又可以分为联邦的和非联邦的数据库。集中式数据库和分布式数据库的底层技术框架对比如图 2-20 所示。

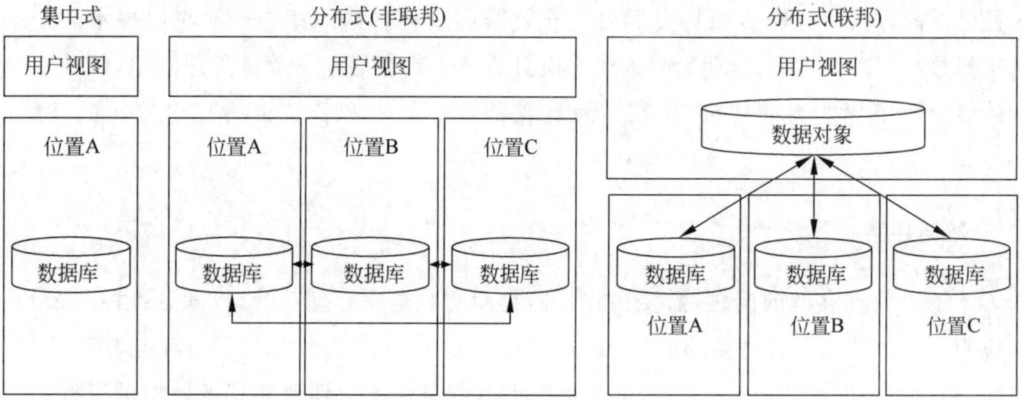

图 2-20　集中式数据库和分布式数据库(联邦、非联邦)

在大数据场景下，为了应对海量规模数据的存储，数据往往被存放在多台服务器组成的集群上。分布式数据库可以解决数据存储的空间问题，同时还能在多台机器上并行地处理面向大规模数据的信息处理任务(分布式计算)，提高分析数据的分析效率。

为了更好地对多台服务器上的数据进行协同管理，保证各服务器上所保存数据的一致性及数据存储资源的可扩展性，就需要引入能够兼容分布式存储架构的数据库管理系统。在产业端，MongoDB、Redis、HBase 都是常用的分布式数据库管理系统。

4）其他数据库类型

根据对数据存储和应用的特殊性能要求，数据库管理系统还包括流数据库管理系统、图数据库管理系统、时空数据库管理系统，以及众包数据库管理系统等特殊类型，具体分类情况见表 2-3。

表 2-3　不同数据库类型

系 统 类 型	代表性系统	主要解决的问题
分布式数据管理系统	MongoDB,Redis,Cassandra,Spanner,Oceanbase	数据的规模大(volume)
流数据管理系统	STREAM,Aurora,TelegraphCQ,NiagaraCQ,Gigascope	数据的变化快(velocity)
图数据管理系统	Pregel, Giraph, PowerGraph, GraphChi, Xstream, Giraph+	数据的种类杂(variety)
时空数据管理系统	SpatialHadoop,Simb,OceanRT,DITA,SECONDO	数据的种类杂(variety)
众包数据管理系统	CrowdDB,CDB,Deco,Qurk,DOCS,gMission	数据的价值密度低(value)

不同数据库管理系统的底层数据表示结构不同，这些数据表示结构的差异会影响到这些数据库管理系统对上层数据应用的服务性能。

流数据库(Stream Database)是专门对实时的数据流进行计算和处理的数据库管理系统。传统数据库中对数据进行计算的请求是主动的,数据是被动的,而在流数据库支持的数据处理模式中,计算任务完全是由数据驱动的。不同于其他数据库系统将静态数据表作为基本的存储和处理单元,流数据库以动态连续数据流作为基本操作对象,以数据处理的实时性作为主要功能特点。流数据库对系统操作日志监控与工业故障预警等业务场景具有很好的技术支撑。

图数据库(Graph Database)是存储和管理图数据的数据库管理系统。在现实世界中,事物之间往往存在各式各样的复杂关系,通过图数据可以很好地为对象关系网络提供准确的模型表示。传统的关系数据库对图数据的表示能力有限,在图数据上进行查询和计算的效率低下,因此,需要为图数据的编辑、查询、统计、分析、推理等各方面的数据交互需求构建特殊的数据库管理系统。图数据库可以支持长链路数据对象关系的查询,对社交网络分析、分子结构分析、交易链路分析、语义关联分析等聚焦事物关系的数据分析应用具有更好的功能兼容性。

时空数据库(Tempal-Spatial Database)和传统数据库相比具有多维度、多类型和动态变化的特点。时空数据库的特点在于数据对象的时间特征和空间特征的计算能力,能够很好地处理点、线、区域等二维数据对象,同时可以对随时间变化的数据特征进行准确记录和跟踪。在时空数据库中,事件和轨迹这些具有时间特征和动态移动特征的业务概念可以被准确地定义和表示。当面对空间数据处理需求时,如车载路线自动导航,或临近服务热点推荐等场景化应用,采用时空数据管理系统是一种相对可靠的技术选择。

众包数据库(Crowdsourcing Database)提供了一种基于知识共享、群体协作、团队智慧的数据应用模式。所谓众包,就是基于任务分发的机制,实现群体能力的激发,关键在于如何提供一种有效的机制和算法来分解数据任务,并整合个体用户反馈的数据处理结果。通过众包数据库管理系统,可以实现很多传统数据库不能完成的数据查询任务,例如基于定制模板的综合查询、针对不完整信息的查询,以及涉及主观比较的查询等。

2. 数据计算

数据计算是所有数据分析的底层基本任务,计算机系统必须拥有高效的计算能力才能满足更广泛的数据分析需求。从数据应用服务的角度看,数据分析任务一般包括离线分析和在线分析。离线分析的数据处理痛点主要是面向大规模数据的批量计算,在线分析的数据处理痛点在于实时的计算反馈,因此,高吞吐、低延时就成为数字化应用中对数据处理的基本要求,而这两个技术指标一般是相辅相成的。

提高数据计算性能有两个主要的技术思路:一是建立高性能的数据计算架构,二是面向大数据的基础算法研究创新。

1）高性能计算架构

在数据计算架构方面，为了解决大规模数据高性能计算的问题，提出了并行计算和分布式计算框架。二者都是基于"人多力量大""分而治之"思想的数据计算范式，目的是应对海量数据处理的时间成本。

并行计算是指在面对需要较长计算时间的复杂数据处理任务时，多个计算处理器协同进行计算，彼此共享内存，所有处理器可以访问共享存储器，并在处理器之间进行信息交换，并行计算的本质逻辑是用"机器规模"换取计算效率，基于并行计算技术，单个 CPU 工作 10h 的任务或许可以用 10 个 CPU 工作 1h 来完成。

分布式计算对计算能力优化的方法思路与并行计算相似，强调采用多台独立的服务器来协同工作。分布式框架是当今"云服务"所采用的主流计算框架，与并行计算的不同在于，每个处理器都有自己的专用内存，即分布式内存。具体来看，每个机器节点处理完所分配的计算之后，首先在其独立内存中完成计算，再将计算结果汇集到某台特定的服务器上进行统一整合并反馈。当前主流的大数据框架，如 Hadoop、Spark、Hive 等，都是基于分布式计算框架来完成的。

并行计算和分布式计算框架的对比如图 2-21 所示。

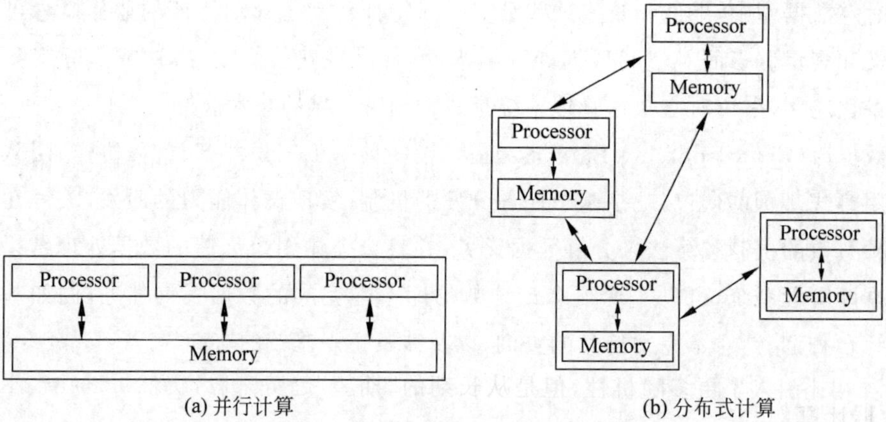

图 2-21　并行计算和分布式计算框架对比

对于离线的数据建模任务，分布式计算可以显著地提高单次数据建模的整体效率，在有限时间内让数据科学家尝试更多参数组合条件下的数据实验，从而提高对数据模型优化的速度。对于在线的分类预测任务，分布式计算可以有效地压缩单次服务的访问时间，让数据平台能够满足"低延时"的用户体验，同时可以面向任意大规模的用户并发访问需求，实现系统能力无限扩容。

无论是并行计算还是分布式计算，其实践应用成功的关键都在于计算任务的可拆解。数据分析任务如何进行拆解，以及如何让任务拆解与结果整合的工作在编程中自动完成，是数据科学家在解决大数据任务时重点考虑的事项。

此外，还有一种重要的新型计算架构，称为流式计算。流式计算是一种持续、低时延、事件触发的计算作业模式。与传统的计算任务不同，流式计算作业是一种常驻的计算服务，一旦计算任务启动，机器将一直处于等待事件触发的状态。在流式计算框架中，存在一个流式数据存储池（也叫消息队列），这个数据存储池相当于等候区，当新的数据进入了这个等候区，流计算立刻计算并迅速得到结果。

2）大数据基础算法创新

在大数据环境下，很多传统的数学计算问题会变得非常复杂。数据规模的增加会给数据分析任务带来额外困难，计算机输入的数据项之间存在着错综复杂的非线性叠加关系，导致计算任务不可分解，这些问题最终会体现为数据结构或数据模型参数的复杂性。美国科学院全国研究理事会提出的“7个巨人问题”是典型的复杂计算问题，具体包括基本统计（Basic Statistics）、广义N-体问题（Generalized N-body Problem）、图计算（Graph-theoretic Computation）、线性代数计算（Linear Algebraic Computation）、最优化（Optimization）、积分（Integration），以及对齐问题（Alignment Problem）等。

为了解决大数据场景的复杂计算问题，需要提出相应的算法创新，对数据计算任务进行简化操作：

一是通过替代模型，求计算任务的近似解，降低数值计算的时间复杂性。例如，直接在算法层对计算任务进行简化，将时间复杂度为$O(n^2)$的计算任务降低为$O(\log n)$的任务。

二是选择更加简易的参数学习方法求解结构非常复杂的数据模型。例如，可以通过仿真或迭代逼近策略寻找参数的近似解，而不是精确解。深度学习模型通常使用随机梯度下降算法（Stochastic Gradient Descent，SGD）求解模型参数，通过多次沿着近似梯度的方向不断迭代的方式寻找参数位置，避免直接计算优化问题的解析解。尽管SGD方法与传统的梯度下降方法相比引入了更多随机性，但是从长期的“期望”趋势来看，仍然可以让模型状态回归与业务场景一致的真实情况。

三是通过牺牲一部分结果精度或可靠性的方式，将不可分的数值计算问题转换为可分的问题。例如，当面向大图数据集的统计分析业务场景时，可以基于多个子图分别计算得到的统计量来估计整个大图的全局统计量，从而不用遍历计算整个网络数据。对多个子图的计算可以采用并行的方式进行，从而提高数据处理任务的时效性。

四是采用增量学习的算法。相关算法在面对频繁变化的数据流时，不用重新训练并学习整个模型，通过对表示模型参数的统计量进行巧妙设计，可以实现模型参数的动态增量更新，如在线机器学习算法。除了以上介绍的方法，还有数据压缩、模型压缩，以及构建索引等常用计算处理技巧。

2.3.3 数据分析与应用

数据分析是指从数据中获得有价值的信息或知识，而数据应用是指用这些挖掘到的信息或知识解决实际业务中出现的问题。数据分析与应用是建立在前面的数据准备工作及底层的数据处理能力基础之上的，相关活动也是产生数据价值的最后关键一步。数据科学家需要针对具体的业务需求，设计有效的数据分析方法，与前端业务人员共同设计并推动数字化应用的实践。

1. 数据分析

对于数据科学家来讲，数据分析包括两个基本任务，分别是数据描述与解释、数据建模与预测。前者的主要目的是从数据中提取有价值的信息，对问题现状进行描述，而后者主要是从数据中提取抽象的知识模型，对新问题的未来情况进行判断，提供有价值的决策支持。

1）数据描述与解释

数据描述与解释的本质就是从数据中提取信息的过程。根据不同的业务需求，采用不同的观察视角，使用不同的分析方法，从数据中提取的信息也是不同的。要想从数据中挖掘出信息，那么就需要理解数据特征背后潜藏的准确含义，即构建数据的统计规律与客观的业务事实之间的对应关系。这个数据分析过程，在学术界一般称为模式识别（Pattern Recognition）。

模式识别，是指用计算的方法根据数据样本的统计特征，将其划分到一定的类别中，每个类别就是一种需要被关注的独特模式。在实践中，这些模式是根据具体业务问题被预先定义的，模式的定义蕴含了业务专家的经验和对问题的理解。根据被识别的数据对象类型，模式识别又分为图像识别、语音识别、文本挖掘、图结构识别，以及生物传感器分析等不同细分场景。

从广义上看，前文介绍的数据获取中对于非结构化数据的预处理也属于模式识别的范畴，但是数据分析活动中的模式识别任务，更加强调对高层语义特征、业务特征的自动发现与挖掘。例如，在浅层的图像识别任务中，可以对基本的物体进行识别，从中提取基本的语义特征，而对于高级别的图像识别任务，则可以自动识别出汽车的车牌号、车辆型号，以及车辆驾驶员是否使用手机通话等重点模式，辅助实现智能交通管理的业务场景。

从数据中提取信息的方法，除了涉及对非结构化数据的处理和特征提取，更多的情况是对结构化数据项的统计指标进行计算输出。结构化数据的统计指标本身蕴含了重要的业务信息，通过对这些统计指标进行定义和计算，可以直观地反映业务现状本质，提供有价值的决策信息。

统计指标的定义及基于统计指标的数学变换函数都依赖于对业务场景的充分理解。例如，在工业制造的质量控制环节，当产品参数的误差持续偏离均值水平超过6个标准差时，说明该批次产品的生产环境出现了异常。

对于更加复杂的情况，需要依靠数据建模的方式实现对数据的描述。此种方法假定所观测到的数据是基于数据模型随机生成的。数据是模型参数的表象，而模型参数则直接代表了业务内涵。

对文本数据进行分析的LDA主题模型就是该情况的典型代表。主题模型直接对文本数据集合进行建模，它把每篇文章的主题分布看作模型参数，数据建模的结果直接提供关于文章主题分类的语义信息。

2）数据分类与预测

除了可以从数据中直接挖掘有价值的业务描述信息，还有一种数据分析场景在于使用数据模型对新的数据进行分类或预测。从数据中获得数据模型的最主要技术就是机器学习(Machine Learning，ML)。机器学习可以自动地从数据中抽象出数据应用的模型，而所谓学习，实际上就是要学习这些数据模型的结构和参数。

机器学习本质上是优化问题(Optimization Problem)，为模型选择合适的参数值，在给定评价标准的前提下，使数据模型在这个标准下的表现最好。机器学习包含三大要素，即模型、策略和算法。

所谓模型，是指数据模型的假设空间。在数据建模时，分析人员需要根据对业务的理解和经验，融入领域知识，对模型的基本结构和所包含的变量参数进行提前设定；策略，是指模型效果好坏的评价标准，唯有存在一个标准，才能确定最优的模型参数组合；算法，是指在给定策略的前提下，机器自动发现最优模型参数的方法，需要考虑算法的计算代价、时效性，以及参数结果的可靠性等因素。

决策树、回归分析、SVM、贝叶斯网络、关联规则等经典算法都是常见的机器学习方法，这些算法都可以对未知的数据特征进行预测。需要注意的是，这里讲的“预测”实际上包含了两方面内涵：一是实际上的数据预测，即对未来不可知的事情进行提前判断，例如天气预测、股价预测、自然灾害预测等；另一含义是对现有数据中不可观测的属性进行分类评估，例如疾病诊断、矿物资源分布评估，以及欺诈行为识别等。

机器学习按照数据是否有标注的情况看，分为无监督学习、有监督学习和半监督学习，其中，无监督学习不需要用户对用于建模的数据集进行目标变量的标注，有监督学习需要用户对全部数据集中的数据进行目标变量的标注，半监督学习允许在部分数据被标注的情况下进行数据建模。

一般来讲，无监督学习并不适合解决预测问题，更多地用于数据描述与解释方面的任务，而解决预测问题则必须依靠人工对数据进行标注，指定被预测变量的取值空间。

2. 数据应用

数据应用是数字化活动的最后一个环节，即将模型整合到业务系统中，对企业的业务进行赋能。数据应用的体现在于连接、决策和智能，而这三者都必须以数据服务为形式，以信息系统为载体来呈现。

数据应用是数据分析的产品化过程，仅仅是数据模型或者数据结果是没法直接提供经济价值的，必须有一个能够直接满足终用户端需求的物理形态。从数据分析到数据应用，不仅是数据科学技术问题，还包括工程问题和业务流程问题。数据科学家需要认识到数据分析只是数据能力落地的一个环节，而把数据分析技术转换为有效的数据应用，中间还有更多技术问题亟待解决。

数据分析是手段，而数据应用才是数字化活动真正交付的结果。由于脱离了业务场景来谈数据科学技术是没有意义的，所以要重视数据科学的应用价值属性。对于数据科学家来讲，要构建有价值的数据应用，需要关注场景一致性、服务可用性，以及能力可触达性这 3 个方面的关键问题。

1）场景一致性

数据科学家无法脱离数据的应用使用场景构建数据能力。数据分析方法需要结合数据应用场景进行技术选型，理论上更好的数据模型未必真正可用于数字化业务实践，数据分析方法的选择需要与业务应用的需求保持一致。

通过数据分析获得智能化的服务模型是数据价值体现的常见方式。例如，面向电商平台的产品推荐和面向自媒体平台的内容推荐需求，需要构建合适的数据模型来对用户的偏好进行预测。优质的数据模型构建往往需要大量的数据标注（用户是否感兴趣）及对用户各种特征属性的定向收集。

然而，现实中却仅仅基于用户的历史操作日志数据进行建模分析，这样做更多是出于数据获取成本及用户体验方面的考虑。尽管在结果预测的可靠性上稍微差一些，但是由于面向的是消费类场景，在保证足够服务质量的基础上，也允许一定的误差。

相比来讲，如果将预测模型用于医疗领域，则需要基于对历史病例数据分析的方式对疑难杂症进行 AI 辅助诊断，这种情况就很难妥协。在医疗应用中，在数据模型设计上一定要尽可能保证预测结果的精准。此时，支撑数据建模的数据资源获取成本就不应是优先考虑的因素。

2）服务可用性

数据分析方法的技术落地既要考虑数据服务结果的可靠性，也要兼顾功能反馈的时效性。很多数据模型的参数规模非常大，模型的内部结构复杂，每次对数据模型进行调用都需要消耗较长的计算时间。这一方面会影响用户体验，另一方面对宝贵的服务器计算资源消耗巨大。实验室环境调试出来的优质算法模型不能直接用于商业落地，在进行系统集成时，需要对数据模型进行适配处理，满足前端"高并发、低延时"的应用需求。

例如，可以对部分数据分析的中间结果进行提前保存以避免重复计算，即以空间换时间的技术策略。在电商推荐的服务应用中，提前计算用户的画像标签并保存，同时面向画像标签构建事件触发规则，可以基于给定的"事件流"获得实时快速的推荐反馈。

在概率图模型的推理问题中，经常需要计算未知变量的条件概率或边缘概率分布，这些关键统计量的计算需要用到很多重复的中间变量，因此，可以在数据建模时，预先对这些常用的统计量进行保存。当观测变量发生变化时，仅需要少量新的数值计算，就可以对未知变量的统计分布结果进行快速更新。

此外，采用构建数据缓存的方式来提高问题的计算效率也是解决服务可用性的有效技术手段。很多数据服务需要实时访问数据库中的内容，而从内存中读取数据比从数据库中读取数据的速度快很多。将数据库中经常需要被频繁访问的数据内容（热数据）放到缓存（类似内存）设备以供调用，可以极大地提高数据服务的时效性。

当前主流的搜索引擎或交互式数据分析系统很多采用了将数据项的索引放在缓存的技术方案。在这些方案中，将数据放置于缓存区，底层依赖内存数据库管理系统。常用的内存数据库管理系统有 Redis、TimesTen、MongoDB、SQLite 等。基于 Redis 数据缓存的数据应用技术架构如图 2-22 所示。

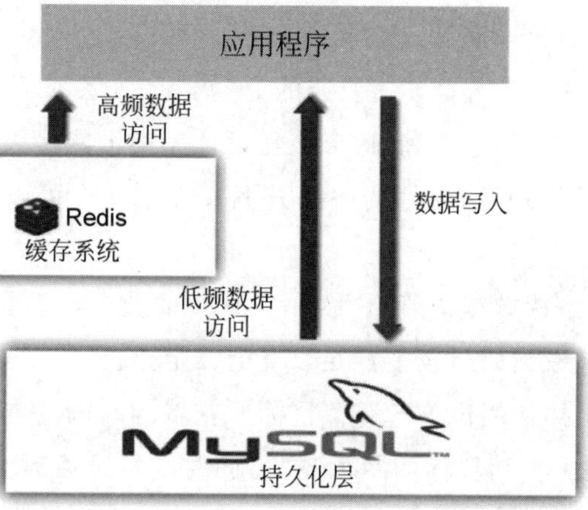

图 2-22　基于 Redis 缓存的数据应用技术架构

除此之外,模型压缩也是常用的提高服务性能的方法,模型压缩有时也叫作知识蒸馏(Knowledge Distillation),在深度学习模型的部署方面使用广泛。知识蒸馏技术可以实现对复杂模型的"瘦身",其本质是用一个结构简单、参数规模较小的模型代替原始的庞大数据模型。被简化的数据模型在数据计算任务上更加快捷,能够很好地应对实际业务的需求。

尽管用于替代的新模型会在结果准确率上做出一定牺牲,但如果能够巧妙地选择模型参数,则仍然可以得到近乎一致的预测结果。知识蒸馏的应用效果图如图 2-23 所示。

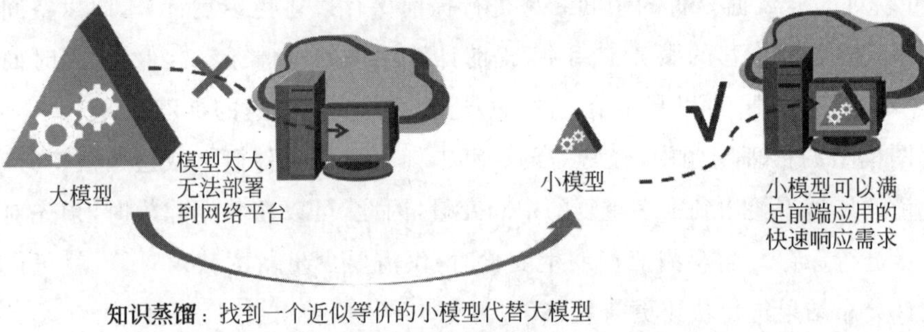

图 2-23　知识蒸馏的应用效果

3) 能力可触达性

数据应用的本质是凝结了数据分析技术的产品形态,而从产品思维的角度上讲,唯有数据服务能够被数据需求端使用,这样才能真正发挥其价值。这里具体需要考虑两个方面的问题:一是对用户友好的系统交互的设计,二是可读性强的数据结果呈现。

(1) 系统交互设计。系统交互设计需要满足用户对于软件系统的使用习惯,根据数据服务对象的特征、角色,以及想要达到的业务效果进行定制化。例如,某企业需要提供一个远程的数据平台服务,帮助公司高层管理者了解所管辖区域内的经营状况和订单状态,那么就需要提供一个数据看板来满足该需求。

如果数据产品表现为一个界面非常复杂的 PC 端 SaaS 系统,则任何数据结果都必须通过手动配置结构化的查询语句来查询,这个交互设计无疑可能是失败的。对于经常出差在外,时间紧凑的企业高层管理者,更好的解决方案或许是一个可以随时随地触发调用的移动端动态网页。

好的数据产品需要解决数据价值的"最后一千米"问题,是打通人与信息之间渠道的关键一环。一般来讲,系统交互设计需要满足以下七大定律:

① 菲茨定律。该定律指用户单击一个目标所花费的时间与当前光标位置到目标的距离及目标区域的宽度相关。和目标的距离越大,同时区域宽度越小,单击目标花费的时间就越长,因此,软件控件的设计应该在合理范围之内,其单击区域应尽量不要太小。

② 希克定律。该定律指一个人面临的选择越多，他做决定需要的时间就越长。人天生有选择困难症，大多数软件的选择弹窗只有两个选项。如果必要时需要有多个选项，则可以用多次弹窗解决。除此以外，在条件筛选框中的候选项也不宜一次性展示太多。展示的选项数量与选择难度的关系如图 2-24 所示。

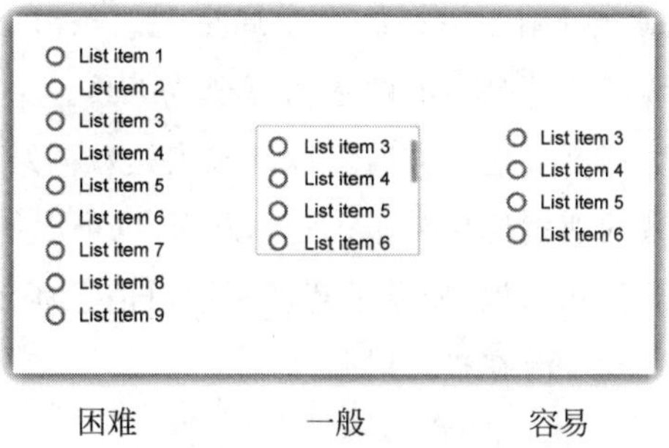

图 2-24　展示的选项数量与选择难度的关系

③ 7±2 法则。人们加工和记忆信息的能力限制在 5～9 个选项，超出这个范围就容易犯错。定律的应用在于，软件的选项卡设置一般不超过 5～9 个，如果再多不妨用分层选项卡或巧妙地使用“其他”项。

④ 接近法则。接近法则来自格式塔理论，指的是当两个或多个对象离得太近时，人的潜意识会认为它们是相关的，因此，软件设计中相关的信息应该在空间布局上彼此靠得近一些。

⑤ 防错原则。强调人不可能彻底消除差错——人无完人，但是，仍然可以发现并纠正差错，防止差错形成缺陷。在一些产生关键影响的操作之前，建议添加“弹窗”提示，防止重要的数据被错误删除等情况发生。

⑥ 复杂度守恒定律。该定律也叫泰斯勒定律，是指每个操作都有其固有的复杂度，存在一个临界点。如果超过这个临界点，操作过程就不能再优化了。当无法避免复杂度时，需要谨慎权衡利弊对功能进行调整。

⑦ 奥卡姆剃刀原则。这个原则的核心是，如无必要，勿增实体。也就是说，要尽量保持交互的简洁性，只保留对业务目标有用的内容。在软件系统中，界面应尽量简洁，只保留最常用的功能组件，其他功能控件或细节说明信息可以选择折叠隐藏。

(2) 数据结果呈现。在设计数字化应用时，数据分析结果必须以合适的方式进行呈现，好的数据呈现方式能够提高数据的可读性，准确传达蕴含在数据背后的关键信息，更有效地满足前用户端对数据的使用需求。数据结果呈现包括呈现载体和呈现形式两方面内容。

数据呈现载体可以是纸质报告、电子报表、数据分析软件、可视化大屏等多种形式，其中，数据分析软件也可以通过移动设备或 PC 提供应用能力。数据呈现载体的选择需要与数据产品的交互需求相关，也要与数据服务场景和数据产品受众的行为习惯相一致。

数据呈现形式包括文字、图、表等基本形式。从直观上来讲，图的表现力比文字和表格更强，因此在企业的数字化系统中应用广泛。研究如何用图来展示数据的技术称为数据可视化(Data Visualization)技术。

数据可视化技术通过线条、点、色块、地图、时间轴等不同的基础显示要素的排列组合，对数据分析结果进行综合布局呈现。条形图、饼图、散点图、思维导图、网络图、热力图、时空路线图等都是主流的数据可视化工具。

数据可视化一方面可以准确表达数据结果对应的业务结论，如直接用饼图展示某产品消费者的性别比例分布；另一方面，也可以作为一种分析工具，帮助用户更方便地从数据中发现规律和知识，如通过知识图谱对信息展示，发现企业间的关联交易和投融资关系，帮助投资人规避潜在投资风险。

第三部分　数据科学技术

第 3 章

如何获取有用的数据

无论是企业的数字化应用还是数字化创新,从根本上还是离不开数据,没有数据就没法获得数据价值,也就没法对业务进行优化和改进,因此,企业要想具备强大的数字化转型原动力,就必须解决数据资源的问题。

首先,企业需要能够主动地从业务环境中积极地采集数据,实现数据资源的持续积累,构建丰富的数据基础,这个过程也叫作数据感知。

其次,企业需要能够对所采集的数据进行预处理,将文本、图片、音频、视频等原始的数据文件转换为能够被机器或人进行分析处理的有效表示形式。通过规则和算法,可以从这些数据中识别出有价值的数据模式,并以恰当的结构化形式进行准确呈现。

最后,企业还需要具备可靠的数据筛选工具,在具体的数字化应用需求驱动下,通过面向不同数据类型的信息检索技术,从数据资源池中提炼出相关的数据子集,以供后续的数据分析。

本章将从数据感知、模式识别,以及信息检索 3 个方面介绍企业在数据获取方面的一系列相关技术任务。

3.1 数据感知:业务活动到数字世界的映射

在企业的数字化转型中,需要对数据进行分析,从中获取有价值的业务信息和商业洞察,从而对业务进行优化,因此可以说,数据是数字化转型的核心要素。巧妇难为无米之炊,没有数据就没法进行数字化创新。企业进行数字化转型的关键就在于构建数据获取的核心能力。企业面向业务活动,实现数据的自动获取,持续积累有价值的业务数据,这个过程叫作数据感知。

一个企业的数据感知能力越强,其拥有的数据基础就越强,进一步也可以认为,这个企业在数据层面上具有资源优势。构建数据感知能力是企业数字化转型的基础工作之一,目的是解决数据源的问题。企业只有把数据基础做“厚”,才能更加强劲地为前端数字化应用场景持续赋能。

早期企业的数据很大程度上来源于线上的业务数据库,通过把业务数据库的数据“转录”到数据仓库,对数据仓库中的数据进行分析,支持企业的日常经营决策,然而,业务数据库中的数据是围绕既定业务流程获取的,采用的是“模式在前,数据在后”的记录方式,于是,仅仅依靠业务数据库中的数据是难以保障数字化业务需求的。

与业务数据不同,数据感知强调企业对数据进行主动采集和获取的行为。主动的数据采集不只是停留在满足日常的数据分析需求上,更多是为了支持数字化业务创新,帮助管理者获得新的业务“洞察”,因此,有条件的数字化企业需要特别重视数据感知能力的建设,拓展自身数据的宽度。根据对未来数字化场景的建设思路,逐渐对数据感知能力进行布局和建设。

数据感知包括硬感知和软感知两种基本形式,其中,数据硬感知是指采用特定的数据采集设备从物理世界中进行数据收集,数据软感知是指从虚拟的数字世界中进行数据收集。下面分别从硬感知和软感知两方面介绍企业如何进行数据资源的储备积累。

通过数据感知主动获取数据资源如图 3-1 所示。

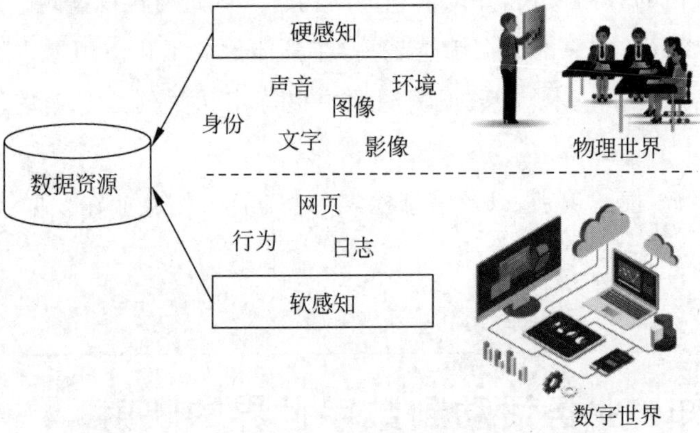

图 3-1 通过数据感知主动获取数据资源

3.1.1 数据硬感知

数据硬感知是将物理世界的数据感知到数字世界的过程,参考华为的数据治理框架中总结的方法,数据硬感知技术包括身份数据采集、文字数据采集、多媒体数据采集以及传感器数据采集等几个方面。

1. 身份数据采集

身份数据采集是指通过外部设备对身份标签进行扫描,快速识别物理环境中的业务主体，实现业务主体的过程跟踪。

1）条码标签技术

身份数据采集可以通过条码标签实现。条码是一种十分常见的数据存储载体，经常被用来记录商品或物料的基本信息。通过扫码枪等设备对条码进行近距离扫描，可以在特定的业务环节快速记录并跟踪产品的实时状态。

条码技术在物流业和零售业应用广泛，例如可以记录某个货物是否出库，或者某个产品是否从门店被消费者购买的情况。常用的条码形式包括条形码和二维码，其中，二维码的信息表达能力比传统的条形码更强。以条码的形式存储物体身份信息的主要好处在于技术成本较低，但是条码的数据存储能力明显不足，对物体的识别效率低下，同时对环境的依赖性也较大。

2）RFID 技术

射频识别技术（Radio-Frequency Identification，RFID）的原理与条码标签类似，被识别记录的物体也可以携带 RFID 标签。RFID 标签可以看作能够记录数据的电子芯片，只要芯片被置于特定的磁场范围，就能够实现数据的读取和相应的物体身份识别。

相比于条码技术，RFID 标签不需要被瞄准就能完成数据读取的过程，不受光线环境干扰。此外，数据的读取过程是高度并发的，读取设备可以一次获取多个物理对象的身份信息。RFID 标签的另一个好处就是标签中的数据可以被反复修改，极大地降低了企业数据存储的成本。

RFID 标签广泛用于门禁管理、生产线自动化、停车场管理、制造车间物料管理等行业应用场景，然而，该技术当前的通信标准不统一，并且存在一定程度的安全隐患，容易发生标签信息被非法读取和恶意篡改的情况。基于 RFID 身份跟踪技术的智能仓储管理应用如图 3-2 所示。

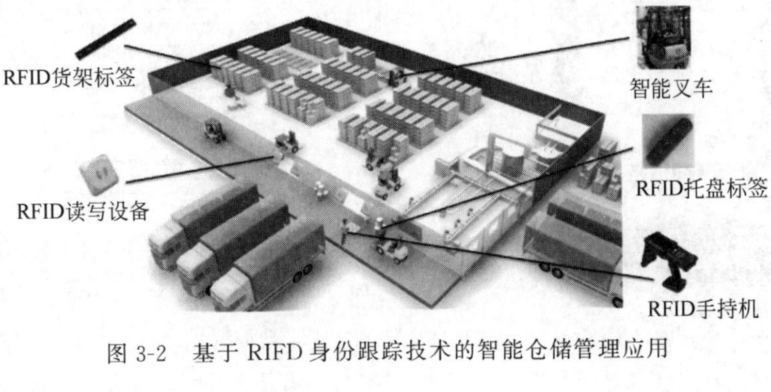

图 3-2　基于 RIFD 身份跟踪技术的智能仓储管理应用

3）NFC 技术

近距离无线通信技术（Near Field Communication，NFC）是出于对特别应用场景的要求在 RFID 基础上衍生出的通信技术，本质上与 RFID 没有太大区别。NFC 的通信距离小于 10cm（RFID 的通信距离从几厘米到几十米都有），因此在数据传输上比 RFID 具有更好的安全性。NFC 技术与现有的非接触智能卡技术兼容，很多厂商支持 NFC 技术，NFC 技术在移动支付领域得到了很好的普及应用。

2. 文字数据采集

对于很多非数字原生企业来讲，仍然有大量的数据被记录在纸质媒介。企业未来快速形成数字化能力，需要补足短板，投入较大精力完成线下数据的线上“誊录”，将其转换为可被计算机读取和处理的形式。当数据规模较大时，以人工的方式将纸质媒介的数据录入电子设备中，人力成本非常高，需要使用文字数据采集工具解决该问题。

1）OCR 技术

一种常用的方式是 OCR 技术。OCR 的英文全称是 Optical Character Recognition，即光学字符识别。该技术采用深度学习模型，模型的输入是图片，输出是文字，快速地识别图片中的文字信息，实现文本的自动化高效转录。

例如，某企业需要把纸质的产品名录快速录入数据库中，除了可以人工输入大量的产品词条，还可以对书籍进行拍照，使用 OCR 软件批量地将书籍页的照片转变为可编辑的计算机字符格式。后续，数据管理人员只需对转录后的文本字符进行校对并调整数据格式。OCR 解决了图片信息到文字信息的转化，加速了线下文本数据的线上化效率。通过 OCR 软件对纸质材料中的文字自动提取的效果如图 3-3 所示。

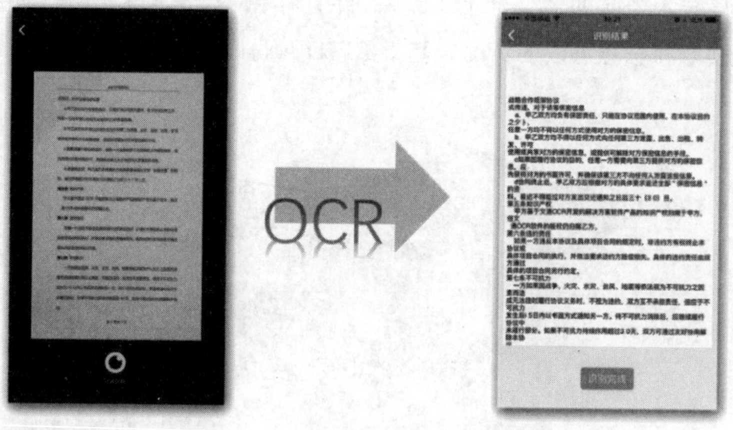

图 3-3　基于 OCR 软件的文字自动提取

2）ICR 技术

ICR 的全称为 Intelligent Character Recognition，即智能字符识别。ICR 相比于 OCR

引入了更多人工智能的技术要素。该技术基于上下文语句信息，并结合词典、知识库等语料资源，通过语义推理分析方法，对OCR未识别到的光学字符进行内容自动补全。除此以外，一些动态ICR技术还能在生成文字内容时捕捉手写笔画信息，从而获得更高精度的字符识别和内容理解能力。

3. 多媒体数据采集

1）图像数据采集

图像数据采集是指基于传感器设备获取特定业务对象的图像信息，提取该对象的基本图像特征，同时与预存的图像模板进行匹配，实现特定业务对象的识别和记录。图像本身是非结构化数据，基于图像识别算法模块可以从中发现用户关心的业务特征，将非结构化数据转换为有"业务含义"的结构化数据。

大多数对图像数据的何种特征进行采集与具体的业务应用场景相关。面对不同的业务场景，采集设备同时根据不同的数据模型来提取与数字化应用一致的图像特征并进行存储。根据技术应用的目标对象不同，图像识别技术包括人脸识别、指纹识别、虹膜识别、商品识别等各种细分的技术应用形态。

2）音频数据采集

音频是一种重要的多媒体文件，可以通过话筒的音频录入设备直接记录原始的声音信息，也可以从下载的MP3文件或CD等存储介质中获取音频数据。在采集音频数据后，通常需要对音频文件中的人类语音进行自动识别和提取，将其转换为可以被人或机器理解的内容格式进行存储和管理。

从音频中获取人类语音的技术称为自动语音识别技术，英文名称为Automatic Speech Recognition（ASR）。自动语音识别技术是一个多学科交叉的技术，与声学、语音学、语言学、计算机科学等多个技术领域联系紧密。业界主流的ASR模型通常由声学模型、发音模型和语言模型等几部分组成，而模型的实际功能表现则与词汇表的大小、语音的复杂性、语音信号的质量、说话人群复杂性，以及音频数据处理硬件等多种因素有关。

语音识别技术可以把音频数据处理问题转换为文本数据处理问题进行数据分析，使企业可以面向更广泛类型的数据资源进行数字化业务创新。当前，成熟的ASR技术可以使机器能够轻易理解人的说话内容，并支持声控服务、问答机器人、个性化推荐、语音导航等多种智能业务应用场景。

3）视频数据采集

视频数据是动态的数据类型，视频数据文件的体量一般较大，但同时具有重要的数据分析价值。企业可以从开源网络渠道下载已经完成录入的视频文件，从VCD、DVD等存储设备中复制或截取视频文件，也可以使用摄像设备从外界环境直接采集一手的视频信息。在直接采集外界环境的视频数据时，一般需要进行数据收集、数据传输以及数据存储这3个主要技术环节。

对于数据收集来讲，主要通过摄像设备对光源信号进行采集并转换为电信号。当前使用的图像传感技术主要是CCD和CMOS两种技术系统，其中，CCD的优点是技术成熟、成像质量高、灵敏度高、噪声低、图像畸变小，而CMOS的主要优点是读取信息方式简单、输出信息速度快、省电、体积小、集成度高，以及价格相对较低。

视频数据同时具有音频数据和图像数据的特点，可以看作内容随时间变化的图像数据和时序上一致的声音数据合成的产物。在对视频数据进行采集和数据特征提取时，也会综合运用图像识别技术及ASR技术，对相关数据文件按照应用需求提前进行处理。

4. 传感器数据采集

在很多应用场景中，企业需要对其他形式的环境信息进行定向收集。为了能够将企业关注的业务环境信息进行准确量化，需要使用特定类型的传感器装置获取环境状态信息。在此基础上，将这些状态信息按照一定的规律进行表示，满足这些信息的采集、传输、处理、存储、显示、记录等一系列客观需求。

根据传感器采集的环境信息类型及传感器感应信息的工作方式，可以将传感器分为视觉传感器、温度传感器、光学传感器、压力传感器、气体及化学传感器、流量传感器、电传感器、接触式传感器、非接触式传感器等不同类型。从本质上看，传感器是把物理世界中的信息转变为数字世界信息的设备的统称。

传感器数据具有数据类型多样、实时性、过程性、具有较大噪声和干扰、数据规模大、数据价值密度低等方面的特点。通过传感器可以直接对外部环境进行观察，在细粒度层面对数据进行高密度采集。

传感器数据的数据通信和数据分析方面均具有较大的技术挑战性。传感器在智能制造领域具有广泛应用，通过将不同的传感器与相应的工业元器件进行组合，可以对生产设备的工作状态进行监控和管理，使技术人员可以提前进行设备的维护检修，降低因突发设备故障为企业生产带来的经济损失。

3.1.2 数据软感知

数据软感知是指在数字世界内部的数据采集过程，与硬感知技术不同，被采集的数据对象本身也存在于数字世界。参考华为的数据治理框架中总结的方法，数据软感知技术包括埋点、日志数据采集等主要形式。

1. 埋点

埋点是收集用户浏览网页、使用 App 等在线行为信息的方法，这些行为信息对于软件平台的运营者和产品经理来讲具有非常大的业务参考价值。通过对用户行为数据的分析，运营人员可以更加精准地进行营销活动和广告投放，优化软件平台的运营指标。同时，产品经理可及时了解用户对各软件功能的使用情况，客观评价各软件功能的使用价值，对下一步的软件升级和更新进行科学决策。

埋点的本质是一段代码，通过将这段代码“嵌入”应用程序中，可以对软件程序的特定事件进行响应。软件程序的事件是通过人的使用行为触发产生的，对软件程序事件的记录等价于对用户在线行为的采集。典型的事件包括点击事件、曝光事件，以及内容浏览事件等。埋点的操作包括埋点设计和埋点实施两个主要步骤。

埋点设计是指对埋点的位置和埋点监控的事件类型进行配置。埋点的目的是采集用户行为数据，而采集用户行为数据是为了满足分析决策需求，因此，在进行埋点设计时，需要根据业务目标，如 PV、UV、留存率、转化率等核心运营指标，自上而下地对用户行为进行分解，找到与业务目标密切相关的用户行为，并针对这些行为设计相应的埋点策略。

在埋点的具体实施方式上，主要包括代码埋点、可视化埋点，以及全埋点 3 种方式。

1）代码埋点

代码埋点是指开发人员根据业务人员提出的数据统计需求，将用户行为数据的采集代码手动地添加到应用程序中的指定位置。该方式能够适应更强的定制化需求，理论上只要是用户在客户端产生的操作，只要按需配置，再复杂也可以通过自动化的方式进行定向采集。代码埋点的优势是对于用户行为的采集具有更强的控制能力，尤其是处理一些不可见的、非点击的用户行为。

代码埋点可以看作开发任务的一部分，埋点代码被直接嵌入软件的功能代码之中，引入代码埋点相当于给开发团队引入新的技术需求。通常代码埋点的实施周期较长，遵循业务梳理、埋点设计、实施埋点、测试埋点、版本发布等一系列严格的软件开发和发布流程。代码埋点涉及大量的人工沟通和管理环节，同时犯错和补救成本都较高，因此对于通用性较高的埋点需求，一般不建议采用代码埋点的方式执行。

2）可视化埋点

可视化埋点是指通过专业的软件平台进行埋点的方法，是“低代码”的一种流行应用形式。具体来看，分析人员通过可视化的方式进行简单配置，在可视化页面上设定埋点区域和事件 ID。埋点平台的好处在于数据采集的配置方式简易直观，用户可以直接在网站或移动应用的真实界面上定义埋点逻辑，埋点需求几乎实时就可以生效。

可视化埋点的业务需求方可以非常低的门槛获取分析所需的数据，简化了代码埋点的任务排期和开发过程，同时也减少了业务人员和技术人员之间烦冗的沟通环节。数据消费者可以在数据获取的环节就主动介入，自助处理数据采集需求。

可视化埋点的缺点在于数据采集的定制化能力稍弱，只能分析较浅层的用户在线行为。此外，可视化埋点只能针对可见元素的单击行为进行采集，而复杂页面、不标准页面、动态页面，则都给可视化埋点增加了不可用的风险。

3）全埋点

全埋点是指尽可能多地将全部应用程序的操作行为采集下来，背后是"能采尽采，后续分析总能用得到"的逻辑。全埋点几乎不需要进行埋点设计，实施逻辑简单，避免了业务需求对接出错的风险，同时可以保证用于后续分析的数据资源尽可能充足。尽管如此，全埋点的缺陷还是十分明显的，主要在于以下几方面：

全埋点的"全"并非实际意义上的全部。全埋点通常只能记录简单的单击操作行为，对于复杂的交互行为通常不会采集记录，例如鼠标滑动、页面停留、屏幕滚动、键盘录入等。

全埋点采集的数据量很大，对系统中数据的传输和存储带来很大负担，容易提高客户端执行时崩溃的概率。

此外，前期无差别采集会导数对数据内容缺乏有效筛选，这对后续的数据分析操作引入更多的复杂性。

2. 日志数据采集

1）日志数据

日志数据是指服务器、应用程序，以及网络设备自动生成的日志记录，日志数据记录了软件系统的工作过程信息。一般来讲，每条日志数据都记录了4W的内容，即谁（Who）、在什么时间（When）、在哪台设备或应用（Where）、做了什么具体操作（What）。

日志数据的主要来源有服务器、存储设备、网络设备、安全设备、中间件、操作系统、数据库、业务系统等各种底层软硬件技术设备资源。日志数据也有很多不同的数据格式，主要包括 txt 文本类日志数据、系统类日志数据、面向网络通信的 SNMP（Simple Network Management Protocol）类日志数据，以及数据库类日志数据等多种具体形式。

采集日志数据是软件在运行过程中的重要任务，日志数据可以保证软件系统在出现故障或其他异常状态时，系统运维工程师能够准确地对导致错误的原因进行排查，更加高效地解决系统运行问题。

除了可以反映系统原本的运行状态，日志还可以记录用户的操作行为，相应的日志数据叫作操作日志。通过对日志进行分析，可以对用户访问地域、用户访问热点资源等关键字段进行分析，获得有价值的商业分析画像。除此以外，日志数据也是安全合规审计及内网安全监控等重要的信息管理工具。

操作日志与埋点的区别在于，操作日志更多关注机器的行为和状态变化，而非人的行为和状态变化。操作日志的目的是以机器身份 ID 为中心进行行为信息的采集、记录，以及相应的组织管理。

2）日志采集

单机场景下日志数据采集的方式相对容易，可以通过简单的代码轻松完成日志数据的打印和存储。在实际的企业级应用中，日志数据的采集对象通常为分布式场景，日志数据产生于不同的计算机设备上。对日志数据的采集工作主要有 3 种方式：

一是以传统文件的方式进行日志信息记录，然后统一对各服务器上的数据进行收集入库。这种方法的问题在于数据的传输方式不灵活，维护成本过高。

二是通过数据库进行日志采集。这种方法的问题主要在于采集效率受限于数据库的读写交互瓶颈，并且会耗费大量系统资源。

三是搭建基于消息队列的日志采集系统，这也是当前性价比较高的主流技术方法。应用服务把日志数据内容通过 Kafka 消息队列进行传输，然后通过 Flume 等高性能的大数据采集工具进行处理，最终存入目标文件系统。基于消息队列的日志采集方式实现了数据服务应用与日志采集工作的解耦，避免日志采集工作对应用系统主功能的影响。

3.2　信息提取：让数据长成“看得懂”的样子

企业通过数据感知技术从业务环境中直接采集的数据很大比例是文字、音频、图片等非结构化数据，这些非结构化数据一般以文件的格式进行存储。非结构化数据在表现形式上难以理解，无法满足用户对数据的查询需求。同时，基于文件的数据表示形式无法直接参与计算机的数值计算，难以进行数据建模分析并支持相关的数字化应用。

为了对非结构化数据进行分析、理解需要采用一系列的技术把非结构化数据转换为结构化数据，即从原始的数据文件中提取出标准化、结构化的数据表示形式。本节主要介绍非结构化数据的表示和分析技术，重点探讨非结构化数据的有效特征提取方法，并介绍与非结构化数据分析相关的典型数字化应用。

3.2.1 自然语言处理

文本数据是由一系列字符相互排列组成的，在企业各方面的业务活动中占比很大，对企业来讲具有重要的分析价值。自然语言处理(Natural Language Processing，NLP)是面向文本数据进行分析的主要技术，该技术可以从文本数据中提取分析人员关心的结构化语义特征，得到有价值的业务结论，帮助人和机器更好地对文本数据进行理解。

本节首先介绍对文本数据进行语言建模的技术方法，讨论如何把符号数据转换为等价的数值数据。在语言建模的基础上，可以叠加其他相关的数据分析算法和工具，提炼出高层级的语义信息。

1. 语言模型

语言模型是面向非结构化文本数据的信息表达范式，为文本数据的信息处理提供结构化的映射关系。语言模型可以将任意的自然文本序列转换为可以被计算机处理的数学形式，以供不同业务需求场景的信息检索和计算分析。

1）词袋语言模型

词袋模型(Bag-of-Words，BOW)是一种朴素简单的文本表示模型，通过词袋模型可以把任意一段文本表示成特征向量，实现文本数据向量化的操作，让非结构化的文本数据变得可查询、可计算。在词袋模型中，向量的维度代表词特征，即出现在文本记录中的某个特定的词或词组，向量在各维度上的数值权重与词特征出现的频率相关。

可以用词汇在文档中的 TF-IDF 值作为词袋向量的词特征权重，其中 TF(Term Frequency，词频)是指词特征在文本中出现的频率，IDF(Inverse Document Frequence，逆文档频率)是与词特征在数据集中的频率的倒数相关的一个重要统计指标。基于词袋模型对文本表示的效果如图 3-4 所示。

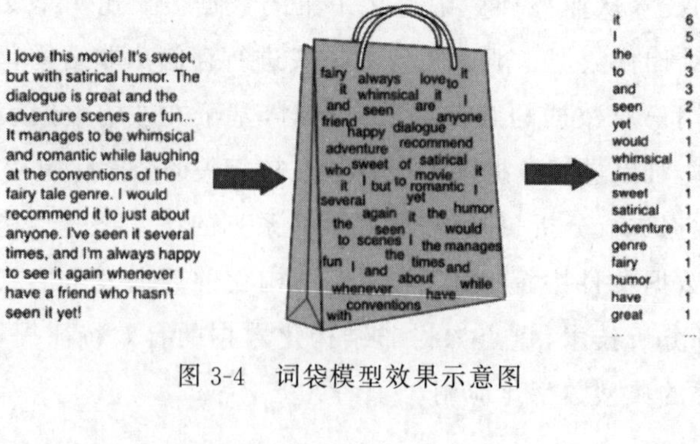

图 3-4 词袋模型效果示意图

词袋模型的优点是可以实现文本信息到数值信息的快速转换映射，充分体现词汇特征在文章及语料库中的统计信息，然而，词袋模型也有不少缺点，导致其在实际应用场景中存在较多技术局限，主要体现在两方面：

词袋模型会产生大量的存储空间和计算资源的浪费。对于大多数的词典来讲，不同词汇在文章中出现的频率非常不均匀，词频通常表现为幂律分布的特点，导致词袋模型中向量取值的“空置率”非常高。大多数文章在基于词袋模型形成的数值向量中，仅有少数维度上有数值，而在大多数维度上的值均为0。

此外，词袋模型也不能表达“跨词汇”的深层次语义特征，向量的各个维度之间是被完全“独立”处理的。当用户以某个词汇为条件进行信息检索时，如果这个词汇在原文中没有被出现过，则该文章即便内容上相关也无法被算法返回。这就导致基于词袋模型的搜索算法很容易遗漏关键的内容信息。为了应对上述问题，语言模型需要针对表示空间的稠密性及向量维度的相关性进行改进和优化。

2）矩阵分解模型

矩阵分解方法的目的是对词袋模型进行降维，维度更低的向量其内在的信息表示更加稠密，对向量空间的利用率更高。奇异值分解方法(Singular Value Decomposition，SVD)是矩阵分解的最典型应用。该方法可以挖掘出横跨在不同词汇之间的潜在语义。

SVD将词袋模型对应的“文档-词”矩阵分解转换为3个特殊矩阵连乘的形式，具体如下：

$$\boldsymbol{A}=\boldsymbol{U}\boldsymbol{\Sigma}\boldsymbol{V}^{\mathrm{T}} \tag{3-1}$$

其中，$\boldsymbol{A}$ 是 $m\times n$ 的矩阵，$\boldsymbol{U}$ 是 $m\times m$ 的矩阵，$\boldsymbol{\Sigma}$ 是 $m\times n$ 的矩阵，$\boldsymbol{V}$ 是 $n\times n$ 的矩阵。$\boldsymbol{\Sigma}$ 是奇异值构成的对角矩阵，通过对奇异值进行截取可以实现对原词袋向量的压缩处理。SVD的优点是充分利用冗余数据、语言无关、无监督、对噪声稳健，以及可以实现并行化处理提高效率；SVD的缺点主要在于维度不好确定、缺乏统计学基础、可解释性差，并且当有新数据对象产生时需要对整个数据集进行重复计算。

3）概率语言模型

概率语言模型是以概率图的方式对文本数据进行建模表示，其假设文本数据的产生是由某个生成器基于特定的概率分布随机生成的可见结果。概率语言模型的本质是生成式模型，目的是研究文本数据的生成机理，基于概率语言模型也可以计算出数据集中任意给定文本序列出现的条件概率和边缘概率。常见的概率语言模型主要有N-Gram、朴素贝叶斯模型、p-LSI、LDA等。

N-Gram语言模型是对相邻词汇出现的条件概率进行建模的概率语言模型。该模型假设第 N 个词汇的出现只和前面 $N-1$ 个词汇相关，与其他词汇都不相关，在此基础上整个句子出现的概率就是各个词出现的条件概率的乘积。N-Gram语言模型表达形式简单，但是参数空间非常大,模型估计困难。对于稍微大一点的语料规模,仅仅使用 2-Gram 进行文本数据建模就已经十分困难,3-Gram 以上的模型一般只是理论上的技术方法,而很少在产业实践中使用。

朴素贝叶斯模型是非常经典的概率语言模型,模型结构简单,其假设当给定文章类别确定时每个词汇出现的概率彼此独立。朴素贝叶斯模型更多用于文本分类相关的任务,对于篇章级或主题级的文本特征识别,所提供信息的区分度不够。尽管如此,由于朴素贝叶斯模型的参数规模相对可控,并且模型参数具有比较强的可解释性,所以仍然具有很广泛的业务应用。

LDA(Latent Dirichlet Allocation)主题模型是大多数主题分析模型的基础模型,该模型假设任意一篇文章都是定义在若干个主题上的多项分布,同时,每个主题又是定义在已知词典集合上的多项分布。

主题分析是指将文本数据基于主题模型进行概率表示,提取文章中主题特征的数据分析技术。主题是介于词和文本之间的层级对象,通过主题分析不仅可以对整个文档集合进行分析,还可以实现对文本数据的软聚类效果。LDA 主题模型本质上是一种生成式的概率图模型,主题模型的效果示意图如图 3-5 所示。

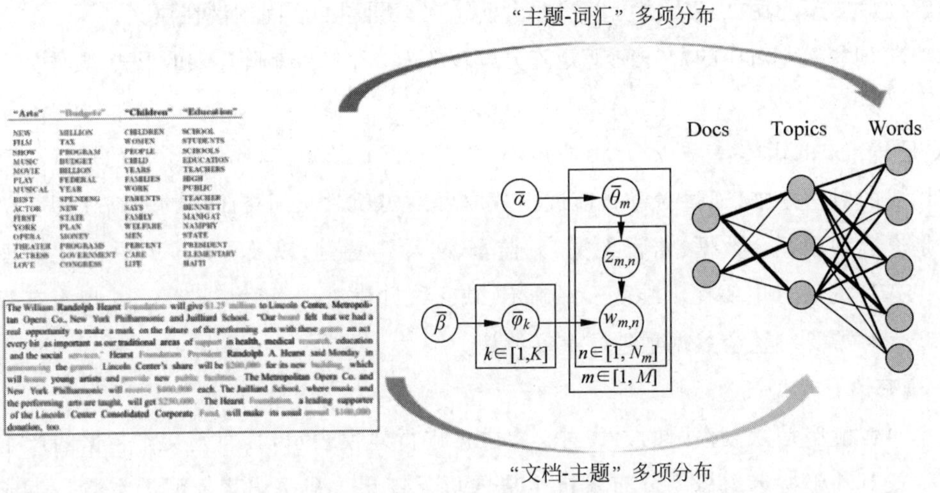

图 3-5　LDA 主题模型的效果示意图

4）神经网络语言模型

以 N-Gram 为代表的传统概率语言模型存在很多缺点。首先是数据的稀缺性,稀缺性导致统计语言模型存在很多为 0 的条件概率；其次,语言模型的参数规模与阶数呈指数增长,一般情况模型的"阶数"十分受限,无法建模更远距离的语言特征关系。神经网络语言模型有效克服了上述问题。

前馈神经网络语言模型(Feedforward Neural Network Language Model,FFLM)是早期非常经典的神经网络语言模型,该模型使用深度神经网络模型对句子中某个词出现的概率进行建模。

在使用前馈神经网络语言模型进行词汇预测时,需要将被预测位置的上下文词汇作为输入条件传入神经网络,将其分别进行编码化,然后经过神经网络的特征融合、特征提取等步骤,最终输出目标位置词汇出现的概率分布。在数据模型的训练过程中,可以采用掩码策略获得有监督的信号。人为遮挡住某个随机位置的词汇,假设该词汇不可见,然后以其上下文作为特征变量构造数据样本。前馈神经网络语言模型的技术框架如图 3-6 所示。

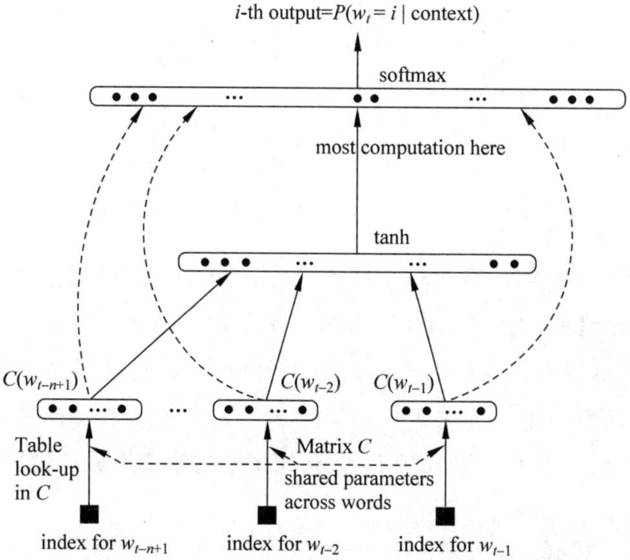

图 3-6　前馈神经网络语言模型的技术框架

在神经网络语言模型中,除了可以基于前馈神经网络进行语言建模,还可以采用循环神经网络进行建模。传统的前馈神经网络只能以有限、固定区间的上下文信息作为条件进行词汇的概率预测,而在实际的语句分析任务中,由于句子长度不统一,很难有效地确定上下文宽度,同时对长距离的上下文语义关系也难以进行表示。

循环神经网络语言模型(Recurrent Neural Network Language Model,RNNLM)是基于循环神经网络的语言模型,可以对任意长度的上下文信息进行建模,也是近些年来在大数据场景下进行文本分析的主流语言模型。在一个最普通的循环神经网络语言模型中,当预测某个位置的词汇概率时,可以对当前位置之前的所有词汇进行编码融合。从第 1 个词汇开始,逐词输入循环神经网络的主体模块中,依次进行特征表示的效果叠加,最终输出目标位置的词汇概率。循环神经网络语言模型的技术框架如图 3-7 所示。

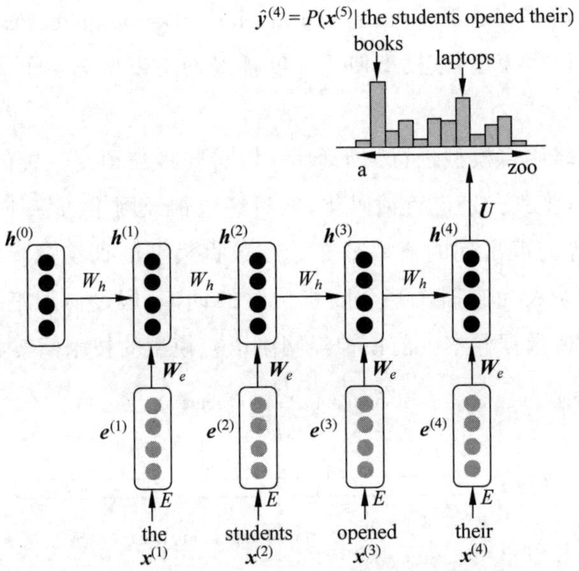

图 3-7　循环神经网络语言模型的技术框架

预训练模型是近年来非常流行的一个技术概念，即复用成熟的数据模型，以此为起点进行具体任务的定制化建模，也就是站在巨人的肩膀上解决问题。对于自然语言处理任务来讲，首先基于大规模语料库构建出高质量的语言模型，然后把已经生成的语言模型复用在不同的文本分析技术应用中。自然语言处理技术的大多数预训练模型是基于 RNNLM 实现的，当前最经典的预训练模型是 BERT，基于 BERT 的模型家族图谱如图 3-8 所示。

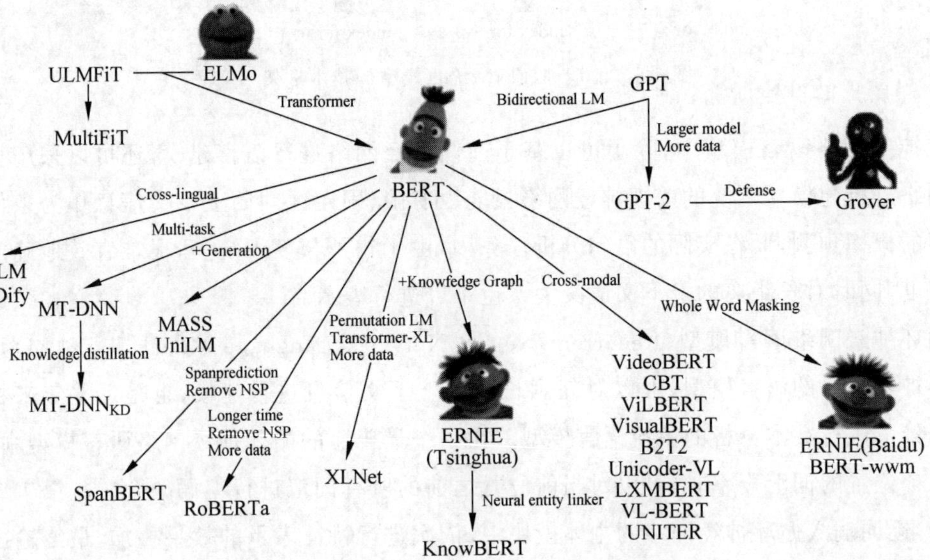

图 3-8　基于 BERT 的模型家族图谱

2. 关键词抽取

关键词抽取技术可以把文本数据中的关键词或关键短语提取出来，作为能够代表整篇文档内容的关键数据特征。关键词抽取与文本分类任务的区别在于，其采用的是“就地取材”的思路，将文本数据中本来存在的词汇作为输出结果。用关键词来代表文章能够最大化地保留文本的原始语义信息。关键词抽取技术可以分为无监督的抽取方法和有监督的抽取方法。

1）无监督的关键词抽取方法

无监督的关键词抽取方法比较直接，主要围绕业务上对“关键”的理解定义出一系列词汇价值评判指标，之后，结合这些价值指标对文章中的候选关键词进行综合评价。

在进行关键词抽取时，首先需要对原文进行分词，将文章划分为词的集合，之后，要按照一定的规则过滤掉无意义的词，最后，对剩余的候选词汇进行评价筛选。常见的价值指标包括词汇的统计特征和语义特征。统计特征是指词汇在文章中出现的频率、TF-IDF、位置等相关信息，而词汇的语义特征则需要结合业务背景和业务目标进行设计。

对于无监督的关键词抽取技术，难点在于价值指标的设计及价值指标权重的制定，实践中通常难以明确一个相对一致的价值评价标准。此外，对于无监督的方法来讲，关键词个数的选择也是难以评估的，过多的关键词一般不具有区分度，而关键词过少又无法覆盖原文的主要信息。

2）有监督的关键词抽取方法

有监督的关键词抽取算法是将关键词抽取问题等同于一般的分类问题进行处理。这种方法需要提前构建训练数据，在数据集中需要人为地标注文本中的哪些词为关键词，给出业务上的“金标准”。

在有监督的关键词抽取算法中，数据模型的输入特征可以借鉴无监督方法的价值指标，区别在于，这些价值指标的权重可以通过算法自动学习。除此以外，也可以不对关键词的价值指标进行设计，而采用比较原始的文本特征进行数据建模，如词、词组、符号等，即采用深度学习的方法自动进行特征学习和结果预测。

3. 文本分类

文本分类是十分常用的文本数据分析方法，在实际应用的体现是基于一系列预定义的业务标签，对给定的文本对象集合进行自动标注。文本分类包括单标签分类任务和多标签分类任务，单标签分类任务只对一种类别进行判断，多标签分类任务则可以将文本数据标记为多个业务类别中的一个或多个。从本质上来看,多标签分类任务可以在单标签分类任务的算法模型基础之上进行解决。

贝叶斯模型、支持向量机(Support Vector Machine,SVM)、回归模型、决策树等传统的机器学习分类器都是解决文本分类任务的重要技术方法。这些机器学习模型表现的好坏关键在于如何选择有效的文本数据特征进行信息表示。

深度学习模型对文本特征的定义形式依赖性不强,不需要人工对文本特征进行设计,而更加关注文本数据本身的样本规模和样本标注质量。深度学习模型中的循环神经网络在文本分类及其他文本分析任务中应用广泛,其主要得益于RNN可以对具有时序特征的数据进行很好的拟合。此外,LSTM、GRUs、Bi-LSTM等基于RNN的衍生模型也备受数据科学家的青睐。

4. 知识抽取

知识抽取是指从原始的文本数据中提取出用户关心的结构化知识并存储,将文本数据转换为知识图谱。知识抽取技术能够以结构化的形式最大化地保留原始文本中包含的业务细节信息。通过在知识图谱上进行分析推理,机器可以实现对文章内容的深度理解与分析。

通过总结语言模板或规则对知识进行抽取是常用的技术手段,然而,由于自然语言表达的多样性特点,模板或规则对知识的提取往往会覆盖度不足,因此,更加有效的方法是通过机器学习的方式,以有监督的知识数据集构造有效的知识抽取模型。

在数据集中,一般包含原始的文本信息,以及由业务人员标注出的结构化知识三元组。通过对数据集的学习,机器可以掌握从非结构化文字信息中提炼出知识实体和对应实体关系的隐含规律。

在知识三元组中,包括知识实体和实体关系,因此知识抽取也可以划分为实体抽取和关系抽取两个主要的技术环节,其中,实体抽取可以看作典型的序列标注问题,通常采用条件随机场(Conditional Random Field,CRF)、HMM、MEMM等具有序列分类能力的机器学习模型求解;关系抽取是建立在实体抽取任务基础之上的,本质上也是文本分类问题,通常采用LSTM、Bi-LSTM、CNN等典型的语言分析深度学习框架。

将知识实体和关系的抽取作为两个独立的机器学习任务来处理(Pipeline策略),通常会导致算法标注产生误差的扩散,因此,近几年越来越流行将实体抽取和关系抽取合并为单个任务的端到端联合抽取算法框架。一种端到端的关系抽取深度学习框架如图3-9所示。

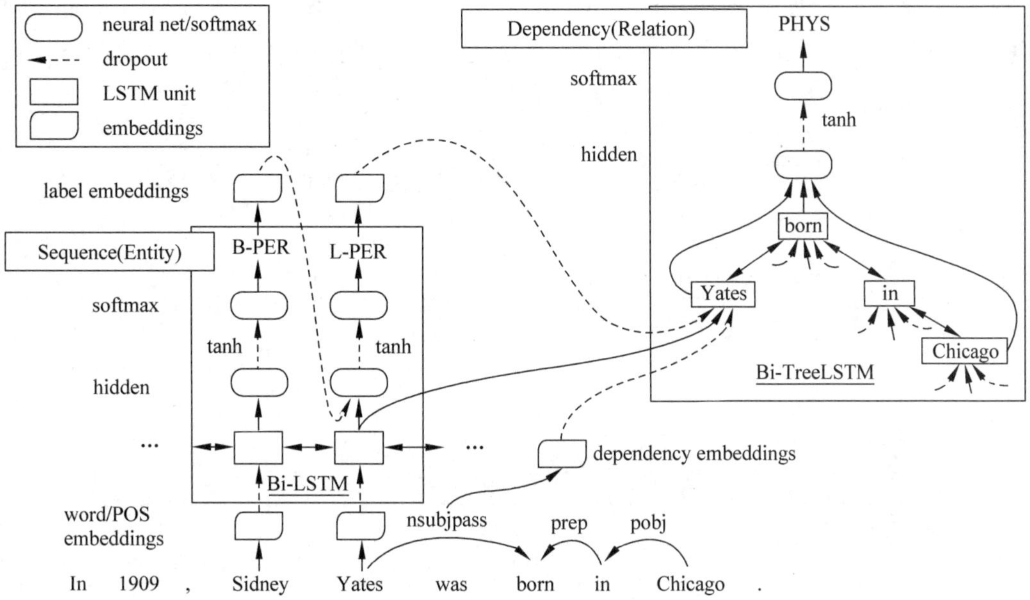

图 3-9　一种端到端的关系抽取深度学习框架

3.2.2　语音识别

1. 技术概述

语音识别技术可以把人类语音中的内容转换为计算机可处理的文本字符,从而更有利于应用系统对信息的存储和计算,并支持相关的数字化应用。语音识别技术可以把语音文件的分析问题转换为文本数据的分析问题,因此对语音进行处理,也可以复用自然语言处理技术进行深入分析。

语音识别(ASR)是典型的跨学科模式识别问题,既涉及语音学和语言学的领域知识,也包括计算机领域关于机器学习的前沿算法。从语音识别的技术特点来看,可以分为基于 Pipeline 的语音识别模型和端到端的语音识别模型。

1) Pipeline 的语音识别模型

语音识别技术包括语音特征提取、模型训练、语音解码 3 个主要过程,由声学模型和语言模型两个重要的部分组成。Pipeline 的语音识别模型需要对声学模型和语言模型分别进行训练,其工作机制如图 3-10 所示。

语音特征提取是为了将原始的连续语音信号映射成结构化的数据序列,将语音内容初步转换为可被计算的数据结构。在这个环节,首先要进行端点检测,也就是找到存在语音信号内容(音素、音节、词素)的部分,从语音信号中去掉无声音的段落,实现数据的去噪;其次,进行“语音分帧”处理,即对语音数据进行离散化,将其切割为多个细粒度的片段,作为基本的语音数据分析单元。

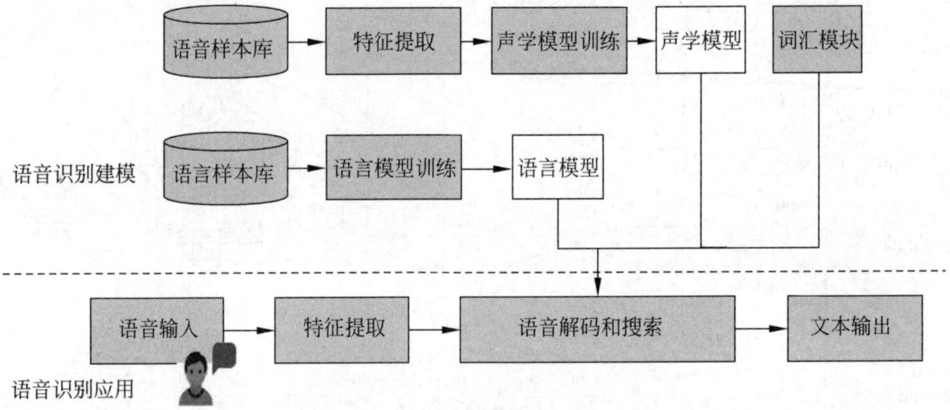

图 3-10 Pipeline 的语音识别技术框架

接下来,在语音数据“分帧”的基础上,进行声学特征提取,也就是将每个数据帧中能够反映具体语音内容的关键的声学特征参数识别出来。声学特征提取本质上是一个信息压缩的过程,将一段声音信号压缩为由多个声学特征参数组成的向量,以便于后续进行分析处理。常见的声学特征包括 LPC、CEP、Mel、MFCC、FBank 等。

在完整的语音识别模型框架中,包括声学模型和语言模型。在进行语音识别任务时,模型将一串语音信号转换为声学特征参数的向量序列之后,该向量序列在后续步骤中,先通过声学模型转换为音节序列,再通过语言模型转换为词汇序列作为最终文本内容输出。

声学模型是对声音的建模,本质上是计算语音数据片段属于每个声学符号的概率。大多数的声学模型是建立在隐马尔可夫模型(Hidden-Markov Model,HMM)框架基础之上的。HMM 由具有序列结构的隐变量和观测变量组成,模型的输入是观测变量,并基于模型变量联合概率最大化的假设,对隐含变量的取值组合进行估计,本质上是解码问题。

在 HMM 中,一个隐含变量的状态只与时序上的前一个隐含变量的状态相关,而观测变量的取值则只与当前的隐含变量取值相关。在语音识别任务中,模型输入变量对应的是声学特征向量,输出变量对应的是语音符号序列。

语音符号的取值范围是一个有限的变量集合,通常一个语音符号对应 3~5 个 HMM 隐含变量单元,比较流行的声学模型有 GMM-HMM 和 DNN-HMM 两种主要形式,二者分别采用混合高斯模型(Gaussian Mixture Model,GMM)和深度神经网络模型(Deep Neural Networks,DNN)来对 HMM 的观测状态进行建模。基于 HMM 的声学特征模型如图 3-11 所示。

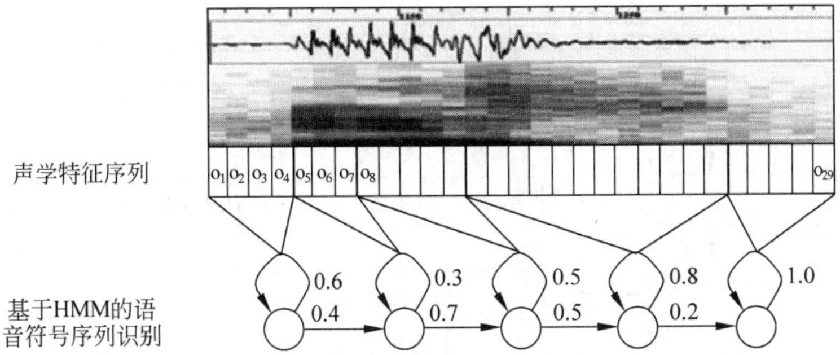

图 3-11　基于 HMM 的声学特征模型

语言模型是指把语音符号序列自动转换为文本序列的模型，语言模型可以计算在给定音符观测条件下，某个句子出现的概率。语言模型中的变量参数代表不同词汇出现事件的相关性，基于语言模型能够对指定词汇序列在概率上的可能性进行客观的量化评估。

在把语音数据处理成语音符号序列的基础上，根据词汇模块，首先查找出全部可能的词汇序列，然后计算出每个词汇序列出现的联合概率，最终选择联合概率最大的词汇序列作为文本输出结果。

2）端到端的语音识别模型

端到端的语音识别模型一般包括两种情况，一是仅在声学模型上实现端到端的数据建模训练，二是通过引入注意力机制实现真正的端到端建模效果。本节介绍的端到端架构主要是指后者，即在模型的训练过程中，将声学模型、发音词典和语言模型联合成一个整体进行技术处理。端到端的语音识别模型通常是基于循环神经网络的“编码-解码”基础结构，该模型的结构如图 3-12 所示。

在端到端的语音识别模型中，首先通过编码器部分将“不定长”的语音输入信号序列映射成“定长”的数据特征序列。之后，采用注意力(Attention)机制从该数据特征序列提取出有用的语音信息。最后，采用解码器部分把“定长”的数据特征序列扩展成相应的文本输出记录。

尽管端到端的语音识别模型取得了不错的性能，但是在很多场景下仍和 Pipeline 的架构在应用表现上有所差距，其主要原因在于，一些语料库的数据规模无法充分覆盖必要的语音学和语言学先验知识。

2. 应用场景

关于 ASR 有三大类技术应用，分别是语音自动转录、音频格式转换、智能语音助手。在不同场景的应用中，通过选择对应的领域词库可以提高语音识别技术的准确率，达到更好的业务适配性。下面分别对上述应用进行介绍。

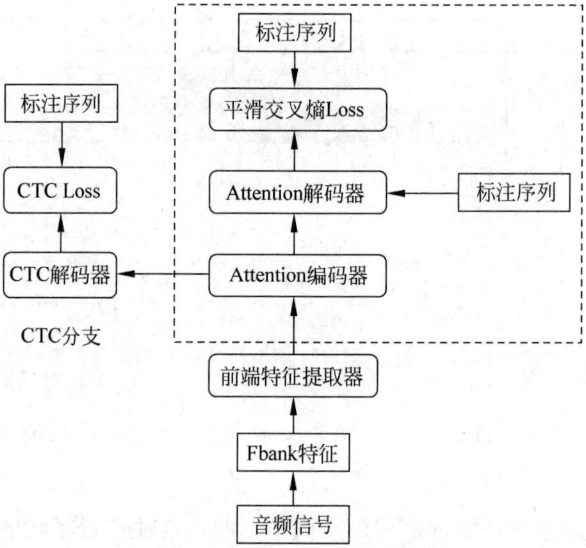

图 3-12　端到端的语音识别模型结构

1）自动转录

自动转录主要解决提高文字编写效率的问题，帮助业务人员以更便捷的方式生成文字信息，辅助需要大量实时或准实时文字录入的服务场景。自动转录工具通常是一个手写终端设备，提供语音信息的输入接口。

医疗领域的电子病历生成是自动转录技术的典型应用之一。曾有统计指出，很多医疗机构的医生在线下面诊患者时，用于处理病例的时间超过真正思考和讨论病情的时间。提高医生录入病历信息的效率，有利于医生能够将更多的时间和精力转移到与就诊服务相关的业务环节中。在电子病历生成的场景中，医生可以口述患者的基本信息、诊断信息、处置信息，基于简单的编辑交互，即可快速生成符合标准业务模板的病历文件。

除了医疗方面，还有很多其他需要以文字形式实时同步大量语音信息的业务场景。例如，对于法律行业，使用庭审笔录自动生成工具可以代替法庭审理中记录人员烦冗的操作，不仅能节约人力成本，还能降低人为出错的风险。

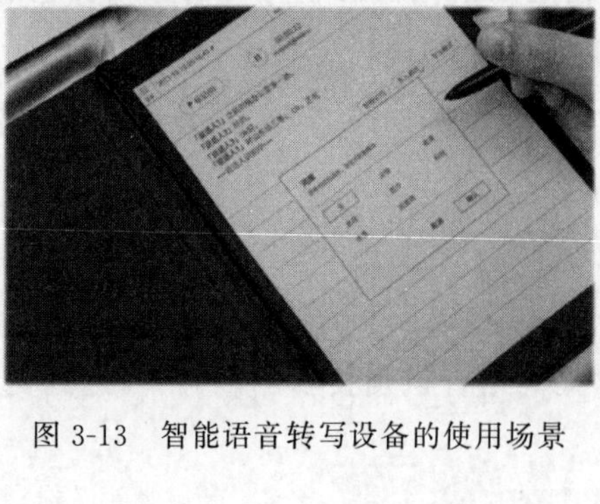

图 3-13　智能语音转写设备的使用场景

在办公自动化场景，很多重要会议需要形成会议文稿，以供后续相关材料的撰写和业务决策。使用自动转录设备可以完整地记录会议过程的全部细节，提高参会人员对会议内容的复盘效果。在会议时使用智能语音转写设备的场景如图 3-13 所示。

2）音频格式转换

音频格式转换主要是解决把音频文件转换为文字文件的应用需求。文字信息比音频信息具有更加直观的传播能力，此外，在很多场合下阅读文字比听音频的方式处理信息效率更高，其中，AI 字幕生成技术在电影行业和传媒行业的应用非常广泛，可以自动为视频文件的说话人生成字幕文件，满足字幕信息同步的客观实用需求。另外，在“微信”等实时通信工具中，语音转文字的功能同样十分重要，当接收语音消息的用户不方便收听语音内容时，可以选择阅读已转换为文字的音频消息。

3）智能语音助手

智能语音助手本质上是一种智能交互技术手段，能够提高人对机器的操作效率。基于智能语音助手，可以通过基于自然语言的语音输入而非传统的结构化指令获取机器提供的各种数字应用服务。智能语音助手本质上是一种贴近自然业务场景的交互接口，可以与任意智能设备和应用进行灵活组合，提供更便捷的数字服务能力。

在智能家电领域，智能语音助手可以通过语音控制电视、冰箱、灯光、音响等家电设备，进行远程的语言指令遥控并对家电的运行参数进行设置。类似地，语音助手也可以用在智能车载设备上，驾驶员通过语音指令来操控智能车辆中的音箱、导航、投影、灯光，甚至车辆的行驶与入库等功能。

在智能搜索引擎中，用户可以通过语音的方式表达信息搜索需求，提高信息检索的交互效率。在搜索引擎技术的基础之上，语音识别技术还可以和智能问答技术相结合，衍生出智能导购、智能导医、智能咨询，以及智能客服等一系列细分的数字化业务场景。

3.2.3 计算机视觉

1. 技术概述

计算机视觉（Computer Vision，CV）是面向图像数据识别与分析的技术总称，目的是使用计算机算法自动处理图像格式的文件，包括图像预处理、图像解析与理解两大块核心技术。

1）图像预处理

图像预处理是计算机视觉的基础阶段技术内容。该阶段用到的具体技术主要包括降噪滤波、灰度变换、对比度增强、图像平滑、图像锐化、图像分割，以及图像特征提取等。图像预处理的目的是按照特定的要求改善图像数据的基础质量，提升图像的显示效果，帮助用户更好地查看图像信息内容。此外，预处理后的图像数据也能用于后续的机器处理，提升机器自身对图像内容进行自动理解和分类的总体性能。

2）图像解析与理解

图像分类是深度学习技术非常重要的应用场景，以卷积神经网络（Convolutional Neural Networks，CNN）为代表的算法模型可以在有足够标注数据的样本集合的情况下，得到非常准确的图像分类效果。ImageNet 是当今最大的图像识别数据库，该数据库包含超过 1400 万个标注有分类信息的图像数据，这些数据涉及超过 2 万个分类标签。基于 CNN 的图像分类效果如图 3-14 所示。

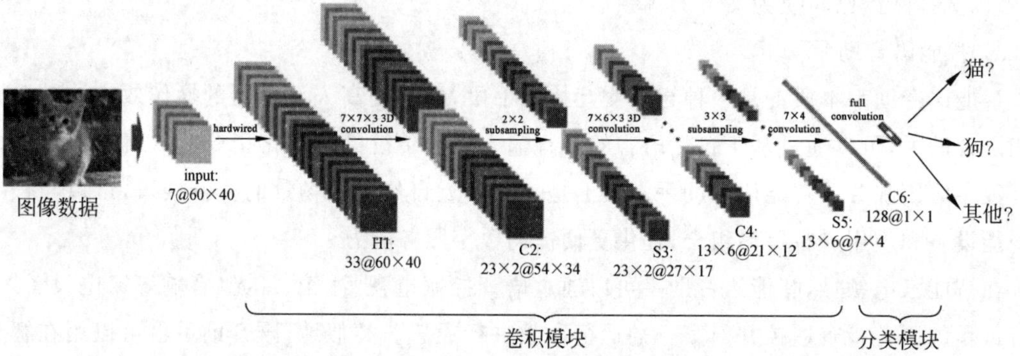

图 3-14　基于 CNN 的图像分类效果

对于图像分类来讲，在 CNN 中，模型输入的是高维的张量（Tensor）数据，输出结果是图像的类别，例如，图像中的人物身份、车牌号、商品类型、手写文字等，其中，张量是“高维”的向量数据，一张图片至少可以表示为一个三维的张量，其中一个维度是颜色通道，另外两个维度构成了图像的像素矩阵。矩阵中每个坐标上的数值代表该像素的颜色深浅程度。

基于 CNN 的分类模型由两个基本部分组成，卷积模块和分类模块。卷积模块用于提取原始的图像特征，将表示像素的张量数据压缩成特征向量，作为图像的核心数据特征编码；分类模块与传统的深度神经网络并无太大差异，其输入为数据特征编码，输出为各分类标签的概率分布，用于最终的图像分类决策。

图像识别是比图像分类更加精细的图像分析技术，可以从图像数据中识别出特定的物体，并根据物体的类型为图像数据添加预定义的业务标签。这些业务标签可以赋予图像数据具体的语义内涵，为图像数据提供分类依据，同时使图像数据可以被计算机系统充分理解和推理分析。

2. 应用场景

1）身份验证

计算机视觉领域的图像识别功能可以用于身份验证类的数字化场景，具体包括人脸识别、指纹识别、虹膜识别等细分应用。以人脸识别为例，随着相关技术的不断发展，其算法模型已经广泛地部署在检票闸机、门禁系统、考勤系统、支付系统等多种智能应用终端上。基于人脸识别的身份验证算法模块在金融领域、交通领域，以及公共安全领域都具有非常广阔的产业前景。

在人脸识别算法中，首先需要判断一张输入的图像中是否有人脸区域。如果有人脸区域，则需要在一张照片中通过算法自动把关于"人脸"的数据特征提取出来，这些人脸特征主要体现在人脸中关键"点位置"坐标，例如眼睛中心、鼻尖、嘴角等特殊区域位置。在处理人脸图像时，机器实际上存储的是关于这些人脸坐标的结构化数据。之后，将这些坐标数据进行对齐和标准化处理，从中提取面部数据特征，并基于这些特征进行检索和比对，满足特定业务场景的身份校验需求。

2）机器视觉

机器视觉强调计算机视觉技术在产品生产、工业自动化等领域的产业化应用。例如，在制造业工厂车间，机器视觉算法可以替代人工的方式对产品的外观特征进行自动检测，在大批量、高速、高精密的产品流水线上，实现产品的快速流程化质检，以及时发现质量问题，消除人为质检环节因疲惫、情绪等各种意外因素产生的作业误差。

此外，机器视觉技术还可以用在工业机器人设备上，为自动控制模块提供必要的环境信息输入，使机器人更加灵活、更加自主地适应所处的生产作业环境。

3.3　信息检索：大数据世界的"淘金"

在数字化活动中，企业中并非所有的数据都是与具体的业务问题相关的，数据分析人员应当能够辨别真正有价值的数据资源，并基于有效的技术手段将这些数据从数据资源池中筛选出来。对于进行数字化实践的企业来讲，需要提供可靠的信息检索工具，利用这些工具帮助应用端的数据消费者按需提取数据，支持后续阶段的数据应用。

从企业的数据资源池中提取数据的技术叫作信息检索（Information Retrieval，IR）。在信息检索任务中，用户向系统输入数据的查询条件，并选择与查询任务相关联的数据源。系统根据后台算法匹配到满足查询条件的数据集，按照既定的规则和形式反馈给用户。本章将从结构化信息检索、非结构化信息检索，以及问答系统 3 个方面介绍企业从数据库中提取所需数据资源的主要技术方法。

3.3.1　结构化信息检索

结构化信息检索主要是指面向普通关系数据库的信息检索，对于大多数企业来讲，对于关系数据库的应用最早,其普及程度也最为广泛。关系数据库中存储的数据是相对标准化、结构化的表格形式的数据。用户可以对表格中属性列的取值添加限制条件,对原始的表格数据进行内容筛选,过滤数据条目。用户可以对查询筛选出的数据集进行统计分析、建模分析,以及数据的可视化呈现等后续操作处理。

1. 结构化查询语言(SQL)

1) 基本概念

对关系数据库中结构化数据的查询操作可以使用结构化查询语言(Structured Query Language,SQL)来完成。该语言最早是在IBM公司的Codd提出的关系数据库模型的基础上研发产生的。1979年,Oracle公司提供了最早的商用SQL版本。

SQL是一种非过程性的机器语言,具有非常好的交互效果,在数据提取任务中非常便捷,是业内面向关系数据库的一种通用的语言标准。使用SQL查询数据时,不仅可以定义表格数据的筛选条件,同时还可以处理"跨列"或"跨表"的数据计算(如最大值、最小值、求和、取平均、计算笛卡儿积)及数据排序等复杂操作。SQL语言的执行过程如图3-15所示。

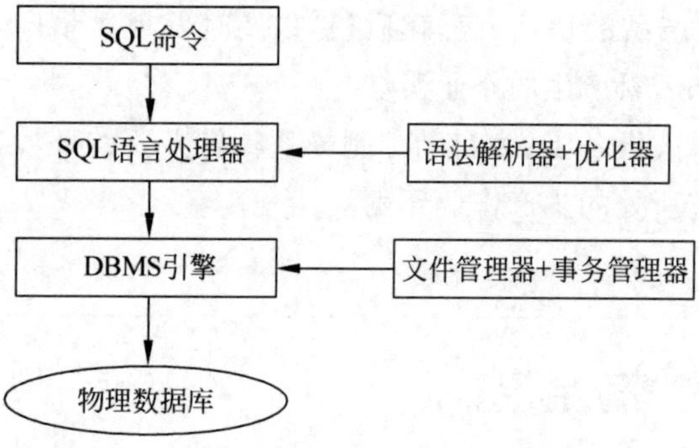

图3-15　SQL语言的执行过程

从功能上,SQL语言可以分为数据定义语言(Data Definition Language,DDL)、数据处理语言(Data Manipulation Language,DML)及数据控制语言(Data Control Language,DCL)。

其中,DDL的主要功能包括创建数据表(CREATE指令)、修改数据库(ALTER指令)、删除表(DROP指令)等功能,对业务系统所需的数据表进行标准化、规范化、无歧义定义。

DML的主要功能包括对数据库中存储的具体数据记录项目进行增(INSERT指令)、删(DELETE指令)、改(UPDATE指令)、查(SELECT指令)等操作,满足业务相关的大部分事务操作处理。

DCL的主要功能包括控制数据的访问权限,如向用户分配权限(GRANT指令)和从用户收回权限(REVOKE指令),这些功能保证只有被授权的用户才能在受控的数据集上进行操作。

2) 应用场景

早期基于SQL的编程主要是为了解决在线业务系统中信息的传输和数据逻辑处理方

面的需求。SQL与Java、C++等具体的开发语言相结合,用编程语言调用数据查询语言实现系统中业务逻辑的执行。在数字化时代,越来越多的企业关注对数据的查询利用,于是更多的数据分析师开始热衷于SQL的学习。这有利于分析人员更加灵活自主地从企业的数据库中提取所需数据。

在大数据场景下,企业的数据存储通常采取分布式架构,因此数据库通常部署在计算机集群上。此时,使用SQL在多台机器上筛选数据的操作也更加复杂。为了不因为引入分布式架构而增加数据查询任务的复杂性,可以使用Hive大数据框架来辅助实现数据的查询交互功能。

Hive是一种基于Hadoop的数据仓库工具,可以将结构化的数据文件转化映射为传统的数据库表,把SQL语言翻译成Map Reduce语言操作执行,因此,在Hive工具中用户可以仍然使用SQL来提取数据,而不用关心底层分布式数据存储架构的技术细节。

2. 结构化数据检索应用

SQL与其他编程语言相比,在入门技术门槛上并不高,但对于非数据专业的大多数业务人员来讲,使用SQL获取数据仍然存在较大的困难。很多企业为了降低组织内部进行数据消费的技术门槛,让更多的业务人员参与到数据的使用中,提高数据资源的综合利用率,会构建面向业务用户的结构化检索应用。

1) 即席分析

为了方便对结构化数据的统计分析应用,企业通常会通过数据平台对数据查询的底层代码逻辑进行封装,提供可以灵活配置数据查询条件的可视化交互界面。此时,用户可以通过输入框或下拉列表等常见的交互控件,结合具体的分析需求自定义数据查询筛选条件,对数据对象进行过滤。之后,用户可以对相关数据执行不同的统计分析操作,形成最终的数据分析结果。上述整个过程可以非常简便快捷,用户可以不断尝试不同的分析思路进行数据实验,探索更多的分析结论,相关应用称为即席分析。

2) 主题报表

为了进一步提高平台的使用效率,很多企业会在平台上定期发布主题数据报表,以供管理决策者在需要时下载使用。在生成主题报表时,首先由业务人员总结梳理数据模板,之后,数据库管理人员会根据数据模板预先写好SQL查询脚本及脚本的执行规则,最后,系统会根据预置规则定期运行脚本,对报表的数据内容定期更新和发布。

一般来讲,主题报表是业务上共识度较高,信息参考价值较大的一种重要的数据产品表现形式。很多情况下,主题报表的设计灵感来自即席分析的重要结论和相应分析过程。

3.3.2 非结构化信息检索

非结构化信息检索包括文本检索和多模态检索，其中，文本检索主要针对文字信息的检索，也是信息检索技术领域中最为关注的技术问题。Google、Baidu、Bing 等业界主流的搜索引擎，其背后的核心技术能力都是信息检索技术。多模态检索则是近些年新兴的信息检索细分类型，主要针对图片、音频、视频等不同格式数据文件进行检索，可以为数据消费者筛选更加丰富的数据资源。

1. 文本信息检索

文本信息检索的目的是从海量文本数据资源中，以用户输入的自然语言为查询条件，返回满足用户需求的相关文本数据。文本信息检索(Information Retrieval，IR)是重要的自然语言处理任务。

1) 基本概念与性能评价

与结构化信息检索相比，文本信息检索的任务难度更大，其主要原因在于用户难以通过一个标准化的方式来表达数据查询需求，无法对想要获得的数据结果进行严格定义。机器的信息检索结果质量与用户对数据需求的表达方式十分相关，如果无法准确地表达数据查询需求，则很容易获得“不相干”的信息反馈。

对于文本信息的检索，当前并没有统一的成熟技术方案，检索算法的设计难点在于如何让机器理解通过自然语言表达出的信息需求，以及究竟如何定义数据是否与查询条件相关。对于第 1 个问题，需要设计一个精准的语言模型来提炼查询语句的“中心思想”，从查询条件的文本中提炼出用户背后的查询意图；对于第 2 个问题，则需要定义一个数据相关性函数，相关性函数的输入是查询条件文本和被筛选的文本数据对象，函数的输出是一个相对客观的相关性指标。信息检索系统会根据计算得到的相关性指标取值对候选文本数据项进行排序，并将靠前的结果集合反馈给用户浏览查看。

在对信息检索技术的效果进行评价时，一般关注精确率(Precision)和召回率(Recall)两个关键指标。首先指出，在一个判定正负实例的经典二分类任务中，TP(True Positive)是指一个实例是正类并且也被判定成正类的记录数；FN(False Negative)是指漏报的情况，即将正类判定为负类的记录数；FP(False Positive)是假阳的情况，即本为负类但被判定为正类的记录数；TN(True Negative)是正确的反例，一个实例是负类并且同时也被判定成负类的记录数。在上述定义的基础上，精确率和召回率的计算公式如下：

$$\text{Precision}=\frac{\text{TP}}{\text{TP}+\text{FP}} \tag{3-2}$$

$$\mathrm{Recall} = \frac{\mathrm{TP}}{\mathrm{TP} + \mathrm{FN}} \tag{3-3}$$

举例说明，数据库中能够满足用户查询需求的文本数据记录总数是 500，系统返回的结果个数为 600，其中有 300 条数据符合用户的查询要求，那么检索模型的精确率为 300/600＝50％，而召回率为 300/500＝60％。可以看出，精确率高的检索系统可以保证用户尽可能不被无关的返回结果所干扰，而召回率高的检索系统则可以保证系统返回的数据结果尽可能地覆盖全面。

一般来讲，一个检索算法模型在准确性和召回率方面难以同时兼顾，算法需要在两个指标有一定的取舍。有一些综合指标和评价方式，会整体考虑检索算法在精确率和召回率两方面的性能，例如 F-Score 和 P-R 曲线。F-Score 表达式如下：

$$F_{\mathrm{score}} = (1 + \beta^2)\frac{\mathrm{Precision} \cdot \mathrm{Recall}}{\beta^2 \cdot \mathrm{Precision} + \mathrm{Recall}} \tag{3-4}$$

式(3-4)中，β 的取值越大说明算法的评价指标越倾向于召回率，反之则更加倾向于精确率。P-R 曲线的绘制效果如图 3-16 所示。曲线下方包裹住的面积区域越大，说明分类器的综合性能相对越好。

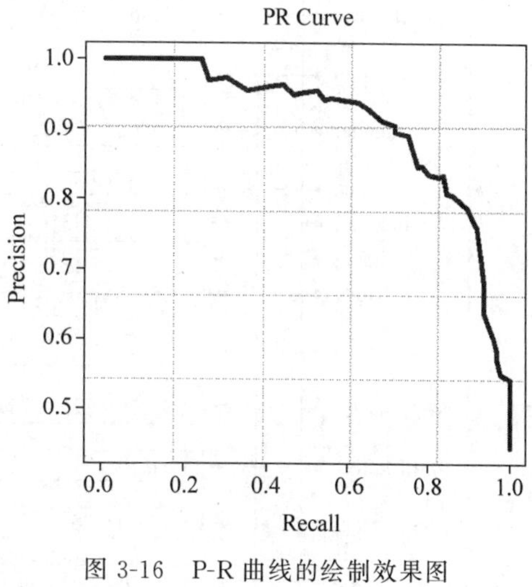

图 3-16　P-R 曲线的绘制效果图

不同的检索任务中用户对这两个质量指标的偏好程度是不同的，具体如何选择需要考虑到实际的技术应用场景。在娱乐消费类的信息检索场景中，如一般通用的搜索引擎或服务推荐系统，用户更加关心信息浏览的流畅性和可触达性。

在信息调研类的信息检索场景中，如行业或企业的尽调工作，或学术文献搜索，用户则更加关心信息检索系统能否帮助他们找到更加全面的业务信息。

当前主流的信息检索模型包括关键词检索和语义检索两大技术路线，具体内容如下。

2）信息检索模型

（1）关键词检索。

关键词检索主要考虑用户提供查询条件中的词汇在候选文本数据中的出现情况，强调文本数据在“字面”意思上的一致性。关键词检索方法主要基于词袋模型，从输入的查询语句中切分出关键词条件是算法的关键。

很多基于关键词的检索方法为了提高系统返回结果的召回率，也会结合业务词典、知识图谱等主题知识库对用户输入的查询条件进行自动扩展，丰富其语义内涵，增加相关文本数据被匹配召回的概率。

关键词检索的好处在于算法对数据查询速度的优化空间很大，通过对数据库中的文本提前构建索引(Index)文件，可以实现数据集的快速筛选，起到"空间换时间"的优化效果。

索引文件本质上是一个数据查询字典，记录了关键词和数据对象之间的对应关系。一些索引文件记录了词汇和包含这个词汇的文本数据项目编号的对应关系，这种索引叫倒排索引。当用户输入一条查询语句时，检索系统把查询语句分割成词汇列表，并根据索引文件"读出"每个词汇对应的文本数据编号的集合，通过计算这些数据编号集合的交集，就能快速得到同时满足这些词汇条件的数据集结果。倒排索引的技术原理如图 3-17 所示。

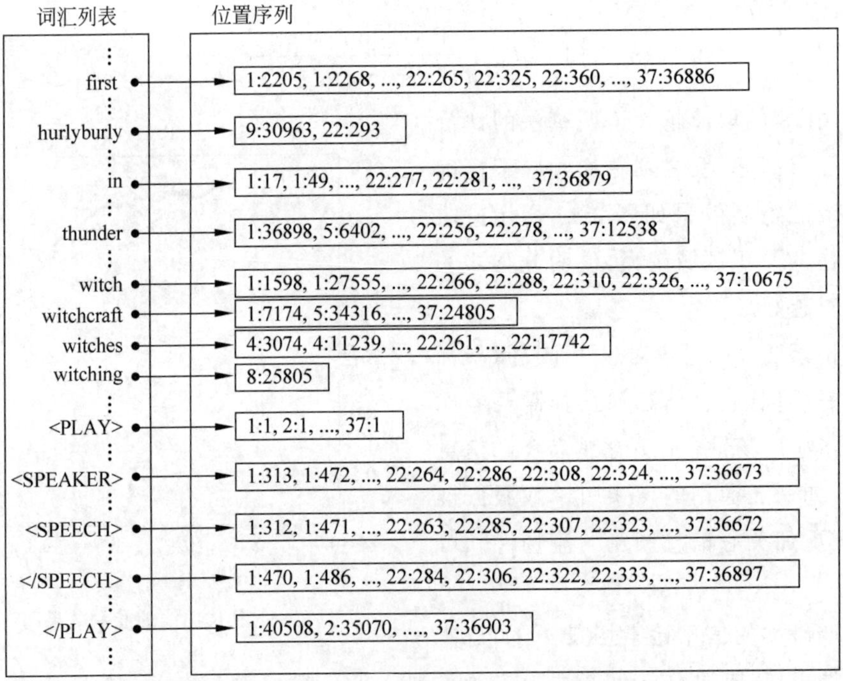

图 3-17　倒排索引的技术原理

对于搜索引擎类的商业应用，检索算法的时效性是用户体验方面非常重要的评价指标，因此，为检索系统查询的数据集提前构建索引是常见的技术处理方式。

(2) 语义检索。

相比关键词检索方法，语义检索关注更加"隐晦"的文本特征。基于语义的信息检索方法一般会采用 pLSI、Word2Vec 等语言模型把查询条件语句和文本数据提前表示为语义向量的形式。在进行文本数据检索时，把对文本数据相关性评估的问题抽象为文本的语义向量之间的关系计算问题。基于语义的信息检索算法与基于关键词的信息检索算法相比，对深层语义信息的表达能力更强，在不考虑参考外部知识库的情况下，算法的综合表现更好。

近几年随着深度学习的快速发展，BERT（Bidirectional Encoder Representations from Transformers）作为一种性能表现十分优异的文本模型被各种关键的自然语言处理任务广泛使用。BERT 是一个高质量文本集合上预先"训练"生成的神经网络模型，该模型依托于复杂的数据模型结构和超大规模数据集的优势，学习到了一种"高质量"的文本表示函数。

文本信息检索问题本质上是一个文本分类问题，用于判断候选文本数据是否满足用户的数据查询需求。在 BERT 模型的基础之上，只需向"分类器"投喂少数标注过的数据样本，就可以得到非常好的分类模型结果。以用户对系统检索结果链接的单击情况作为"伪标签"，可以快速产生构建分类模型所需的数据集。

2. 多模态信息检索

当前，越来越多的搜索引擎关注对图片、视频、音频等不同文件格式的数据搜索需求，满足用户对更加综合的数据资源进行信息筛选和分析。对不同格式的数据进行检索的技术称为多模态信息检索。

实现多模态信息检索最简单直观的方法就是把面向不同格式的数据检索问题转换为对这些数据背后的语义标签进行查询的任务。通过前文提到的模式识别方法，可以自动从文本、音频、图片等文件中提取有价值的语义标签，将其作为原始数据文件的附属信息（业务元数据）进行存储。这些语义标签在检索算法中可以代替原始数据作为被查询对象。

除了对多模态数据的语义标签进行检索，更主流的方法在于直接对数据本身进行检索。语义标签是概括性的数据表示，无法支撑更细粒度的内容匹配需求。在多模态检索任务中，由于查询条件通常是文本，而被查询数据可能为图片等其他格式的数据，因此二者无法直接进行字符匹配分析，因此多模态信息检索技术主要依赖基于语义建模的技术路线实现。

在含有跨模态对应关系的数据集上，通过深度学习方法，可以让算法学习出不同模态（文件格式）数据之间的映射关系，将不同格式的数据映射到同一个语义空间中进行对比分析。在自然语言处理任务中文本建模能力比较好的 BERT 模型在多模态数据的语义表示方面同样具有很大优势。基于深度学习模型的多模态检索技术框架如图 3-18 所示。

多模态检索从本质上是不同格式数据之间的翻译技术，该翻译技术可以将文本格式的查询条件翻译成图片、音频或视频等格式的输出结果。为了构建优质的多模态检索数据集，通常需要为图片、视频等格式的文件添加对应的文字描述信息，需要耗费大量的人力标注成本。近些年，从影像数据中提取图片帧和字母文件来"间接"获取图文关系，逐渐成为一种快速构建标注数据集的常用技术手段。

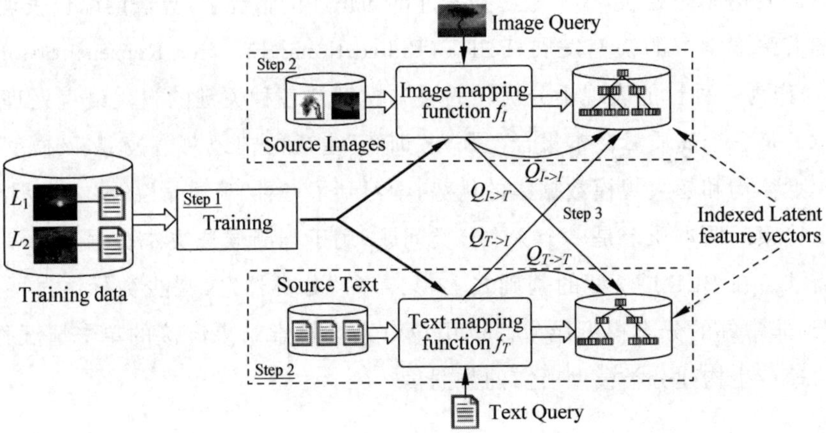

图 3-18　多模态检索技术框架

3.3.3　问答系统

1. 基本概念

问答系统是面向信息检索的高级应用，从形式上看问答系统和传统的信息检索系统十分类似，都是通过在一个搜索窗口输入查询条件，然后系统将相关数据结果返回，然而，问答系统和传统的信息检索系统之间具有本质区别，问答系统中用户输入的条件是具体业务问题，而不是对数据结果的限制约束条件。

在问答系统中，后台算法具备对用户输入问题进行理解的能力，能够把抽象的业务问题转换为具体的查询语句进行自动化的数据查询处理。

此外，问答系统要求系统返回的是问题的最终答案，而不仅是与答案相关的原始数据。在问答系统中，算法需要解决对数据的加工处理问题，算法本身融合了对数据源的各种复杂数据计算处理逻辑。信息检索系统与问答系统的技术框架对比效果如图 3-19 所示。

问答系统是一种高级形态的人工智能应用，把几乎全部的智能信息处理逻辑“封装”在自然语言形式的人机交互接口(Interface)背后。仅仅对信息的过滤筛选场景来讲，通过问答系统可以极大地简化信息搜索过程，让用户更便捷地找到所需信息结果，减少用户进行重复的数据处理操作，从而提高用户的数据分析效率。

与传统的信息检索系统相比，问答系统的交互在表现形式上更加智能化和自由化，数据的检索交互更加流畅便捷。尽管如此，问答系统仍然是一种相对“概念版”的技术产品，其总体性能和算法稳定性还有很大的升级空间。

当前，大多数比较成熟的问答系统仍然需要依赖人工预先设置的业务模板实现，而且

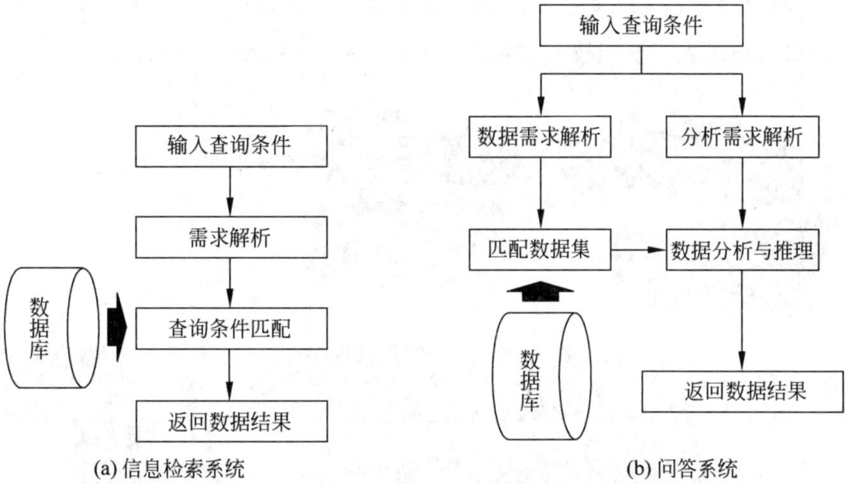

图 3-19 信息检索系统与问答系统的技术框架对比效果

难以对数据源中“间接”的数据结果进行推理或合成。无论如何，在简化数据筛选步骤或固化数据处理流程方面，问答系统仍然是一个有应用前景的数字化产品形态。

2. 面向不同问题的问答系统

1）受限任务问答系统

从面向的问题类型来看，问答系统分为受限任务的问答系统和开放任务的问答系统。在受限任务的问答系统中，针对特定领域的数据集及有限场景的问题进行答案数据的自动查询和反馈。

受限任务的问答系统的研究最早来自为结构化数据库提供基于自然语言的、易用的数据查询服务。例如，Woods 提出的 LUNAR 系统，允许月球地质学家用自然语言检索 NASA 数据库中关于月球岩石和土壤的相关数据。受限任务的问答系统主要采用规则或模板匹配的方式查询数据结果，属于比较早期的问答系统类型，在系统构建过程中对人工配置的依赖性较大。此外，MYCIN 是 20 世纪 70 年代提出的一个基于规则库的医疗领域问答系统，该系统可以根据患者的生理信息进行感染病毒的识别和抗生素的推荐。

2）开放任务问答系统

当前，问答系统正在朝着通用性的方面不断发展、成熟，开放任务的问答系统逐渐成为主流。对于开放任务的问答系统，只要指定数据库范围，而不用加以限定数据主题和问答任务领域，就可以返回任意相关的数据结果。

TREC（Text Retrieval Conference）问答测评是世界上最具影响力的问答测评任务之一，催生了很多极具价值的问答系统技术成果。在产业端，最著名的通用问答系统是 IBM

的 Watson 系统，该系统在面对历史、语言、文化、科技等多个领域的综合问答比赛中，成功击败了人类对手，充分展现了人工智能技术的魅力。IBM Watson 的系统架构如图 3-20 所示。

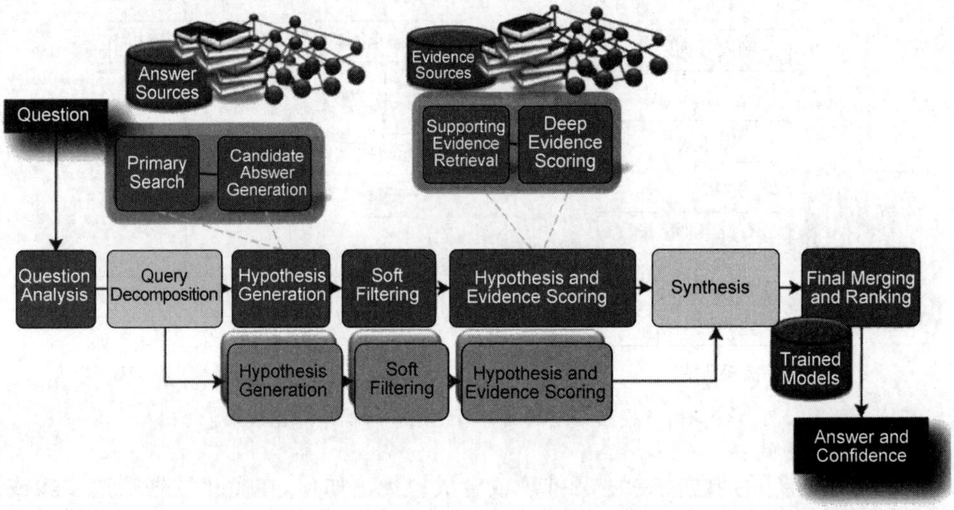

图 3-20　IBM Watson 的系统架构图

3. 面向不同数据的问答系统

从面向的数据类型看，问答系统可以分为知识图谱问答（Knowledge-based QA）、表格问答（Table-based QA）、文本问答（Text-based QA），以及社区问答（Community-based QA）等不同形式，下面分别进行介绍。

1）知识图谱问答

知识图谱问答主要是面向知识图谱的节点和关系进行查询的问答系统，系统返回的结果可能是某个具体的知识三元组，也可能是一个结构相对完整的知识子图。在知识图谱的问答系统中，相关算法需要从输入的自然语言查询条件中解析出图谱数据中节点和关系的限制条件，并基于这些限制条件对候选的三元组数据进行筛选。基于知识图谱的问答系统如图 3-21 所示。

2）表格问答

表格问答是面向结构化数据的搜索任务。表格问答系统的算法首先根据问题找到与输入问题相关的数据表格，之后，从表格中提取与问题相关的答案信息。常见的表格数据有金融报表、体育比赛结果、产品清单、供应商列表、用户信息等，相比知识图谱数据，表格数据一般存在于业务系统的数据表或数据仓库的宽表中，具有更强的时效性特征。对表格数据的问答交互可以显著地提高对结构化信息的综合使用效率。

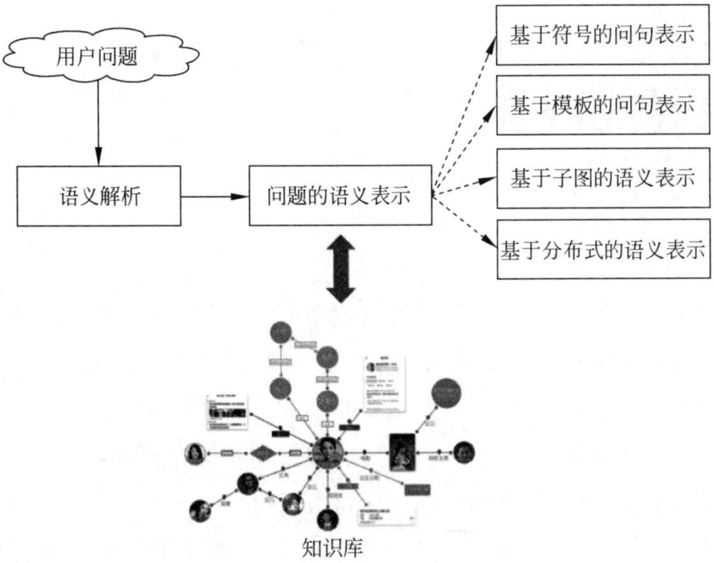

图 3-21　基于知识图谱的问答系统

3）文本问答

文本问答是指从文字信息中寻找答案，与传统的文本信息检索任务不同，文本问答返回的内容不是相关的文本数据集合，而是直接包含答案信息的文本数据，甚至能够准确识别出文本数据中具体的答案句子或文字片段。按照问答系统返回结果的颗粒度，文本问答系统主要包括答案句子选择和机器阅读理解两大类任务。

在答案句子选择任务中，把文字转换为句子集合，对每个句子项目进行打分排序，选择得分最高的句子作为数据结果；在阅读理解任务中，目的是从文本中寻找能够作为问题答案的短语，后台算法首先对文章按短语进行切分，然后对问题答案短语进行排序，或进行是否和问题相关的序列标注。

4）社区问答

社区问答是面向问答社区平台上的＜问题，答案＞对构成的数据集合进行数据查询的问答任务。问答社区可以看作一个大型的开放知识库，构建面向问答社区数据的问答系统，可以帮助用户查询到与所关注问题最近似的问答记录。

用户所提出的大多数业务问题可以基于问答社区平台上存量的记录予以答复，对于存量记录不能覆盖的问题需求，再由用户主动发起提问。对于社区平台的问答系统，需要计算用户提问与知识库中问题的相似度，以及用户提问和知识库中所有问答对答案的相似度作为参考条件。

第4章

从数据中寻找规律

本章和第5章，将介绍如何面向具体的数据对象开展数据分析，使用数据科学技术，从数据资源中提炼出关键的业务信息和业务知识。这些数据科学技术包括从数据中发现规律和从数据中构建模型两大类思路，本章则主要介绍前者的主要技术方法。

人们通过观察数据和描述数据，结合数据所表现出的不同方面的统计特征来呈现客观事实现状及事实背后的事态发展逻辑和脉络，在这方面已经有千百年的实践经验历史。从企业经营管理活动方面看，自从大规模地引入了业务信息系统和电子办公软件，同时业务数据的记录、存储和处理的成本不断下降，管理者对企业经营数据的分析范围已经从最基本的财会数据，逐渐拓展到更加宽泛的业务领域。

做数据分析不仅是为了满足对账、分账的需求，而且是为了客观准确地描述企业发展现状，以及时发现企业经营问题，并为企业的未来发展决策提供可靠的建设性工作思路。

从数据中寻找规律的重点在于“探索未知”，即利用数据科学的方法从所掌握的数据原料中尽可能地还原人们所关注的业务真相，包括揭示业务发展现状、探索关键事件之间的联系和因果关系、验证某个事件的真伪，以及业务指标未来的发展变化趋势等。

所谓“格物致知，以数明理”，讲的就是这个实践过程。这一大类的数据分析方法重点在于数据规律的发现和业务启发，基于“人机结合”的方式开展数据分析活动。数据分析的目的是从数据中提炼出有价值的知识，这些知识被人理解，然后加以业务运用。

4.1 对数据的客观描述：统计分析

使用统计分析的方法，可以通过一些常用的统计量指标，对目标数据集合进行定量描述和标记，从数据域的视角呈现业务对象的本质特征，展示其总体、宏观的业务信息。本节从基本分析、维度分析、样本分析3个方面对数据的客观描述方法进行介绍。

4.1.1 基本分析

1. 基本统计量

基本统计分析是指面向简单数据集合的统计量，不考虑数据样本的多维特征及随时间变化的特征，包括数据量、最大值、最小值、均值、方差、标准差、众数、中位数、1/4 及 3/4 分位数等。尽管这些统计量的内涵在数学原理上相对简单，但是在企业日常业务分析中，往往具有更强的实用性和更广泛的使用频率。

使用这些统计量可以客观地描述目标业务现状，并帮助业务人员得到一些指导性的分析结论。需要注意的是，这些统计量由于太过“常识化”，其有意或无意地被滥用，很容易引导数据对象的受众用户产生想当然的误导性结论。例如，均值和中位数之间的混淆错用，以及极端的最大值和最小值带来的认知偏差。

基于更深层次的思考，人们关注这些统计指标的取值，本质上是关注其代表的数据总体的统计分布。通过对数据样本统计指标的观察，可以间接“感知”到数据总体的重要信息，如图 4-1 所示。

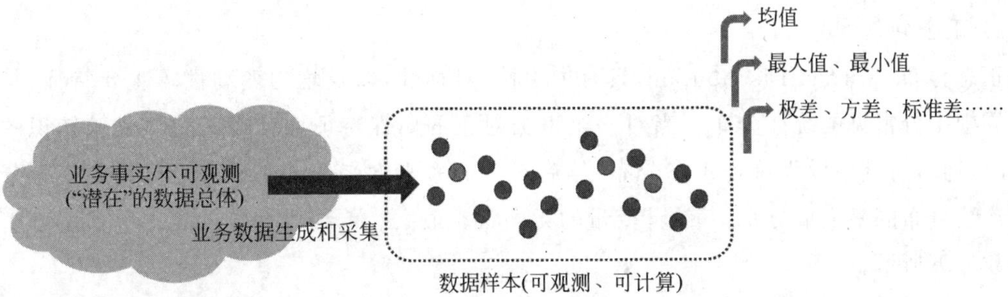

图 4-1　数据样本统计指标与数据总体信息的关系

对于某个数据集合来讲，知道越多统计量的取值，就相当于了解越多关于数据样本及样本背后数据全貌信息。选择合适的统计量代表原始数据集合本质上也是一种有效的数据压缩方式。例如在电商行业中，当对两个同品类产品 A 和 B 的质量进行比较时，通常会对产品的在线评论打分进行计算分析，以两个产品的打分均值 μ_A、μ_B 和方差 σ_A^2、σ_B^2 作为典型的分析指标。

除了均值和标准差之外，变异系数(Coefficient of Variation)也是常用的重要统计量。变异系数称为标准离差率或单位风险，同方差一样，是用来衡量数据离散程度的重要统计量。方差只能用来描述和比较量纲一致的两个数据集合，而变异系数则不受量纲一致性的条件约束。变异系数的计算公式如下：

$$C_v = \frac{\sigma}{\mu} \tag{4-1}$$

2. 常见统计分布

在很多情况下，为了更好地对数据对象的结合进行总体描述，需要对其进行概率建模，即假设数据集合来自某一特定概率模型，然后通过统计推断的方法对概率模型中的参数进行准确有效估计。

在对数据集合进行概率建模时，首先要确定概率模型的统计分布类型。不同统计分布反映数据点在数值空间上不同的出现位置规律。在数据分析实践中，可以通过观察数据对象的形态特征或基于对业务问题的理解确定统计分布。常见的统计分布如下。

1）均匀分布

均匀分布（Uniform Distribution）是在某一区间内，所有位置的概率密度都是等同的统计分布。均匀分布是形式最简单的统计分布类型，其概率密度值与区间的位置无关，只与区间间隔大小有关系。均匀分布的概率密度函数如下所示。

$$f(x) = \frac{1}{b-a}, \quad a < x < b \tag{4-2}$$

2）正态分布

正态分布（Normal Distribution）具有集中性、对称性，以及均匀变动性等主要特征，是自然界中十分常见的统计分布。当对一个事务对象的属性特征取值没有过多先验知识的判断时，通常将其假设为符合正态分布，然后对其概率密度函数的参数进行估计。正态分布是连续分布的最大熵分布，其统计变量的无序状态最大。单维度变量的正态分布概率密度函数如下所示。

$$f(x) = \frac{1}{\sqrt{2\pi}\sigma}\exp\left(-\frac{(x-\mu)^2}{2\sigma^2}\right) \tag{4-3}$$

3）指数分布

指数分布（Exponential Distribution）的主要特点是无记忆性，该特点主要体现在对时间变量的预测分析场景中。所谓无记忆性，是指某事件未来发生的时间间隔与当前已经流逝的时间间隔没有相关性。

指数分布在和时间周期相关的数据分析问题中具有非常广泛的应用，例如电子元器件等复杂系统的寿命预测及客户到店访问的时间间隔预测等。指数分布是伽马分布和威布尔分布的特殊情况，其概率密度函数如下所示。

$$f(x) = \lambda e^{-\lambda x}, \quad x > 0 \tag{4-4}$$

4）幂律分布

幂律分布(Power Law Distribution)具有长尾的分布特征，即数据特征的取值集中分布在高点位置。著名的 Zipf 定律（少数词可以涵盖语料库中的绝大多数的用词场景）与 Pareto 定律（少数人的收入要远多于大多数人的收入）都是描述幂律分布的重要统计规律。幂律分布对“名次-规模”“规模-频率”具有极端统计特征的数据集对象具有很好的表示效果。幂律分布的概率密度函数如下所示。

$$f(x)=cx^{-\alpha-1},\quad x\to\infty \tag{4-5}$$

4.1.2　二维度分析

维度分析是对高维数据的各属性项之间的关系进行分析的方法。通过维度分析，可以帮助人们筛选出有价值的数据特征，提高被分析数据对象底层业务规律的认知和理解。维度分析中常见的数据分析方法包括相关性分析和时间序列分析。

1. 相关性分析

相关性分析是用来衡量高维数据对象的属性之间相关性强弱的评估方法，两个属性之间的相关性越强，它们之间蕴含的“共有信息”就越大，即其中一个属性的取值对另一个属性的取值的参考意义也越大。

对数据进行相关性分析，可以帮助分析人员探索数据所描述对象的底层基本规律，从而进一步帮助分析人员对数据进行建模，以及基于数据建模结果对数据属性进行预测。

例如，当用户想对某个数据指标进行预测时，由于数据记录中该指标涉及的属性特征有很多，通过相关性分析，可以判断哪些属性真正对需要被预测的数据指标产生显著性的影响，从而将其包含在相应的预测模型中。下面介绍 3 种常见的相关性指标，即 Pearson 相关系数、Spearman 相关系数、Kendall 相关系数。

1）Pearson 相关系数

Pearson 相关系数用来衡量两个变量（数据属性）之间的线性相关性，当属性之间存在明显的线性相关性时，用散点图可以明显地看出数据坐标点会分布在一条直线的附近区域。Pearson 相关系数是最常用的相关系数之一，适用于属性取值接近正态分布的数据集合的分析。该相关系数的定义来自协方差 $\mathrm{Cov}(X_i,X_j)$，协方差可以有效地呈现两个变量变化的程度和方向的一致性。Pearson 相关系数是标准化的协方差取值，以 i、j 为属性编号，具体计算方式如下：

$$r_{ij}=\frac{\sum X_iX_j-\dfrac{\sum X_i\sum X_j}{N}}{\sqrt{\left(X_i^2-\dfrac{(\sum X_i)^2}{N}\right)}\sqrt{\left(X_j^2-\dfrac{(\sum X_j)^2}{N}\right)}} \tag{4-6}$$

r_{ij} 的取值在$-1\sim1$,当取值越接近于-1或1时,两个属性之间的线性相关性越明显,当取值接近于0时,两个属性之间几乎不存在线性相关性。具体参考值见表4-1。

表 4-1　Pearson 相关系数含义参考

相　关　性	负　　值	正　　值
不相关	$-0.09\sim0$	$0\sim0.09$
低相关	$-0.3\sim-0.1$	$0.1\sim0.3$
中等相关	$-0.5\sim-0.3$	$0.3\sim0.5$
显著相关	$-1.0\sim-0.5$	$0.5\sim1.0$

2）Spearman 相关系数

Spearman 相关系数是一种非参数性质的秩统计量,所谓"秩"就是变量的取值在数据集合中的排序位置编号。与 Pearson 相关系数不同,Spearman 相关系数描述的是属性变量之间的单调关系,而非一定是线性关系,具有更加宽泛的适用范围。

Spearman 相关系数描述的是分级定序变量,当属性变量的取值不符合正态分布的随机性规律时比较适用。Spearman 相关系数的取值范围也在$-1\sim1$,假设两个属性之间的相关系数为1(或-1),那么对于数据集合中的任意两对数据 X_i^m,X_j^m 和 X_i^n,X_j^n(m,n 为样本编号,i,j 为属性编号),有 $r(X_i^m)-r(X_i^n)$和 $r(X_j^m)-r(X_j^n)$总是同号(或异号)。假设 d_i 为第 i 对属性取值的等级差值,则 Spearman 相关系数的具体计算公式如下:

$$\rho_{ij}=1-\frac{6\sum_{i=1}^{N}d_i^2}{N(N^2-1)} \tag{4-7}$$

3）Kendall 相关系数

Kendall 相关系数也是用来描述不符合正态分布的属性值的统计量,属于非参数统计量。在实践中,Kendall 相关性通常比 Spearman 相关性更强健和有效。当样本量较少,或者数据集合中存在异常值时,通常首选 Kendall 相关系数。Kendall 相关系数的计算公式如下:

$$\tau=\frac{C-D}{N(N-1)/2} \tag{4-8}$$

C 为一致的数据对数量,D 为不一致的数据对数量,公式中的标准化系数为总的数据对数量。

2. 时间序列分析

时间序列分析是指面向具有时间维度信息的序列数据的集合进行分析的方法。人们通过时间序列分析方法来发现某个特定属性值在时间轴上的变化规律和变化趋势，对事件的未来发展走势获得有价值的预测性结论。常见的时间序列分析场景主要包括宏观经济分析（股票指数预测、石油价格预测、汇率预测、利率预测、房价预测等）及市场分析（用户增长预测、产品销量预测、电影票房预测等）。

时间序列分析关注数据对象在 4 个维度上的统计规律，即长期趋势、季节变动、周期变动及平稳性（随机性）。

1）长期趋势

长期趋势是指在长期范畴内，目标数据对象属性值朝着一个方向持续上升、下降，或平稳不变的倾向，长期趋势反映了时序数据所描述的客观事物的主要发展规律。时序数据的长期趋势通常可以采用趋势曲线进行表示。确定趋势曲线的典型方法包括加权移动平均法（Weighted Moving Average Method）和最小二乘方法。基于加权移动平均法得到的趋势曲线如图 4-2 所示。

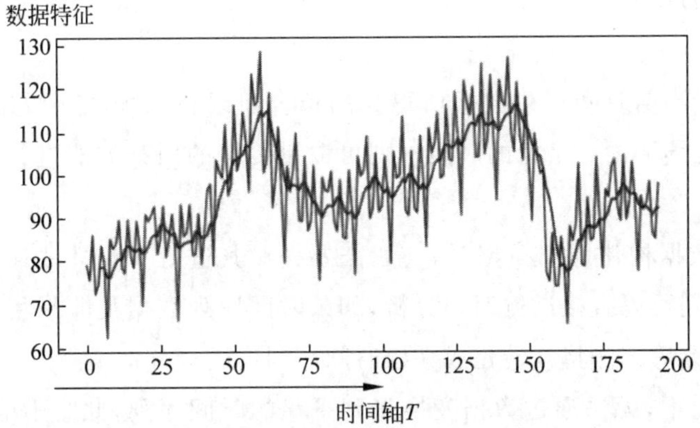

图 4-2　时序数据的趋势曲线

加权移动平均法可以消除时间序列过程中的波动信息，称为时间序列的光滑。n 阶加权移动平均的计算公式如下：

$$\frac{x_{t_1}+x_{t_2}+\cdots+x_{t_n}}{n},\frac{x_{t_2}+x_{t_3}+\cdots+x_{t_{n+1}}}{n},\frac{x_{t_3}+x_{t_4}+\cdots+x_{t_{n+2}}}{n},\cdots \tag{4-9}$$

在数字化应用方面，企业的高层管理者会关注重要业务指标的长期变化趋势，以便提前对业务的未来变动走向进行干预调节。

2）季节变动

季节变动是指时间序列反映出与季节时间节点相关的变化规律，在季节性变动的作用下，时间序列在相继年份的对应月份通常会遵循某种相似的趋势。测定季节变动，一般需要至少 5 年以上的时间序列数据，常用的方法有原始资料平均法、移动平均趋势剔除法等。

零售百货行业中很多企业的经营状况有明显的季节变动规律，在节假日期间，通常会有更高的用户消费水平。此外，农作物的产量也会受到季节变动的影响，随着季节的变化，降水量和温度这些影响农作物生产的关键变量都会呈现出相应的规律性变化。季节变动因素可以帮助管理人员更好地理解异常值产生的原因，相应地，如果能够消除时间序列数据中的季节变动因素，则有助于揭示业务活动更加真实的发展情况。

3）周期变动

周期变动通常是指时间为 1 年以上，由非季节性因素引起的相似的变动规律，通常来讲，地质活动、经济指标、气候环境都具有比较明显的周期变动特征。与季节性变动相比，周期性变动的时间序列数据的时间规律间隔相对随机，并且时间间隔更长。此外，由于周期变动的规律比较隐晦，因而不太容易被发现。

如果能通过统计分析方法准确地挖掘出事件的周期性变化规律，则可以帮助决策者有效地把握长期的事件走向，进行合理的提前干预和决策调整，制定出面向未来业务发展更具针对性的总体战略规划。

4）平稳性

平稳性是指基于当前时间序列数据所得到的拟合曲线在未来的一段期间内仍能顺着现有的规律“惯性”延续下去。平稳的时间序列可以用传统的回归方法进行预测，得到的预测结果相对可靠。

在对时间序列数据构建回归模型时，一般需要先对其进行平稳性评估，如果时间序列数据的平稳性较好，则可以直接进行回归分析，如果时间序列数据是非平稳的，则在技术上需要通过差分、取对数等方法将其转化成平稳时间序列再进行分析预测。

在一些特殊情况下，无法通过数据变换得到平稳的时间序列，此时不能进行数据的回归分析，需要采取特殊的预测技术，此时数据分析难度较大。绝大多数股票数据是非平稳的时间序列，因此对股票数据的预测依然缺乏传统、可靠的预测技术。非平稳时间序列的股票数据如图 4-3 所示。

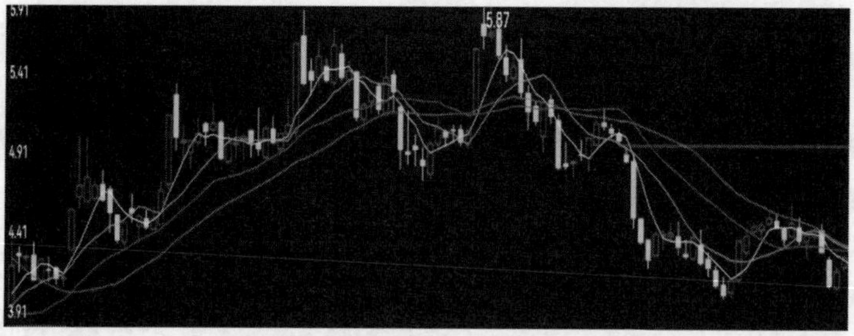

图 4-3　非平稳时间序列的股票数据

平稳性包括强平稳和弱平稳两种情况，其中，强平稳要求该时间序列的任何统计性质都不会随着时间的变化而发生变化，在现实中，满足强平稳性条件的情况比较少见。相比来讲，弱平稳性质的使用情况更加普遍，即只要数据的均值和方差不随时间和位置变化即可。

对时间序列数据的平稳性进行检验的方法包括图形分析方法和假设检验方法，其中，图形分析法对时间序列数据或基于时间序列数据计算的统计量进行绘图，通过对图像特征的观察来判断时间序列的稳定性。例如，可以记录时间序列数据的均值、方差、协方差等关键统计量，观察其是否随时间的变化而发生显著变化。

在平稳性的假设检验方法中，比较主流的一种为单位根检验。该方法可检验时间序列数据中是否存在单位根，若存在单位根，则为非平稳序列，如果不存在单位根，则为平稳序列。ADF 检验（Augmented Dickey-Fuller Testing）是最常用的单位根检验方法之一，该方法能适用于高阶自回归过程的平稳性检验，引入了更高阶的模型滞后项。此外，PP 检验和 DF-GLS 检验也是常用的平稳性假设检验方法。

4.1.3　位置分析

相比维度分析用来分析数据集合中数据对象属性之间的关系，而位置分析则是为了分析数据对象与数据对象之间的空间分布。维度分析和位置分析二者分别是从“列”和“行”的视角观察和理解数据表的信息内容。

把数据对象看作数据空间中的坐标点，通过聚类分析或离群点分析，可以将数据对象按照空间距离的准则进行初步划分，帮助数据分析人员理解数据集合的群组性质。作为一类启发式的分析方法，位置分析方法能够让数据分析人员关注到不同的数据子集或特殊的数据对象，为后续的深入分析做好基础工作。

1. 聚类分析

聚类分析是常用的探索性分析方法。分析人员可以把所需处理的数据集合通过算法自动划分为多个子集部分。每个子集内的数据对象在数值空间上具有邻近性，子集与子集之间的数据则在空间上距离尽可能地分离。从业务视角看，同一子集内部的数据对象在基本性质上有相似性，可以采用相同的方法进行分析。

聚类分析最典型的应用之一就是研究市场结构。通过聚类算法，处理全量特征（基本信息、行为数据、消费数据）的用户数据，可以挖掘出不同的消费者亚群体。分析人员可以通过对聚类分析的观察，对每个子集的用户对象添加业务画像标签，或者分别对其进行更具有针对性的消费者行为建模。

聚类分析的底层逻辑是“分而治之”的数据科学思想，对于复杂的数据对象，通常难以直接找到数据分布的统计规律。通过先聚类、再分析的数据处理流程，可以对原始问题进行拆解和简化，更有利于数据规律的发现。聚类分析包括基于距离的聚类方法、基于密度的聚类方法、基于模型的聚类方法等。

1）基于距离的聚类方法

基于距离的聚类方法主要包括 k-means、层次聚类和谱聚类等方法，针对数据对象之间的距离远近来确定属于同一个子类集合的数据对象。

k-means 聚类方法操作十分简单，基于迭代的原理不断寻找聚类中心和聚类点。k-means 方法中首先需要指定数据对象的类别个数 n，然后随机指定 n 个初始的聚类中心位置；之后，根据最邻近原则，把全部数据对象划分到各个数据中心对应的数据类别；然后，计算每个类别数据对象群体更新后的数据中心。该过程循环往复，直到各类别的数据中心位置保持相对稳定，算法结束。

基于 k-means 的聚类方法执行效率高，操作便捷，因此在聚类分析时比较常用，但是该方法的瓶颈在于算法输出结果对初始聚类中心的选择及聚类个数的选择具有较大的依赖性和敏感性。数据分析人员如果对数据集的统计分布缺乏足够的先验信息判断，则可能需要投入较多的数据探索时间成本。k-means 算法的技术效果如图 4-4 所示。

层次聚类是一种逐步聚类的过程型聚类方法，包括自底向上和自顶向下两种聚类策略。在自底向上方法中，把每个数据对象分别看作单独的分类，然后根据各个类别之间的邻近关系对类别进行逐步骤的合并，最后把所有数据对象划分到一个类别中。自顶向下的方法与之相反，首先把所有数据对象看作一个类别，然后不断拆解成每个数据单独成一类的情况。

层次聚类的好处在于一次性把所有类别个数的聚类结果全部生成，一旦算法完成，后续可以根据实际分析需要，交互式地选择查看对应类别数量的聚类情况。层次聚类算法的关键在于如何设计和构建数据对象距离与数据类别距离之间的数值函数关系。层次聚类算法的技术效果如图 4-5 所示。

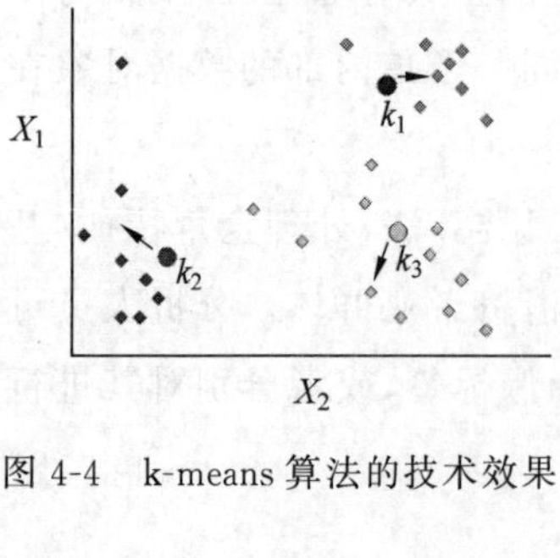

图 4-4　k-means 算法的技术效果

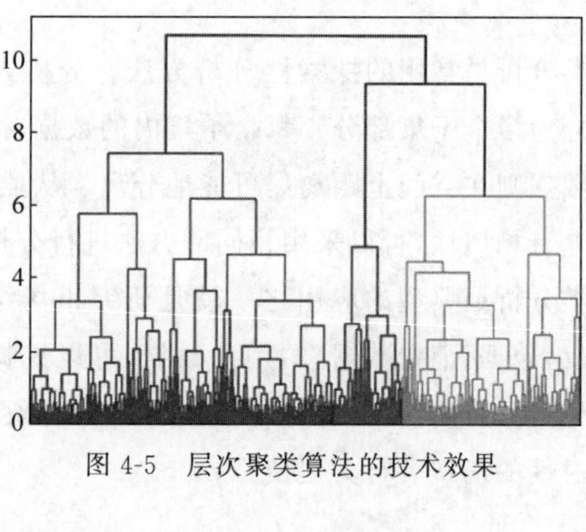

图 4-5　层次聚类算法的技术效果

在 k-means 聚类和层次聚类算法中，数据对象的距离度量表示方式十分重要。距离度量包括基于距离的直接定义方法和基于相似度的间接定义方法。

其中，基于距离的定义方法有欧氏距离(Euclidean Distance)：

$$\text{dist}(X,Y)=\sqrt{\sum_{i=1}^{D}(x_i-y_i)^2} \tag{4-10}$$

明可夫斯基距离(Minkowski Distance)：

$$\text{dist}(X,Y)=\left(\sum_{i=1}^{D}|x_i-y_i|^p\right)^{\frac{1}{p}} \tag{4-11}$$

曼哈顿距离(Manhattan Distance)：

$$\text{dist}(X,Y)=\sum_{i=1}^{D}|x_i-y_i| \tag{4-12}$$

切比雪夫距离(Chebyshev Distance)：

$$\text{dist}(X,Y)=\max|x_i-y_i| \tag{4-13}$$

马氏距离(Mahalanobis Distance)：

$$d(X,Y)=\sqrt{\sum_{i=1}^{D}\frac{(x_i-y_i)^2}{\sigma^2}} \tag{4-14}$$

基于相似度的间接距离定义方法是指计算两个数据取值的相似性程度(相似权重)。两个数据之间的相似度取值越大，其相应的距离越小。基于相似度的距离定义有

余弦相似度(Cosine Similarity)：

$$\text{sim}(X,\text{Y})=\frac{X\cdot Y}{\|X\|\cdot\|Y\|} \tag{4-15}$$

Jaccard 相似度(Jaccard Coefficient)：

$$\text{Jaccard}(X,Y)=\frac{X\cap Y}{X\cup Y} \tag{4-16}$$

谱聚类(Spectral Clustering Method)是一种从图演化而来的基于距离的聚类方法。该方法的计算速度更快，并且对被分析数据集合的约束条件较少。谱聚类方法首先把数据点映射成一张图的结构，图中的点对应于数据集中的数据对象，图中数据点之间边的权重基于数据点之间的距离度量进行确定。

假设数据对象 x_i 和 x_j 之间的距离为 s_{ij}，基于数据对象距离的权重定义方法主要包括以下几种类型。

ε-近邻法：

$$w_{ij}=\begin{cases}0, & s_{ij}>\varepsilon\\ \varepsilon, & s_{ij}\leqslant\varepsilon\end{cases} \tag{4-17}$$

k-近邻法：

$$w_{ij}=w_{ji}=\begin{cases}0, & x_i \notin \mathrm{knn}(x_j), \quad x_j \notin \mathrm{knn}(x_i) \\ \dfrac{1}{s_{ij}}, & \text{其他}\end{cases} \tag{4-18}$$

全连接法：

$$w_{ij}=w_{ji}=\mathrm{e}^{-\frac{1}{2}[(x_i-x_j)^{\mathrm{T}}\Sigma^{-1}(x_i-x_j)]} \tag{4-19}$$

谱聚类通过对图进行子图切割的方法决定聚类结果，常用的子图切割算法有 RatioCut 切割法和 NCut 切割法。子图切割的目标是让切图后不同子图间的边权重之和尽可能小，同时，子图内的边权重之和尽可能大。通过图切割进行谱聚类的算法过程如图 4-6 所示。

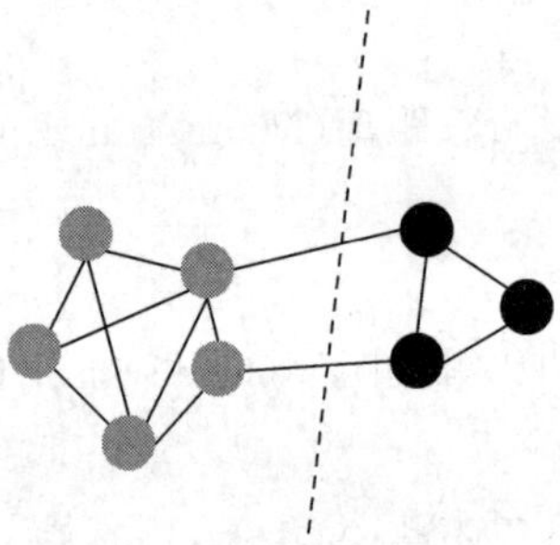

图 4-6　基于图切割策略的谱聚类技术

2）基于密度的聚类方法

DBSCAN(Density-Based Spatial Clustering of Applications with Noise)是一种基于密度的聚类方法，该方法可以充分考虑到数据集中的噪声因素。DBSCAN 方法从一个起始的数据点开始，不断感知邻域数据样本的分布密度。如果某个数据点在特定邻域内的密度大于预先设定的阈值，则该数据点就可以被合并到当前聚类子集中。

在聚类过程中，上述的探索过程不断前进往复，直到确定出高密度数据区域与低密度数据区域之间的聚类边界位置。基于密度的 DBSCAN 聚类算法技术效果如图 4-7 所示。

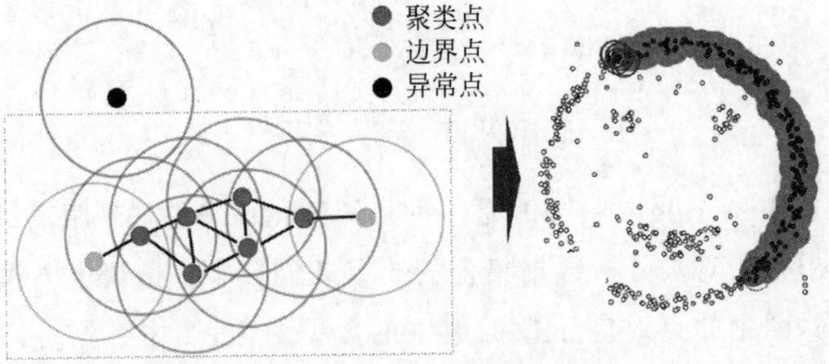

图 4-7　基于密度的 DBSCAN 聚类算法

DBSCAN 有很多应用上的优点。该算法不需要预先指定聚类输出结果的类别个数，对聚类的大小和形状处理也非常灵活。此外，该算法还能有效地识别到数据集中存在的异常值。尽管在使用 DBSCAN 建模时只需配置两个参数，但是聚类结果对参数选取的敏感度较大，在算法的调参时存在一定困难。

3）基于模型的聚类方法

基于模型的聚类方法在聚类的过程中融入了分析人员的先验知识，该方法假定被分析的数据集合是通过 N 个概率模型随机生成并混合的结果。聚类的目的是从混合的数据结果中把来自不同概率模型的数据对象“剥离”出来。

混合高斯模型(Gaussian Mixed Model)是最常见的基于模型的聚类模型之一，该模型假设当前数据集由多个均值和方差都不同的高斯模型随机生成的数据相互混淆融合而成。对数据进行聚类的目的是确定不同高斯分布的均值和方差。

求解高斯混合模型参数的方法一般采用E-M(Expectation-Maximization)算法。该算法的基本思想是，首先根据已经给出的观测数据，估计出模型参数的值，然后依据上一步的参数估计结果猜测缺失数据；之后，再结合缺失数据取值重新对模型参数值进行估计。反复迭代，直到参数收敛。

2. 离群点分析

离群点分析是为了通过数据挖掘算法自动发现数据集合中异常的数据对象，这些异常的数据对象在数值空间分布上和大多数的数据对象存在明显差异。在数据集合中，产生离群点的情况有两种：一是所采集数据的测量误差(如传感器的失灵或系统日志的报错)，二是来自产生数据的业务对象本身的行为异常。

离群点有可能是无意义的干扰数据，也有可能是分析人员真正感兴趣的具有特殊业务含义的数据点，后者需要格外予以重视。

例如，在基于用户对网络应用的单击行为进行产品体验分析时，某些无意义的操作行为很可能是用户的误操作或因为不熟悉产品的随机操作。在进行用户行为画像分析时，可以作为噪声数据被提前予以剔除，而在金融类业务中，当发现少数异常交易模式产生的离群点时，很可能预示着潜在的资金诈骗风险，相应的交易记录需要被监管部门重视并提前采取干预措施。找到离群点不是最终目的，更关键的是要理解离群点背后的业务含义。

对于时间序列数据和高维数据的分析，离群点的发现都具有非常大的技术挑战性。在时间序列数据中，由于数据本身具有周期性波动规律，需要剔除这些底层的时间序列趋势带来的数值偏移，才能更准确地识别离群点对象，而对于高维数据来讲，离群点的确定过程更加复杂，有些数据对象仅在特定子维度上才称得上离群点，因此判断一个数据对象是否为离群点，与数据集合的“观察角度”密切相关，从哪些维度来“投影”数据是非常关键的技术变量因素。

离群点分析主要包括基于统计分布的离群点检测、基于距离的离群点检测，以及基于密度的离群点检测等方法。

1）基于统计分布的离群点检测

基于统计分布的离群点检测对数据集合进行统计建模，获得产生当前观测数据的概率模型。可以假设产生数据的概率模型符合正态分布、泊松分布或二项式分布等，并基于数据样本进行模型的参数（均值或方差）估计。

在求解目标数据集的概率模型参数的基础上，接下来依次对各个数据对象进行不和谐检验。例如，可以设计离群点的判别规则，当数据对象的取值偏离均值 3 个标准差时，被检测的目标数据对象被判定为离群点进行输出。

2）基于距离的离群点检测

基于距离的检测叫作基于邻近的离群点检测。对于基于距离的离群点检测方法，离群点被定义为远离绝大部分数据对象的数据点。在该方法中，需要对这里所描述的“远离”及“绝大部分”进行客观的数值定义。

例如，可以设置两个阈值 pct 和 dmin，并设计判定数据点是否为离群点的分类规则，例如，如果数据集合中超过 pct% 比例的数据与当前数据点的距离大于 dmin，则认为该数据点为离群点。

3）基于密度的离群点检测

基于密度的检测算法可以识别出基于距离的离群点不能发现的离群点类型，即局部离群点。局部离群点不要求目标数据对象对整个数据集合总体表现出远离的特性，而是相对于大多数局部邻域内的数据点是远离的。

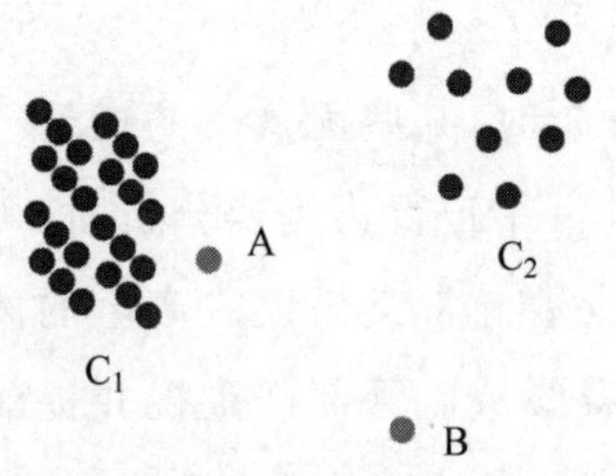

图 4-8　适合采用基于密度的离群点检测算法的场景

如图 4-8 所示，点 B 是相对于整个数据集合的离群点，此点通过基于距离的离群点检测算法可以发现，而点 A 是局部离群点，就很难识别。在基于距离的检测算法基础上，如果要通过调整 dmin 来识别到 A，则 C_2 中的数据点都会被误判为离群点。这类特殊的离群点分析场景就非常适合使用基于密度的检测算法，该场景如图 4-8 所示。

该算法要求对局部离群点因子（Local Outlier Factor, LOF）进行计算。LOF 用于衡量数据对象是否偏离数据集中的大部分数据位置。在计算 x 的 LOF 值时，首先要定义 x 到 x 的可达距离（Reachability Distance, RD）：

$$\mathrm{RD}_k(x, x') = \max\{\|x - x^{(k)}\|, \|x - x'\|\} \tag{4-20}$$

上式中 $x^{(k)}$ 是 x 的第 k 邻近样本，而 x 到 x' 的可达距离是指，如果 x' 比 $x^{(k)}$ 距离 x 更近，则直接使用 $\|x - x^{(k)}\|$ 作为距离。基于可达距离的定义，x 的局部可达密度可由下式进行定义：

$$\mathrm{LRD}_k(x)=\left(\frac{1}{k}\sum_{i=1}^{k}\mathrm{RD}_k(x^{(i)},x)\right)^{-1} \tag{4-21}$$

局部可达密度(Local Reachability Density,LRD)表示 $x^{(i)}$ 到 x 的可达距离的平均值的倒数,可以有效地反映 x 的局部数据密度。

最终,基于局部数据密度的表示,数据对象 x 的局部异常因子由下式定义:

$$\mathrm{LOF}_k(x)=\frac{\frac{1}{k}\sum_{i=1}^{k}\mathrm{LRD}_k(x^{(i)})}{\mathrm{LRD}_k(x)} \tag{4-22}$$

上式中 LOF 取值越大,则目标数据点的离群点程度越高。基于密度的局部离群点检测方法能在样本空间数据分布不均匀的情况下也可以准确地发现离群点,数据分析人员可以通过设置模型的参数 k 来调整算法发现的异常值结果。

4) 基于弱监督的离群点检测

上述介绍的离群点检测方法,无论是基于模型、距离,还是密度,都没有引入相关的先验信息,仅仅从所观测数据的空间位置进行判断。但是在很多场合下,一个数据对象是否为离群点并非完全由空间位置来决定,而是由业务端的实际情况决定,因此,需要采取有监督的数据来对数据对象进行离群点识别标注,特别是基于弱监督的方法。

弱监督的方法假定已经掌握了一些有离群点标注的数据集,从中能够确定一些正常样本和异常样本,然后,对未知数据集中的数据对象是否为离群点进行分类判断。在离群点分类中,需要分别计算正常样本的概率密度 $p'(x)$ 和测试样本的概率密度 $p(x)$,并计算二者的概率密度比:

$$w(x)=\frac{p'(x)}{p(x)} \tag{4-23}$$

如果密度比接近于 1,则认为是正常样本,如果密度比和 1 差距很大,则认为是异常样本。

4.2　从数据中提取知识:规则挖掘

通过数据分析技术除了可以从数据资源中获得基本的统计特征,并通过这些统计特征呈现相对“表象”的业务信息,还可以通过数据挖掘算法自动地从数据中提炼出可以被理解的业务规则知识。这些规则可以告诉我们基于观察到的事件或现象可能推理出的新的相关事件或现象,可以用于直接指导生产实践,加深对现有业务场景的综合理解,并启发关键的商业洞察。

4.2.1 知识规则挖掘方法

规则挖掘方法与一般的统计建模方法不同，从数据中得到的业务规则本质上是显性知识。在实践中，这些显性知识可以和专家的业务经验有效结合，完善企业内部的知识体系，提高企业的知识管理和知识创新能力。通常来讲，一个完整的规则包括“规则前件”和“规则后件”，其中规则前件是指规则中的前提条件（Condition），规则后件是指依据该前提条件可以推理得到的新结论。

1. 传统的规则挖掘方法

面向表格的数据挖掘是传统的数据挖掘方法。数据科学家通过 Apriori 和 FP-Growth 等关联规则挖掘算法在企业的数据仓库或数据集市的结构化表格数据中直接进行规则的自动挖掘。关联规则挖掘算法的基本原理是找到数据集合中的频繁项，并对频繁同时出现的属性值组合进行自动化挖掘识别。

例如，消费场景中“牛奶、面包、果酱”这 3 种商品在购买记录中具有较高的共现频率，类似地，在医疗诊断场景中“牙龈出血、牙齿松动、慢性牙周炎”这些症状和口腔疾病的组合情况在就诊记录的病例数据中也十分常见。知识规则可以从频繁项中提取产生，其中，规则的条件和结论都是频繁项的属性特征子集。面向给定事务数据集的 Apriori 频繁项挖掘算法如图 4-9 所示。

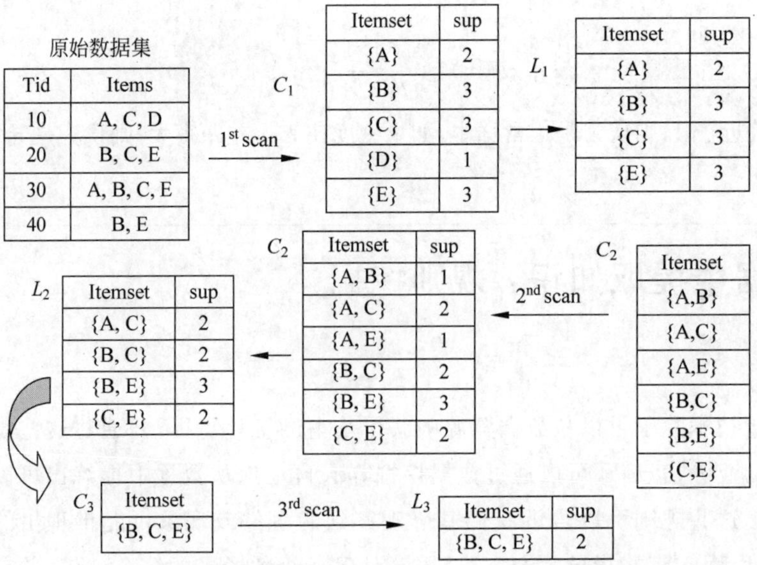

图 4-9　给定事务数据集的 Apriori 频繁项挖掘算法

为了能够通过关联规则挖掘算法提取出有价值的业务规则，需要选取可靠的规则评价标准，常用的评价标准包括支持度、置信度和提升度。假设某一条规则为“A→B”，其中A为规则前件，B为规则后件。那么支持度(Support)是指(A,B)在数据集中的比例；置信度(Confidence)是指(A,B)在包含A的数据子集中出现的比例；提升度(Lift)是指上述置信度与B的支持度的比值，表明前提条件A会以多大程度提高B出现的概率。在进行算法设计时，只要选择合适的支持度、置信度、提升度阈值，就可以筛选出满足保留条件的规则集合，作为新发现的知识规则条目。

2. 其他规则挖掘方法

1）图数据规则挖掘

近些年，随着非结构化数据库的广泛应用，非表格结构的业务数据在企业中的比例不断增加。例如，在很多企业中会采用图数据来表示和存储具有网络结构关系的业务数据，这些图数据的一种非常典型的表现形式是知识图谱。知识规则挖掘的方法不仅可以应用在表格数据中，在知识图谱上也可以执行类似的方法。

AMIE是面向知识图谱的经典规则挖掘算法。该算法通过添加悬挂边、添加实体边、添加闭合边，使这3个操作算子不断迭代，对已有的知识规则库进行自动扩展。AMIE的优点在于，当面对大规模的知识图谱数据时，可以有效克服一般规则挖掘方法下指数级的算法复杂度缺陷。当给定最大规则长度、最小置信度等参数条件时，该方法可以挖掘出图谱中满足条件的连通(规则中的各子条件共享变量或实体)且封闭(规则中的每个变量至少出现两次)的知识规则。

2）模糊规则挖掘

一般的知识规则在“规则前件”和“规则后件”中对客观事物都进行定性描述，因此用于规则推理的事实数据通常也要求是分类数据。例如，常见的规则形式可能是“用户访问网页频率高→用户购买产品意愿强”。然而，在业务系统的数据库中，大多数情况下客观记录的数据更多是定量数据，例如“用户访问商品的次数为2”或“用户年龄等于24”，这就需要考虑如何从定量数据记录中挖掘出可以定性描述的知识规则，并将规则用于定量观测数据的分析应用之上。

从定量的数据记录中提取知识规则的方法叫作模糊规则挖掘技术，基于模糊集合上的隶属度函数的定义，可以通过模糊FP-Tree等算法自动地从数据中提取具有显著性的模糊知识规则。在目标对象的“边缘条件”属性取值上，可以灵活地匹配不同的业务规则，综合分析更多的可能结论，更符合现实中大多数的规则运用场景。

4.2.2 知识规则业务应用

1. 专家系统

如果与智能系统相结合，则这些知识规则可以实现业务活动的自动化和智能化升级改造。基于规则的专家系统(Rule-based Expert System)是早期的人工智能系统形态，也是符号主义流派的重要技术产品。业务专家把基于经验和统计分析形成的业务规则提前录入专家系统的后台知识库中，当系统在运行中接收到具体的业务问题时，根据已知条件，在知识库中进行规则的自动匹配，不断"推理"出新的事实，直到满足"推理"的停止条件。

专家系统中的规则是"IF…THEN…"结构，在IF部分记录的是推理机的前提条件，在THEN部分记录的是基于指定前提条件，机器可以计算得到的新的业务事实。此外，在THEN部分也可以表示基于前提条件机器需要执行的具体业务操作(行为决策)。

尽管机器学习、深度学习、强化学习等基于模型的数据挖掘技术已经不断发展成熟，但是由于显性知识可解释性强，容易理解、维护、评估，并能紧密融合专家的丰富经验进行知识规则的持续优化和一致性验证，基于规则的专家系统在不同领域中仍具有广泛的技术应用。一个典型的专家系统的结构如图4-10所示。

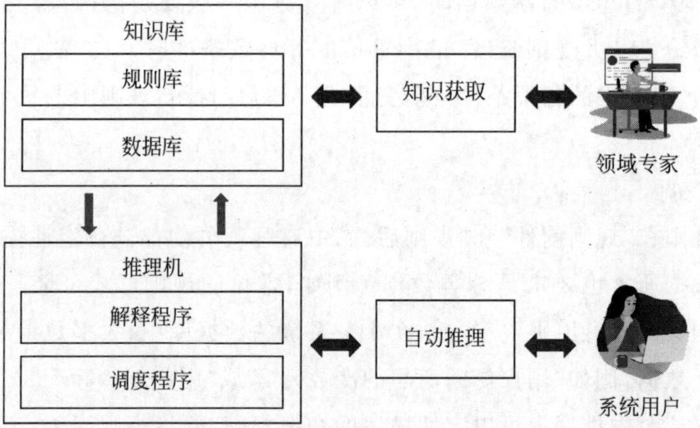

图4-10 基于规则的专家系统的结构

专家系统包括两个交互接口，一是知识获取的交互，二是基于知识的事实推理的交互。

知识获取的方法一种是通过人工录入知识，另一种是上节主要介绍的，通过规则挖掘算法自动获取的知识规则。在实际应用中，两种方法经常结合使用。

专家系统的优点在于具有解释能力，当用户获得系统反馈时，可以很明确地产生该结论的"推理路径"。对于复杂的推理任务，用户甚至可以通过交互接口对推理过程进行干预和调整，观察不同的推理结果可能，而在一般的商业应用中，专家系统通常与用户、产品，以及内容的业务标签组合密切相关，在广告系统、LBS(Location Based Services)推荐系统中，通过配置标签的产生条件和业务执行条件，可以实时地对业务对象进行动态标注和进一步的定制化服务操作。

2. 动态监控

基于数据中挖掘得到的知识规则，除了能够在专家系统中用于复杂业务场景的诊断分析，还可以用于对动态的数据流进行实时监控，并提供有价值的异常告警反馈。

在很多数字化的业务场景中，时效性是非常重要的客观业务要求，在第一时间发现问题可以极大地减少后续处理问题的投入成本。技术层面，通过构建业务信息系统持续采集应用场景中的传感数据，采用集成了知识规则模型的流数据分析模块，可以提供实时的计算结论，以及时发现"异常"情况。

例如，在医疗领域，智能手环是非常典型的健康监测设备。通过给慢性病患者或老年人群体佩戴智能手环，可以24小时不间断地对其心电、血压、血氧等生理信号进行采集和动态分析，结合特定的判断规则，实时地发现用户的健康问题，并针对心梗、中风等突发的生理问题进行快速预警。

在工业领域，使用知识规则对实时数据进行分析，监控一线生产环境并实时提供告警信息，也具有非常重要的应用价值。生产环境中实时采集的传感器数据，通常有一些标准化的经验阈值区间，基于这些阈值区间的规则组合可以提供关于"特殊事件"的重要参考信息。例如，某些业务规则会指出，当数据指标持续超过经验区间时，可能预示着相应的生产故障或安全隐患。

3. 推荐系统

推荐系统在内容平台及电商平台是非常重要的技术应用。基于知识规则，可以在自媒体平台上向用户推荐可能感兴趣的视频，也可以在电商平台上向用户推荐可能会被采纳的产品或服务。在互联网平台上，用户规模通常很大，服务器经常需要承载巨大的业务访问量，基于知识规则的推荐系统具有很高的时效性，同时具有较强的可解释性，易于进行后台的基础配置和管理维护。

在基于知识规则的推荐系统中，首先对用户在平台的操作行为日志进行关联规则分析，形成与用户主题偏好特征相关的知识规则库。之后，在平台运行中，平台后端算法需要对用户的在线行为所触发的事件进行实时分析和实时推荐。

举例来讲，当用户产生某个特定的交互行为事件时，如单击某个链接、输入某个关键词，或将某个特定的商品放入购物车，系统会根据知识库的规则及基于业务经验人为配置的规则，向平台用户推送相应的媒体内容或产品广告链接。

4.3 看图说话：数据可视化之美

通过数据分析方法，可以得到一些定量的数值统计结果，也可以提取定性的业务知识规则，这些都是数据分析结论的具体表现形式，然而，更加常见的一种数据分析结论的表现形式是数据可视化——把数据本身或者基于数据计算分析的结果，用图的形式进行综合呈现，帮助数据分析人员更加直观地感知数据背后的信息内涵。

由于图比文字具有先天更强的信息表达能力，数据可视化技术能够更有效地传达目标业务信息，帮助看图的分析人员更加高效、准确地了解业务现状，甚至从图中的细节发现容易被忽略的事实细节及业务规律。

数据可视化效果在设计时，要遵循一些基本的通用原则，包括简洁性、直观性、可解释性、一致性、无歧义，以及美观性等。下面将从数据可视化的应用场景和数据可视化的具体技术两个方面分别详细介绍。

4.3.1 数据可视化应用场景

在企业的日常生产经营活动中，数据可视化有很多具体的应用场景，为企业中不同类型的用户及不同的业务环节，提供数据分析方面的综合业务支持。数据可视化主要的应用场景包括业务分析报告、交互式分析，以及数据可视化大屏等。

1. 业务分析报告

业务分析报告是比较常见的数据可视化应用场景。在业务分析报告中，业务人员经常需要针对特定的业务主题进行数据分析，并基于数据分析结果得到一些有价值的业务结论和商业洞察，帮助管理者进行有效的经营决策。

在分析报告中，图文并茂是一般性原则。在报告中采用更多的可视化图表，可以增加报告的表现能力，更加直观地传达数据背后承载的业务信息。分析报告的受众在阅读报告时通常也会优先读图，再阅读详细的文字解释，图的表现形式可以极大地提高报告文档的阅读效率。

在生成业务分析报告时，分析人员可以使用 Excel、Power BI、Tableau 等商业软件对表格数据进行简单、快捷的操作来生成柱状图、饼图、折线图、散点图等常见的统计图，并将其复制到报告中对应的位置。除此以外，具有一定编程基础的业务人员也会采用 Python、R 等脚本语言，基于程序代码逻辑自动化地处理数据，直接绘制生成统计图表。

2. 交互式分析

在分析报告的应用场景中，数据可视化是数据分析展示成果的一部分。此外，数据可视化也可以是数据分析的过程性产出，例如数据交互式分析应用。很多企业会基于自身的数据仓库资源，构建大数据分析平台，让用户可以在系统平台上进行实时或准实时的交互式数据分析，进行各种问题的数据分析实验，挖掘业务知识和结论。

数据可视化功能是大数据分析平台的重要组成部分，可以将数据分析的中间结果以不同的可视化布局进行展示，让数据分析人员从不同的维度、粒度对数据查询及数据计算结果进行观察和探索，提高数据挖掘活动的整体效率。

在交互式分析任务中，一般采用搜索、分析、展示这 3 个基本环节来完成整个数据分析任务，其中，搜索是指从数据资源池中确定并筛选出满足条件的数据分析对象，分析是指通过特定的算法对数据对象集合进行计算处理，展示是指对数据的计算处理结果以容易理解的图的形式进行呈现。

一般情况下，分析人员很难一次性得到满意的数据处理结果，因此这 3 个环节可能需要往复迭代，多次执行。交互式分析的基本流程如图 4-11 所示。

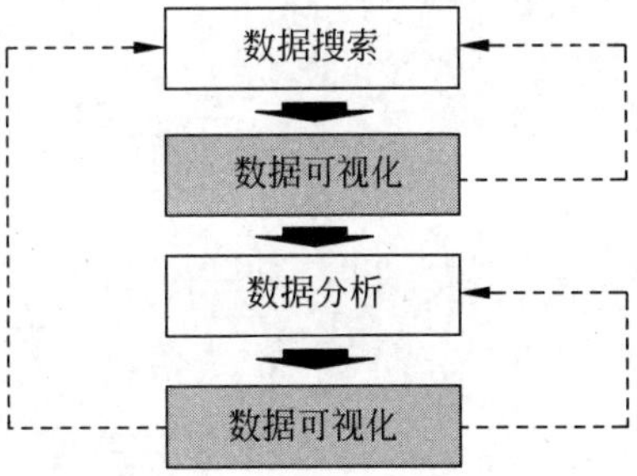

图 4-11　交互式分析的基本流程

无论是数据搜索还是数据分析，每次数据任务执行完后，平台都将自动地按照一种默认的可视化布局来展示数据结果。大多数情况下，默认的可视化结果可能与用户的分析目标并不匹配，不方便进行查看，因此，用户也可以选择其他不同类型的可视化图形进行数据呈现，拓宽数据分析视野，提高对数据结果的理解程度。

从广义上看，和统计分析、数据挖掘方法一样，数据可视化本身也是数据分析的一个主要的技术大类。很多可视化呈现方式的背后需要进行大量的数值计算，例如，一些图形需要通过算法来确定数据点空间布局位置、大小比例，以及颜色深浅等基本显示特征。对于用户选定的可视化图表，可以通过对可视化算法的类型和参数进行自定义的配置，使其符合用户个体对数据结果的观察习惯和数据分析视角。

3. 数据可视化大屏

数据可视化大屏主要是对业务活动的“日常监控”起到重要技术支撑的作用，让业务过程实时可见，满足实时分析、实时决策的数字管理运营能力。

与大数据分析平台不同，数据可视化大屏主要是提供数据的展示功能，在数据分析方面提供的功能较少。数据可视化大屏的终用户端更多是直接观看数据的分析结果，除了对所显示数据对象的范围和主要分析维度进行过滤筛选，一般情况下不对数据处理过程进行太多人为操作干预。

数据可视化大屏可以看作交互式分析的最佳案例实践在展示层的产品形态固化。大屏通常会集中显示多组不同类型的数据统计图，其中，每组统计图面向某一特定的业务主题进行信息呈现，其背后分别对应着一套定制的业务逻辑和相应的数据处理流程。

大多数情况下，数据可视化大屏提供实时的数据处理和数据展示功能，与企业的在线业务系统保持同步。数据可视化大屏可以看作一个展示层的独立的系统模块，可以嫁接在企业现有的业务系统或数据中台上，通常依赖于流数据计算相关的大数据技术框架支撑。数据可视化大屏的系统架构如图 4-12 所示。

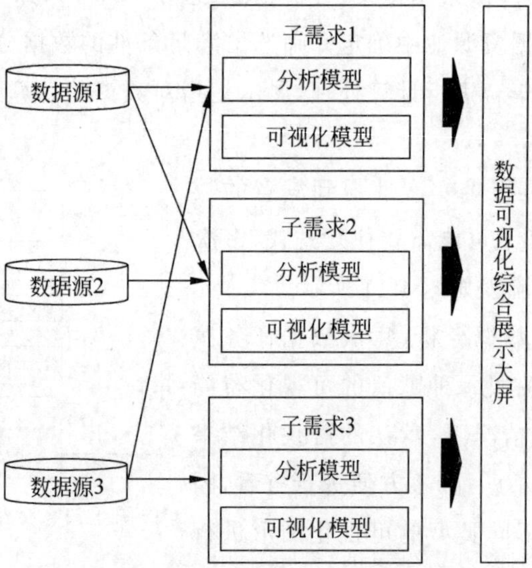

图 4-12　数据可视化大屏的系统架构

4.3.2　数据可视化相关技术

数据可视化有很多具体的技术形态，根据技术面向的数据对象和业务应用场景的差异，具体可以分为面向结构化数据的可视化、文本可视化、业务对象可视化，以及地理信息可视化等方法。

1. 结构化数据可视化

对结构化数据的可视化是最常见的数据可视化类型，也是面向商业活动分析相对成熟的数据可视化应用形态。基于原始的结构化表格数据和相关统计指标，结合对数据观察的特定分析维度，选择合适的统计图模板来描述业务对象的基本情况。

对结构化数据的可视化方法一般可以满足4类数据分析需求，分别是比较(Comparison)、分布(Distribution)、关系(Relationship)、组成(Composition)。在实践中，分析人员需要结合具体的分析需求，以及数据集合的基本统计特征，选择合适的图形进行展示呈现。

1) 用于比较分析的可视化图形

比较分析是指对多个数据对象之间的绝对数值大小进行相互比较，被比较的对象至少为两个，并且比较对象可以在多个维度及多个子类条件上进行分析。比较分析包括两种具体的情况，分别是对象之间的横向比较和同一对象在不同时间点的纵向比较，分别如图4-13和图4-14所示。

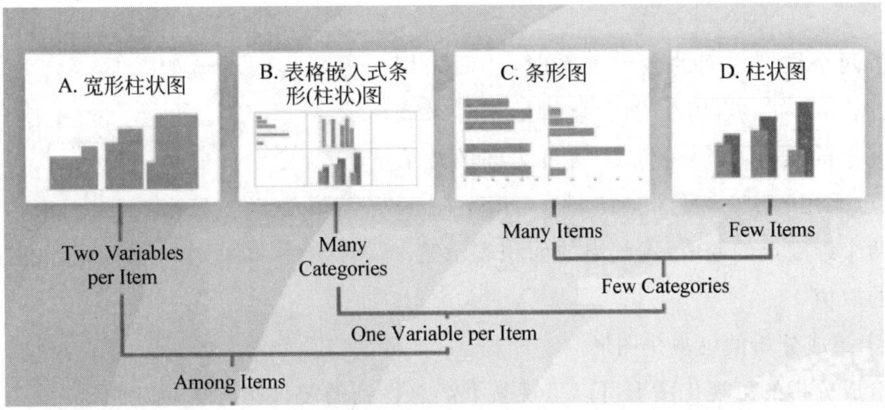

图4-13　用于对象之间横向比较的可视化图形

当每个比较对象有两个被分析维度时，一般采用宽形柱状图进行可视化绘制(见图4-13的A)；当每个比较对象有一个分析维度时，根据组别数量又进一步分为少数组别和多数组别两种子情况。当组别数量较少时，可以采用横向绘制的条形图(每个组别的待比较数据项较多，见图4-13的C)和纵向绘制的柱状图(每个组别的待比较数据项较少，见图4-13的D)；当组别数量非常多时，可以通过一张表格框架，把条形图或柱状图嵌入表格内部进行整体排布呈现(见图4-13的B)。

当时间序列数据有多个时间阶段时，通常采用折线图(非循环时间序列数据，见图4-14的F)或循环面积图(循环时间序列数据，见图4-14的E)；当时间序列数据只有少数时间阶段时，通常采用柱状图(比较类别较少，见图4-14的G)和折线图(比较类别较多，见图4-14的H)。

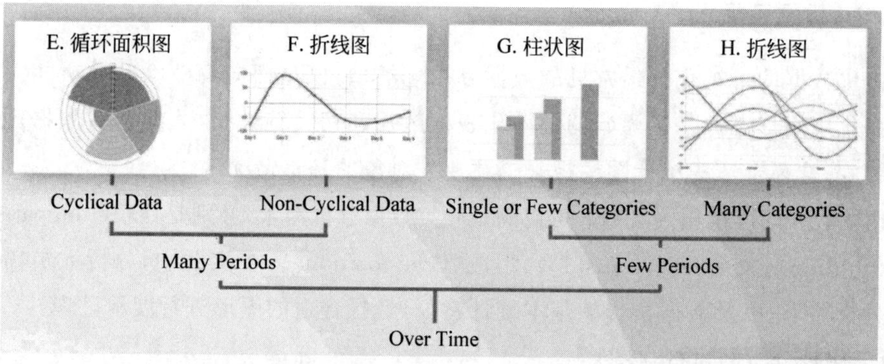

图 4-14　用于时间序列纵向比较的可视化图形

2）用于关系分析的可视化图形

关系分析的可视化图形用来呈现数据维度之间的相关性，用于关系分析的可视化图形如图 4-15 所示。

当分析两个维度之间的数值关系时，一般采用散点图（见图 4-15 的 I），用 x 轴和 y 轴的坐标来表示两个维度上的取值；当分析 3 个维度之间的数值关系时，可以采用气泡图（见图 4-15 的 J），用 x 轴、y 轴表示前两个维度上的取值，用气泡的面积表示第 3 个维度上的取值。

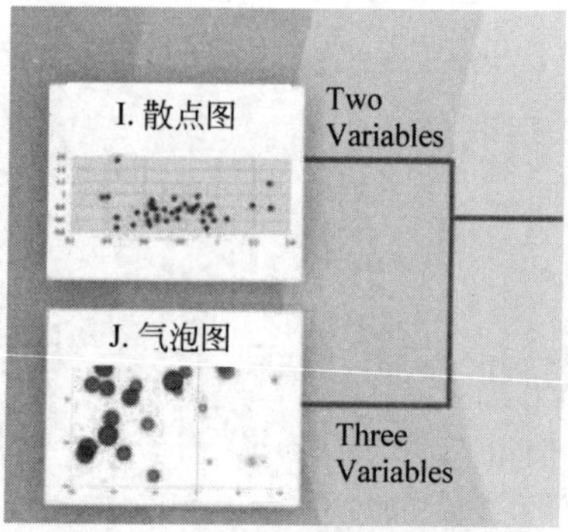

图 4-15　用于关系分析的可视化图形

3）用于组成分析的可视化图形

用于组成分析的可视化图形可以呈现某个汇总得到的统计指标的组成情况，分为静态组成分析和动态组成分析两种类型，其中，静态组成分析用于反映统计指标在某一静态时间节点的各个数值组成部分，如图 4-16 所示。

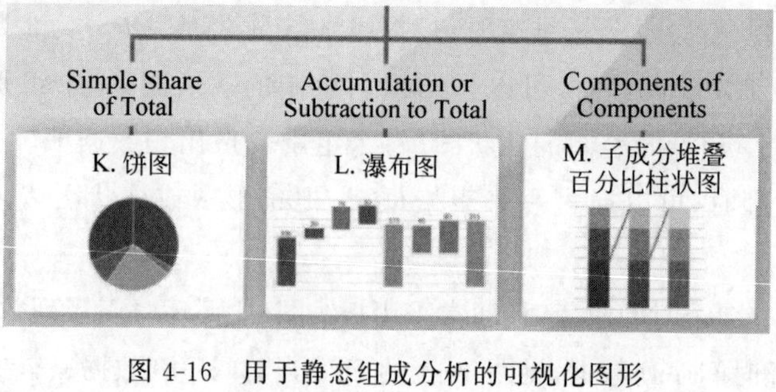

图 4-16　用于静态组成分析的可视化图形

在静态分析场景中，饼图（见图4-16的K）是最常见的组成分析图形，每部分的面积对应该子成分在总体中的占有比例；瀑布图（见图4-16的L）的横轴代表各个业务分项，可以展示各分项之间的累计加总关系和差值关系；子成分堆叠百分比柱状图（见图4-16的M）可以把每个子成分进行进一步拆解，展示多层级的子成分关系。

动态组成分析则可以反映出统计指标的各部分在时间轴上的动态变化趋势，如图4-17所示。

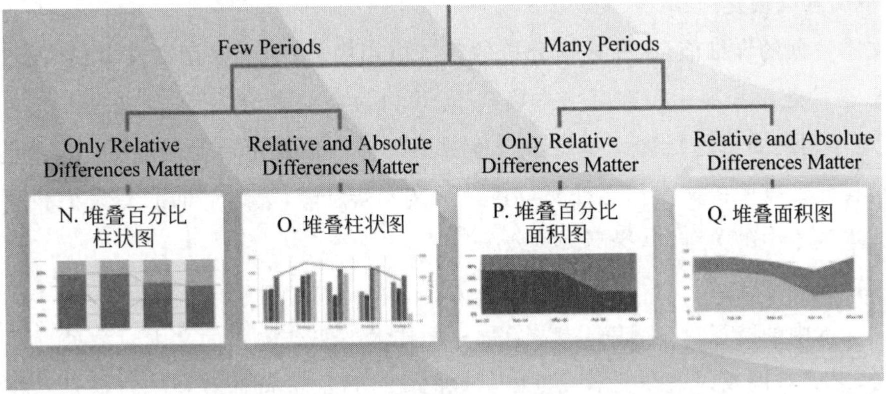

图4-17　用于动态组成分析的可视化图形

动态组成分析一般以横轴表示时间维度信息，以纵轴表示成分信息。当时间阶段比较少时，可以用离散的呈现方式展示成分的变化，如堆叠柱状图（展示子成分的绝对值，见图4-17的O）或堆叠百分比柱状图（展示子成分的相对值，见图4-17的N）；当时间阶段比较多时，为了能够更加紧凑地表现不同时间阶段的成分信息，可以采用堆叠面积图（子成分的绝对值，见图4-17的Q）或堆叠百分比面积图（子成分的相对值，见图4-17的P）。

4）用于分布分析的可视化图形

分布分析可视化图形用来展示数据对象在数值空间中的位置分布情况，如图4-18所示。

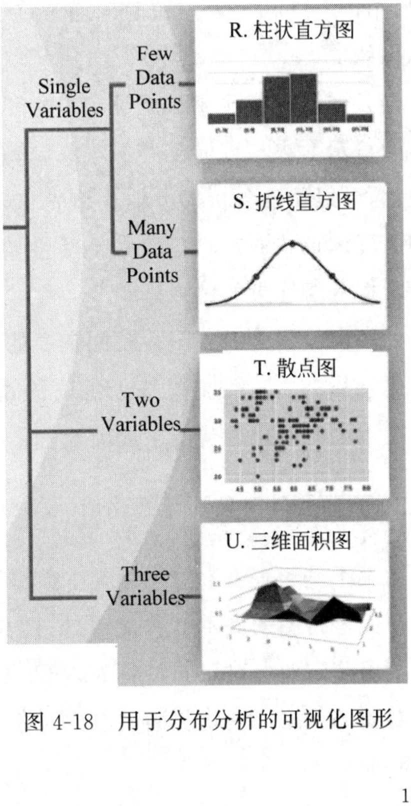

图4-18　用于分布分析的可视化图形

当数据点为单维度时，一般采用柱状直方图（适用于数值统计区间稀疏的情况，见图4-18的R）或折线直方图（适用于数值统计区间稠密的情况，见图4-18的S）进行可视化呈现；当数据点为多维度时，一般采用散点图（见图 4-18 的 T）或三维面积图（见图 4-18 的 U）进行可视化呈现。前者是针对二维数据点统计分布的可视化，后者是针对三维数据点统计分布的可视化。

2. 文本数据可视化

数据可视化技术除了面向结构化的数据表提供数据展示结果，还支持对非结构化数据的结果展示，这里主要针对文本类型数据的展示，下面分别进行介绍。

1）文本内容可视化

对于文本数据的详细信息，在数据分析的系统应用中，一般会采用富文本（Rich Text）格式对信息进行处理和展示。在富文本格式下，可以对文档各级标题、正文、插图、文本样式、超链接等不同的要素进行区别呈现。文本数据的详细信息可以是独立的数据对象，也可以是对结构化数据图的文本信息补充。在显示文本信息时，会通过词汇的大小和颜色的深浅突出文本数据中的关键词，提高阅读效率。

2）文本特征可视化

当展示文本中的特征时，一般会首先通过分词技术把非结构化的文本对象处理成词或词组的集合，之后对词或词组在文本数据中出现的统计特征进行计算和排布显示。在分词过程中，会把一些不重要的词汇过滤掉，其中包括常见的连词、语气词等，这些词汇通常称为“停用词”。同时，名词和动词通常在文本数据的分析任务中具有较高的重要性权重，被予以保留。

词云图与主题河流图是对文本内容特征进行展示的最常见可视化方法。在词云图中，词汇的显示大小与该词在文本对象（单篇文档或多篇文档组成的文本集合）中出现的频率成正比，可以帮助分析人员快速浏览文本对象所包含的主要话题内容。在具体呈现时，词云图的展示形状通常具有较大灵活性，可以随着业务场景的变化进行适应性调整，提升用户对数据分析结果的感知体验。

主题河流图是词云图在时间轴上的延伸，可以看作主题强度及主题内涵随着时间发生的变化趋势。主题河流图基于色块的宽度代表在某一时间点上该内容主题出现的强度。反映文本内容变化趋势的主题河流图的效果如图 4-19 所示。

3. 面向业务对象的可视化

无论是基于表格数据还是文本数据进行数据的可视化分析，都是以数据的存储结构为基本单元进行图的展示。除此以外，还可以以业务对象为中心进行图的绘制，帮助分析人员直接聚焦到业务对象的特征及对象之间的关系。面向业务对象的可视化方法包括面向实体对象的数据可视化和面向事件对象的数据可视化。

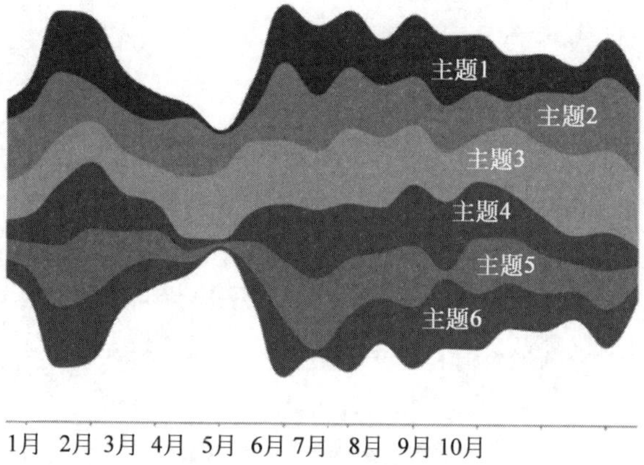

图 4-19　反映文本内容变化趋势的主题河流图

1）面向实体对象的可视化

面向实体对象的数据可视化以客观实体为基本表现单元，同时展示实体之间的不同类型关系，实体可以是知识概念或某个具体的业务实例。网络图是对实体关系进行呈现的主要表示方法，从数据模型的角度来看，称为知识图谱的可视化。

关于网络图的形状显示，面向不同的业务分析需求，有很多常见的显示布局方式，如力导向布局、同心圆布局、树形布局、网格布局等，分别有利于发现具有传播影响力的实体节点、有强连接关系的中心节点、层级或流程的顺序结构，以及图的整体分层结构等。

除了总体布局方面，在图的节点和关系边的样式上，也有多种配置选择。例如，通过节点的大小差异来表示实体对象的重要性程度、通过边的箭头方向性表现实体关系的指向性、通过边的粗细或颜色分别表示关系的重要性和关系的类型。小说《悲惨世界》的人物关系网络如图 4-20 所示。

2）面向事件对象的可视化

面向事件对象的数据可视化的表现形式更加多样。与实体不同，事件是动态的业务对象，具有时间维度属性。时间维度属性可以体现在具体的时间节点坐标上，也可以体现在事件发生的先后顺序关系上。常见的对事件对象进行可视化呈现的方法有事件轴、甘特图、漏斗图、桑基图等。

事件轴是以时间轴为基础坐标轴，在时间轴上对事件发生的时刻进行标注。时间点之间的间距可以等距也可以不等距，主要反映事件发生的前后顺序关系。在事件轴的时间坐标附近，可以采用文字备注的方式，对各时间点对应的事件信息进行详情展示。事件轴是一种描述事件序列的可视化方法，对事件数据的有效展示，关键在于能够从记录事件的文本数据中提取出事件的结构化时间要素，形成对事件进行排列的依据。

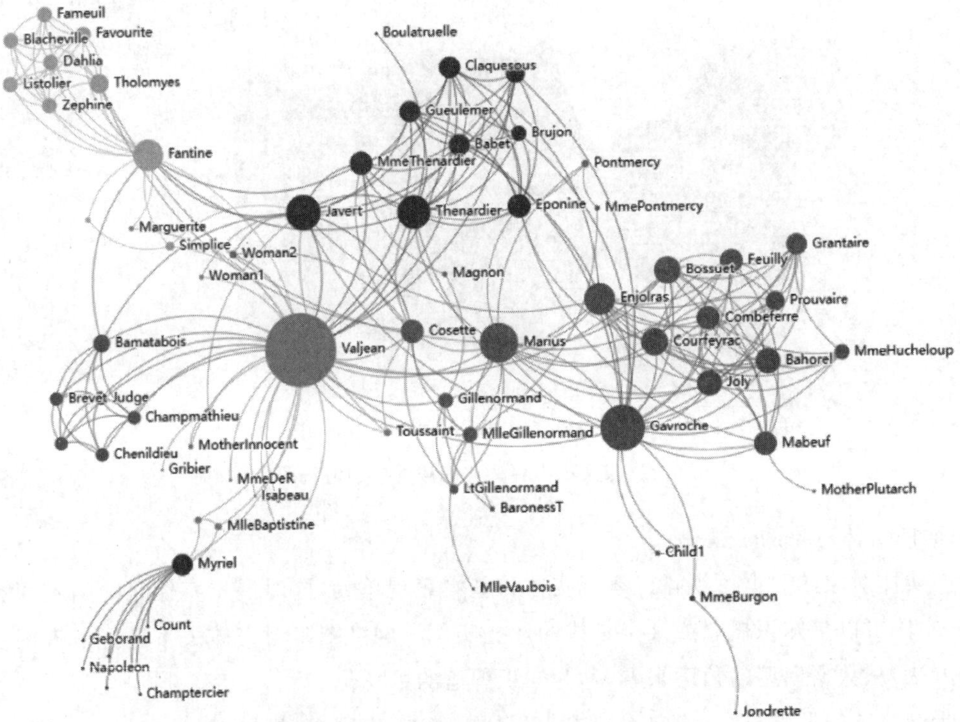

图 4-20 小说《悲惨世界》的人物关系网络

在对事件的可视化展示方面，甘特图对于时间信息的表达能力更加丰富。甘特图关注的不是事件的发生节点，而是事件的发生周期，可以对事件发生的起始时间和结束时间进行描述。与事件轴相比，甘特图可在更微观层面对事件对象进行表示，除了可以对一般意义的宏观事件进行概况描述，还可以对企业内部的特定业务流程进行展示。甘特图在突出表达事件的过程性信息之外，也可以对不同事件发生的前后依赖关系或相关关系进行准确表达。

漏斗图常用于对用户一系列目标行为的转化率进行分析，在电商平台消费转化分析或移动端应用的用户体验分析等场景具有广泛的应用。

桑基图的作用主要是对流量对象进行分析，在用户流量、金融交易流量等场景的分析中应用比较广泛。桑基图可以展示流量从哪些渠道来，经过重新分配，又转到哪些路径流出。桑基图可以反映不同时期(或分类体系)的流量转化关系，也可以反映在同一时期(或分类体系)的流量转化关系。桑基图的展示效果如图 4-21 所示。

4. 地理信息可视化

地理信息可视化的方法在数据结果的展示上结合了地图的元素，融入了关于数据对象的地理空间信息，进一步丰富了数据对象的业务内涵。地理信息可视化的呈现效果具体表现为地图与其他类型统计图的叠加，主要有两种叠加方式：一是通过特殊的可视化图形设计将地图的“图层”内容与基本统计图的显示要素相结合；二是不改变统计图本身的显示效果，但是通过对地图的交互操作动态地配置统计图展示的具体信息。

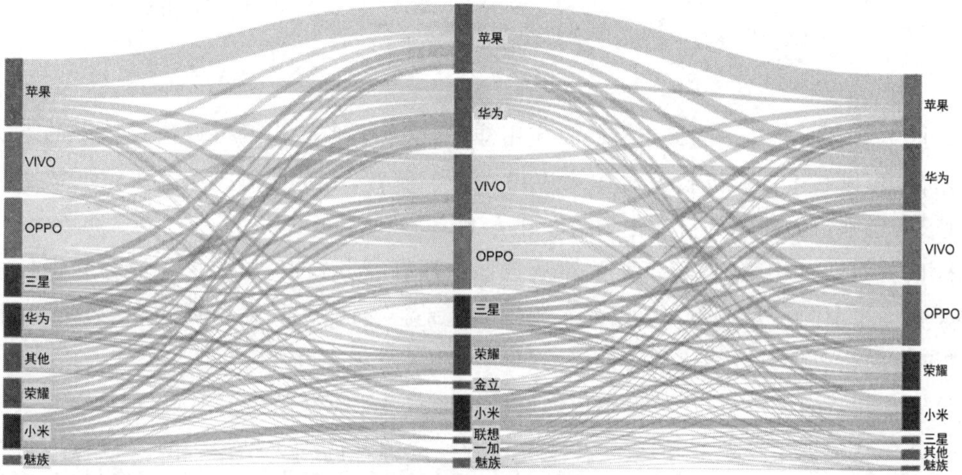

图 4-21　桑基图的展示效果

对于前者，可视化图形同时呈现数据对象的空间信息与其他维度信息，地图作为一种关键的数据显示要素，起到一般统计图中的坐标轴效果。例如，在地图上通过色块的深浅展示业务指标度量的绝对值、通过坐标点展示业务对象的空间位置、通过坐标点之间的连线展示业务对象的移动路径或关联关系。

对于后者，是通过人机交互的形式让统计图展示的信息与地图中的焦点区域形成信息联动，这在数据可视化大屏或数据分析系统中，是比较典型的组合交互形式。例如，用户需要查看地区 A 的业务发展情况，可以在地图上单击地区 A 的位置，以 A 的地理空间信息作为查询条件调取属地 A 对应的业务统计图。

第 5 章

从数据获得智能

从数据中获得业务知识的最终目的是应用知识，这些业务知识既可以通过人工的方式进行应用，也可以基于计算机技术载体来应用。对于前者，主要是面向业务决策的数字化方案，对于后者则是面向业务自动化的数字化方案。

在数据分析活动中，我们不仅要关注从数据中挖掘业务知识，更要关注业务知识最终在前端业务场景中的技术应用。数据的本质实际上是智能的源泉，对数据的有效积累和管理，最终可以向企业提供智能化的管理能力、生产能力、服务能力。

在第 4 章介绍的方法中，从数据中提炼的知识形态既可以是符号的形式，也可以是数据模型的形式。从数据中挖掘规律是为了寻求具有可解释性的知识结论，相比，以应用目标为导向的数据分析活动，则是为了寻求具有可用性的知识成果输出。数据模型是从可用性方面得到的数据产品，基于数据模型和部分已知观测变量，可以自动计算并输出未知变量的具体取值或取值结果的概率分布。数据模型输出的未知变量是对重要业务信息的预测结果。

无论是统计模型、机器学习模型，还是近几年炙手可热的深度学习模型和强化学习模型，都是以参数化的形式对知识进行表示的方法。尽管这些数据模型在可解释性方面做出了一定的妥协，但是在很多实际的产业应用中，依然达到了可以和人类智力相媲美的综合表现。当然，强化数据模型的可解释性特征已经成为未来重要的技术探索方向之一，这方面的进展将有利于降低数据模型的应用风险，并提供更多调节和人工干预的机会。

本章重点介绍如何构建具有预测能力的智能化数据模型，从机器学习、深度学习、强化学习，以及近年流行的主动学习、自监督学习、元学习、联邦学习等几个方面进行相关技术方法的介绍。

5.1 机器学习方法及常见模型

通过计算机算法从数据中自动构建模型的方法统称为机器学习，机器学习根据应用场景的特点有很多具体的细分领域，本节主要对传统的机器学习方法进行介绍。

5.1.1　机器学习基本概念

机器学习是使用计算机手段自动从数据中学习得到解决某个具体业务应用问题能力的技术总称。对于某个机器学习任务，在指定数据集 D 和业务问题 q 的基础上，最终得到的技术产出成果是数据模型 M_D^q。在数字化应用中，通过把上述的数据模型部署在分析系统或业务系统，可以对目标业务对象的属性信息进行自动预测，产生"智能"的应用效果。

基于机器学习得到的数据模型是知识的一种表现形式，这些知识本质上是解决某个具体任务的动态知识。数据模型也可以看作函数，每当给定该函数的一个确切的数据输入，就可以得到相应的数据输出，这些数据输出就是数据消费者关注的信息内容。

在产业应用端，与上述过程一致的数字化业务场景非常丰富。例如基于患者的各项生理指标预测其罹患某种疾病的概率结果、基于用户历史购买记录预测未来的消费行为、基于给定英文文本得到相应的中文翻译结果，以及从已知的图像数据中自动分类确定某个人的身份信息等。

在传统的机器学习任务中，数据集 D 的基本结构是由类似(x_i, y_i)的很多数据对组成的，其中 x_i 是编号为 i 的数据对的观测变量，是数字化应用中业务对象的已知数据特征，y_i 是编号为 i 的数据对的目标变量，是数字化应用中信息系统根据业务需求反馈的数据结果。x_i 通常是高维的数值向量，各维度分别对应业务对象的不同数据特征。当给定新的观测变量 x_{new} 时，通过 M_D^q 可以计算得到该观测变量 x_{new} 对应的未知目标变量 y_{new}。

在开发基于机器学习模型的数字化应用时一般不会从零开始对算法模型进行编码，而是使用一些相对通用的软件框架。这些软件框架允许数据分析人员直接调用已经成熟的机器学习模型代码块，快速自定义生成满足业务需求的数据模型。在此基础上，分析人员只需在基础的机器学习模型上进行数据集和模型参数的适配。当前业界比较流行的机器学习框架有 Scikit-learn、Theano，以及基于分布式架构的 Spark MLlib 等。

根据数据集中目标变量的标注情况，机器学习的方法可以分为有监督学习、半监督学习、无监督学习等类型。

对于有监督学习，数据集中的所有数据对象的目标变量都有标注，有监督学习是最典型的机器学习场景；在半监督学习中，只有部分数据对象的目标变量有标注，对未标注数据的充分利用可以提升数据特征提取的准确性，进一步促进数据模型的学习效果；在无监督学习中，数据集中的数据均没有目标变量标注，目标变量只是一个抽象的概念，而得不到任何业务侧的信息参考。无监督学习的方法本质上并非为了解决预测类需求，更多的是用于数据预处理或数据规律挖掘，例如，本书第 4 章介绍的聚类技术。

5.1.2 机器学习基本要素

机器学习既是一门技术也是一门艺术。在给定数据集的情况下，数据分析人员需要充分发挥对数据的创新能力来设计有效的建模方法，从而得到具有优质表现的数据模型。机器学习包括3个基本要素，即模型、策略和算法。数据分析人员要从这3个基本要素进行技术选型，决定最终的数据模型产出结果。机器学习的基本要素如图5-1所示。

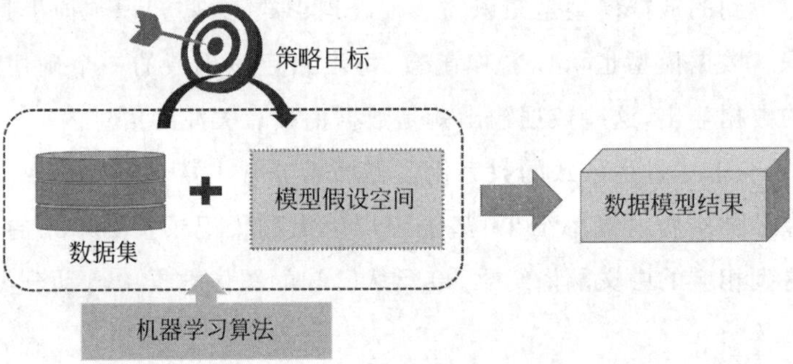

图5-1 机器学习的基本要素

1. 模型

模型决定了机器学习最终输出结果的形式。当模型的基本形式确定之后，机器学习的任务就简化成了典型的模型参数估计任务。于是，机器学习的目的就是要使参数实例化后的模型与当前数据集尽可能地保持一致，同时能够在实际的预测任务中，对数据集没有覆盖的业务场景也能尽量兼容。

在一个典型的机器学习任务中，分析人员会尝试不同的模型结构作为数据模型的约束条件，通过多次数据建模实验，逐渐筛选出真正有应用潜力的数据模型。不同的模型结构反映着不同的业务假设，对模型结构的选择蕴含了分析人员对数字应用的业务理解及对数据内容产生过程的总体认知。

1）概率模型和非概率模型

机器学习模型有很多分类方法，其中一种典型的分类方法是将机器学习模型划分为概率模型(Probabilistic Model)和非概率模型(Non-probabilistic Model)，其中，概率模型是关于数据对象(X,Y)的统计分布的数学模型，非概率模型是关于数据特征空间X到数据特征空间Y的映射关系的数学模型。

对于概率模型来讲，数据分析人员对X和Y的联合概率分布$P(X,Y)$或条件概率分布$P(Y|X)$进行建模。在进行预测时，概率模型的预测公式如下：

$$y = \arg\max_{y} P(y \mid x) \tag{5-1}$$

对于非概率模型来讲，数据分析人员直接对 Y 关于 X 的函数 $Y=F(X)$ 进行建模，非概率模型的目的是寻找数据特征 X 到不同类别 Y 的映射逻辑。通过非概率模型，给定观测数据特征 x，在进行预测时直接得到结果：

$$y = F(x) \tag{5-2}$$

2）生成模型和判别模型

数据模型除了分为概率模型和非概率模型，从对数据本身的观察视角来看，还可以分为生成模型和判别模型。

对概率模型来讲，如果数据分析人员关注联合概率 $P(X,Y)$ 的概率密度函数，并在机器学习过程中对该函数的参数进行求解，则机器学习模型属于生成模型（Generative Model）；如果数据分析人员关注条件概率 $P(Y|X)$ 的概率密度函数及其参数，则机器学习模型属于判别模型（Discrimination Model），而对于非概率模型来讲，一般默认为判别模型。生成模型和判别模型的基本原理对比如图 5-2 所示。

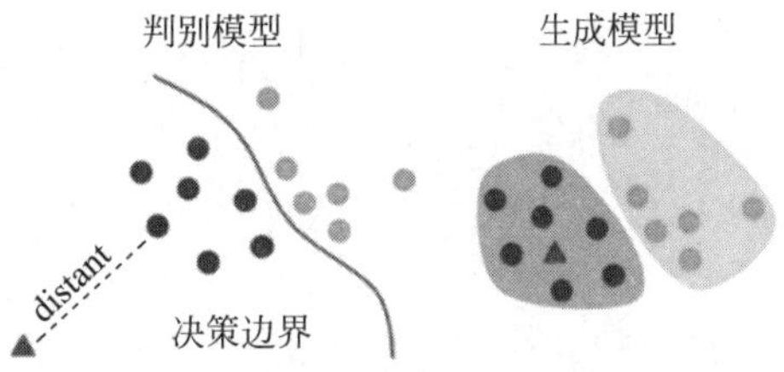

图 5-2　生成模型和判别模型

值得注意的是，当基于生成模型进行数值预测时，由于直接得到的数据模型形式是 $P(X,Y)$，因此需要采用贝叶斯公式提前进行公式转化。

$$y = \arg\max_{y} P(y \mid x) = \arg\max_{y} \frac{P(x,y)}{P(x)} \tag{5-3}$$

在对目标数据对象的业务属性进行分类预测时，生成模型更加接近业务因果逻辑，可以基于分析人员的经验在模型中引入先验知识，并且随着数据集规模的增加，模型的收敛效率也随之更高，机器学习中常见的生成模型有朴素贝叶斯模型、马尔可夫模型、高斯混合模型、LDA 主题模型，以及受限玻耳兹曼机等。

然而，由于在实际应用中数据样本匮乏的情况很普遍，于是很多时候直接学习样本分类边界的判别模型在应用效果上表现更好。判别模型在机器学习领域中的应用场景更丰富，典型的判别模型有感知机、决策树、Logistic 回归、最大熵模型、SVM，以及条件随机场等。

2. 策略

策略是指机器学习模型结果“好坏”的评价标准，在不同学习策略下，通过机器学习得到的数据模型结果也不同。在给定目标任务需求的基础上，数据分析人员必须对“好”的数据模型进行规范化的数学表示,并用这个“好”的标准引导机器学习算法不断学习人的业务知识和经验。

在求解机器学习问题时,首先需要定义一个目标函数,该目标函数包含了用于训练模型的全部数据对象和模型参数。机器学习任务的本质是寻找合适的模型参数让目标函数达到极值。机器学习策略的选择本质就是对目标函数的定义。

1)概率模型的机器学习策略

概率模型的目标函数叫作最大似然函数,数据分析人员需要选择合适的模型参数 θ 让 $L(x,y;\theta)$ 达到最大值,保证在满足现有模型假设 θ 的条件基础上,数据集 D 中所有数据对象同时被观察到的联合概率最大。

$$L(x,y;\theta)=\begin{cases}\prod_{i=1}^{n}p(x,y;\theta), & (X,Y)\text{ 分布为离散随机变量}\\ \prod_{i=1}^{n}f(x,y;\theta), & (X,Y)\text{ 分布为连续随机变量}\end{cases}$$

$$\theta=\arg\max_{\theta}L(x,y;\theta) \tag{5-4}$$

在设计目标函数时,基于默认的似然函数表示,分析人员可以根据客观的数字化业务需求,为最大似然函数的各数据对象 (x,y) 定义不同的权重 $\omega(x,y)$。通过对 $\omega(\cdot)$ 的设计,数据模型能够有效地区分不同数据对象的重要性差异,兼顾不同的业务场景。

此外,分析人员还可以为最大似然函数添加和模型参数相关的乘数因子 $\lambda(\theta)$,为模型融合业务先验知识。通过对 $\lambda(\cdot)$ 的设计,数据模型能够融合分析人员对业务问题的先验知识判断,例如某广告链接的平均点击概率、某类疾病的先天发病率,以及金融欺诈交易的总体分布比例等。考虑数据对象权重和参数相关的乘数因子后,扩展的似然函数表示如下:

$$\prod_{i=1}^{n}p(x,y;\theta)\rightarrow\lambda(\theta)\prod_{i=1}^{n}\omega(x,y)p(x,y;\theta) \tag{5-5}$$

2)非概率模型的机器学习策略

对于非概率模型来讲,目标函数是损失函数的累计值。在数据模型假设 θ 的条件下,损失函数定义了观测变量 x_i 的预测结果 y'_i 和实际的目标变量取值 y_i 之间的惩罚度量。机器学习的目标是让数据模型的预测值与被预测对象真实值之间的累计误差损失最小,求解目标函数最小化问题的公式表达如下:

$$C(x,y;\theta)=\sum_{i=1}^{n}l(y'_i,y_i;\theta)=\sum_{i=1}^{n}l(f(x_i),y_i;\theta) \tag{5-6}$$

基于损失函数对数据模型进行参数估计,公式如下:

$$\theta = \arg\min_{\theta} C(x, y; \theta) \tag{5-7}$$

在非概率模型中，需要对损失函数的结构 $l(\cdot)$ 进行设计，$l(\cdot)$ 为非负取值，并与 y_i' 和 y_i 之间的差值距离呈正相关。

在非概率模型的目标函数中同样可以为不同的数据对象设置不同权重，带权重的损失函数可以区分不同分类错误产生的后果差异。例如在医疗领域，把某一名健康人员误诊为癌症患者和把癌症患者误诊为没有疾病所导致的后果是截然不同的。

在非概率模型中一般是以正则化项(Regularization)的方式在目标函数中融合分析人员的经验知识，例如通过 L_1 和 L_2 正则化可以极大地降低模型参数收敛结果的复杂性，保证参数取值尽可能接近于“零”值。基于 L_1 和 L_2 正则化的参数估计目标函数如下：

$$C(\theta) = \sum_{i=1}^{n} l(f(x_i), y_i; \theta) + [|\theta_1| + |\theta_2| + \cdots + |\theta_k|] \quad L_1 \text{ 正则化} \tag{5-8}$$

$$C(\theta) = \sum_{i=1}^{n} l(f(x_i), y_i; \theta) + [\theta_1^2 + \theta_2^2 + \cdots + \theta_k^2] \quad L_2 \text{ 正则化} \tag{5-9}$$

当不考虑正则化项时，机器学习策略称为经验风险最小化(Empirical Risk Minimization, ERM)，当考虑正则化项时，机器学习策略称为结构风险最小化(Structure Risk Minimization, SRM)。结构风险最小化是为了防止出现过拟合情况的机器学习策略，贝叶斯估计中的最大后验概率估计方法(Maximum A Posteriori, MAP)其实也是结构风险最小化的典型应用，相应的参数学习方法充分考虑了数据模型的先验分布。

3. 算法

在机器学习任务中，需要求解关于模型参数 θ 的目标函数优化问题。由于目标函数的结构非常复杂，一步到位地直接寻找优化问题的解析解非常困难，因此，在实际应用中需要设计各种机器学习算法近似求解数据模型参数。大多数机器学习算法是采用逐步迭代的思路求解数据模型未知参数的。在参数求解时，一般以一个初始的模型参数 θ^{ori} 为起点，并选择一个合适的参数更新机制：

$$\theta^{t+1} = f(\theta^t) \quad \theta^0 = \theta^{ori} \tag{5-10}$$

通过上式不断调整 θ 的取值，使其逐渐逼近满足目标函数最优的参数位置。在机器学习的算法设计环节，需要对模型的初始参数、参数迭代次数、参数迭代停止条件、参数更新机制等关键要素进行有效设计，一方面要考虑让参数收敛的速度更快，另一方面也让参数收敛的位置接近数据模型的真实情况。当前主要的机器学习算法有梯度下降法和牛顿法两大类型，下面分别进行介绍。

1）梯度下降法

梯度下降法(Gradient Descent)是一种非常经典的求极小值的算法,在机器学习的参数优化问题中应用极为广泛。从几何意义来讲,梯度的方向表示的是函数增加最快的方向,梯度下降法是一种以梯度作为参数更新方向的模型参数优化方法。在多元目标函数中,梯度是一个向量,向量在各维度上的值是目标函数对于各数据特征的偏导数。

以二元函数 $z=f(x,y)$为例,其梯度向量有

$$\nabla f(x,y)=\left[\frac{\partial z}{\partial x},\frac{\partial z}{\partial y}\right] \tag{5-11}$$

对于梯度下降法来讲,不仅需要确定参数更新的方向,还要确定参数更新的幅度,幅度在机器学习算法中称为步长或学习率。参数更新的学习率取值要恰到好处,如果参数的取值太小,则一般收敛速度很慢,如果取值太大,则会导致学习精度不足,又会导致参数总是摇摆"错过"最佳位置,无法定位到精准的参数坐标。在一些算法中,学习率是随着参数的学习进度及参数位置基于某种规则动态变化的。梯度下降法的原理如图 5-3 所示。

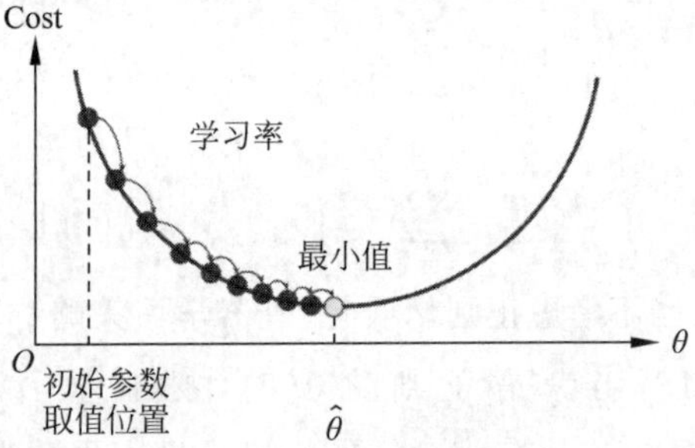

图 5-3　梯度下降法的原理

根据计算梯度时采用的数据量的不同,梯度下降法又具体分为 3 种方法：批量梯度下降法(Batch Gradient Descent,BGD)、小批量梯度下降法(Mini-batch Gradient Descent,MBGD),以及随机梯度下降法(Stochastic Gradient Descent,SGD)。

其中,批量梯度下降法在计算优化函数的梯度时利用全部的样本数据,参数收敛方向更准确；随机梯度下降法在计算优化函数的梯度时,只是随机地选取数据集中的单个样本数据参与梯度的计算,忽略了计算梯度时求和与求平均的操作,降低了计算复杂度；小批量梯度下降法在计算目标函数的梯度时,是利用随机选择的一部分样本数据进行参数更新,均衡了参数收敛准确性和收敛效率两方面的客观要求。

梯度下降法的总体优点是计算逻辑简单,缺点是参数收敛的速度较慢。梯度下降法不仅适用于机器学习的参数求解过程,以 MBGD 或 SGD 为代表的算法,在深度学习的参数学习中更加普及流行。

2）牛顿法

牛顿法是牛顿在 17 世纪提出的一种在实数域和复数域上近似求解方程根的方法,该方法使用函数的泰勒级数的前面几项来迭代寻找满足函数取值为 0 的参数位置。在二阶泰勒展开的情况下,牛顿法的参数迭代函数可以表达为

$$\theta^{t+1} = \theta^t - \frac{f'(\theta^t)}{f''(\theta^t)} \tag{5-12}$$

当被优化函数是二次函数时，从任一点出发，牛顿法可以一步找到参数取值，牛顿法是一种具有二次收敛性的参数估计算法。在用牛顿法进行参数迭代时，每步都需要求解目标函数的海森矩阵(Hessian Matrix)，对模型参数更新量的计算比较复杂，其优点是参数的收敛速度较快。

与梯度下降法相比，由于牛顿法可以利用到曲面本身的信息，从而更加容易地得到参数取值的收敛，如图 5-4 所示，l_1 代表牛顿法的收敛路径，l_2 代表梯度下降法的收敛路径，二者分别采用曲面信息和平面信息进行模型参数的拟合。

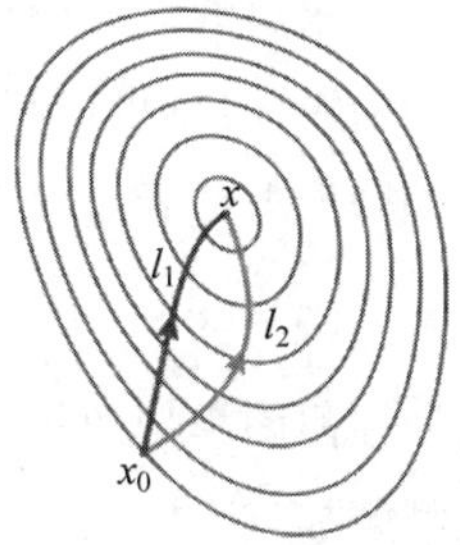

图 5-4　梯度下降法和牛顿法

拟牛顿法是牛顿法的简化版本。考虑到牛顿法在计算 Hessian 矩阵时，对于稠密矩阵进行求逆操作的计算量很大，而且当矩阵非正定时也无法满足可求逆的客观条件，因此在拟牛顿法中，采用不含二阶导数的矩阵代替牛顿法中的逆 Hessian 矩阵来确定参数搜索方向。

根据替代矩阵的差别，拟牛顿法又可以分为 DFP 法、BFGS 法、Limited-Memory BFGS 法等主要算法。无论是牛顿法还是拟牛顿法，由于其计算复杂性较高，一般不用于深度学习模型的求参，这些方法在浅层数据模型的参数学习任务中比较常用。

5.1.3　机器学习常见模型

根据数据模型基本假设不同，可以划分出多种不同类型的机器学习模型。各模型在复杂度、可解释性、计算复杂性等方面都存在差异，没有一种机器学习模型适合所有的业务场景，数据分析人员需要针对业务应用的具体特点对模型进行筛选。

1. 回归分析

回归模型是最简单的机器学习模型之一。在回归模型中，目标变量 Y 是观测变量 X 在各维度取值的加权线性组合的函数，其中，Y 可以直接等于 X 各维度的线性组合结果，也可以是 X 各维度线性组合后得到结果的进一步非线性的变换取值。

回归分析最早用于进行实证分析，即数据分析人员假设 X 中的一些变量特征与 Y 的取值存在正相关或负相关关系，采用回归分析来筛选出这些显著的变量特征。在大数据的场景下，面向最终的数字化应用，数据分析的重点在于模型中 X 的各维度权重，而非各维度特征是否存在显著性。

回归分析的模型一般包括线性回归、Logistic 回归、时间序列回归等主要类型，其中线性回归用来对连续变量取值进行预测，Logistic 回归用来对分类变量（离散变量）进行预测，时间序列回归关注目标变量未来取值与历史数据之间的关系。

1）线性回归

在线性回归中，被预测的目标变量看作已知数据特征变量的线性组合形式。模型中需要求解的参数是各个数据特征变量上的组合权重，代表每个特征变量对模型输出结果的影响程度。求解线性回归模型参数的方法主要是最小二乘法。如果假设存在符合标准正态分布的噪声项，则可以将其转换为概率模型，通过最大似然估计的方法进行模型参数求解。线性回归模型的表达形式如下：

$$y = \alpha + \sum_k \beta_k x_k \tag{5-13}$$

线性回归模型的优点是模型结构简单直接，模型的可解释性强，分析人员不需要对数据模型添加过多的业务假设。线性回归模型在销售预测、经济走势预测、内容流量预测等业务场景中具有广泛应用。线性回归模型的缺点在于只能拟合变量之间的线性影响，无法描述非线性的变量关系。此外，线性回归模型只能解决回归类问题，不能处理面向离散变量输出的分类问题。

2）Logistic 回归

Logistic 回归的基本模型结构和线性回归模型非常相似，模型的主体部分仍然是数据特征的线性组合形式，但是在输出结果之前通过一个 Sigmoid 函数进行了非线性转化，保证模型的输出结果是概率值。模型通过概率值是否大于 0.5 来决定分类结果的 0～1 取值。Logistic 回归模型的表达形式如下：

$$p(y=1 \mid x) = \frac{\mathrm{e}^{\alpha + \sum_k \beta_k x_k}}{1 + \mathrm{e}^{\alpha + \sum_k \beta_k x_k}} \tag{5-14}$$

Logistic 回归是和线性回归对应的最简单的分类模型，可以对具有线性影响因素的分类器进行设计构建。线性回归和 Logistic 回归的拟合曲线对比效果如图 5-5 所示。

3）时间序列回归

时间序列回归的主要特点在于条件变量和目标变量通常带有时间角标，数据特征具有时间维度信息。时间序列回归的目的是对时间序列数据进行建模，挖掘不同时间节点上的变量关系，并对特定时间点上的数据特征取值进行预测。假设 y 和 z 是两个时间序列变量，通过时间序列回归建模，可以拟合目标变量 y 与条件变量 z 之间的关系。

首先可以采用静态模型进行时间序列回归建模。在静态模型中，仅考虑同一时间标签条件下的 y 和 z 的关系，不考虑跨时间的影响因素，如式(5-15)所示。

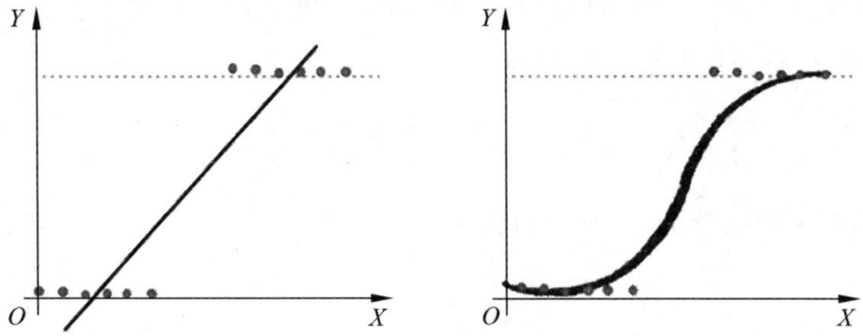

(a) 线性回归　　(b) Logistic回归

图 5-5　线性回归和 Logistic 回归的拟合曲线对比效果

$$y_t = \beta_0 + \beta_1 z_t + u_t \tag{5-15}$$

其中，u_t 是随机干扰项，β_0 和 β_1 是需要拟合的模型参数。

当考虑跨时间节点的影响因素时，可以采用有限分布滞后模型（Finite Distribute Lag Model，FDL）进行时间序列回归建模。此时，回归模型中不仅要考虑同时期的变量关系，还允许一个或多个变量对 y 的取值有延迟性的影响，回归模型的具体公式如下：

$$y_t = \alpha_0 + \lambda_0 z_t + \lambda_1 z_{t-1} + \lambda_2 z_{t-2} + u_t \tag{5-16}$$

其中，λ_0 代表 z 的变化对 y 的即期影响，λ_1 和 λ_2 代表 z 对 y 的延迟影响。

4）FM 模型

FM（Factorization Machine）模型是线性回归模型的拓展，不仅包含传统线性模型中的常数项和一阶特征项，还引入了二阶的交叉特征项。由于模型考虑了所有可能的特征项之间的相关关系，从而能够涵盖更丰富的业务内涵。FM 模型在广告业务和电商业务中的应用广泛，能够基于用户的历史访问日志，面向用户对产品或服务的内容链接的点击概率（Click Through Rate，CTR）进行预测，帮助平台实现精准的内容推荐。

在互联网应用中，特征变量通常具有很高的维度。一般的电商平台具有成千上万级的 SKU 门类，线性模型中的二阶交叉项的规模不可估量，基于传统方法无法直接对线性模型的特征权重参数进行求解。

结合日志数据的稀疏性特点，FM 不直接对线性模型的权重参数进行估计，而是通过矩阵分解的方法，先学习到各维度数据特征的嵌入向量。嵌入向量的维度远低于原始特征向量的维度，并且在表示形式上更加"稠密"，通过嵌入向量之间的"点积"能够间接地计算出交叉特征之间的权重值。

当考虑数据特征的二阶交叉项时，回归模型的公式如下：

$$y = w_0 + \sum_{i=1}^{n} w_i x_i + \sum_{i=1}^{n} \sum_{j \geqslant i}^{n} w_{ij} x_i x_j \tag{5-17}$$

此时，当 n 的取值很大时，对数据进行回归将面临非常突出的稀疏性问题。此时对 w_{ij} 进行因子分解，可以把上述回归模型转换为

$$y = w_0 + \sum_{i=1}^{n} w_i x_i + \sum_{i=1}^{n} \sum_{j \geqslant i}^{n} \boldsymbol{v}_i^{\mathrm{T}} \boldsymbol{v}_j x_i x_j \tag{5-18}$$

其中，$\boldsymbol{v}_i$ 是回归模型中数据特征 x_i 对应的隐含向量。

2. SVM

SVM(Support Vector Model)的中文名称是支持向量机，是一种非常经典的数据分类模型。SVM 的技术特点在于从数据对象集合中通过优化算法找到一个有效的超平面作为分类边界，超平面两侧的数据对象可以被自动界定为不同的标签类别。该超平面在满足对已知数据分类正确的情况下，分类间隔最大化。

在使用 SVM 时，不需要对数据对象的统计分布进行先验假设，也不需要关注模型结构和数据特征的可解释性。基础的 SVM 用于解决二分类的预测问题，而对于 N(多)分类问题，可以将其转换为 $N-1$ 个二分类问题进行处理。除了用于分类，SVM 也广泛应用于对目标数据对象进行排序的业务需求(Rank SVM)。

SVM 的方法对于高维的数据分类问题非常有效，数据的特征维度越高，找到能够划分数据类别的超平面的可能性也越大。在数据集中，只有超平面附近的数据对象对超平面的位置确定发挥作用，因此 SVM 对用于建模的数据规模并不敏感，即便是在少样本的条件下，也可以得到相对不错的分类模型。

在大多数互联网平台的应用中，通常将用户的历史行为事件和用户访问内容的业务标签作为典型数据特征，数据的维度一般较大，使用 SVM 对用户的价值转化行为进行预测是比较流行的技术方案。

1) 硬间隔 SVM

从对数据进行分离的要求严格程度上来讲，SVM 可以分为硬间隔 SVM 和软间隔 SVM 两种类型。传统的 SVM 方法一般是指硬间隔 SVM，首先假定在给定数据分类任务中，可以找到能够对正负样本进行分割的有效超平面，然后在这些超平面中寻找一个“最优”项，使各类数据对象到超平面的距离最远。如果把任意超平面表示为

$$\boldsymbol{w}^{\mathrm{T}} x + b = 0 \tag{5-19}$$

那么寻找“最优”超平面的优化问题可以表示为

$$\begin{gathered} \min_{w} \frac{1}{2} \| \boldsymbol{w} \|^2 \\ y_i (\boldsymbol{w}^{\mathrm{T}} x_i + b) \geqslant 1 \end{gathered} \tag{5-20}$$

2）软间隔 SVM

值得注意的是，在实际业务应用中，大多数情况下 SVM 在确定数据分类边界时无法找到满足条件的可行解。于是就需要适当地放松上述优化问题的限制条件，采用软间隔 SVM 进行分类器的建模。在软间隔 SVM 中，允许分类边界对一些数据对象分类错误，但是对错误分类的数据对象引入惩罚机制。此时，寻找“最优”超平面的优化问题表示为

$$\begin{aligned}&\min_{w}\frac{1}{2}\|\boldsymbol{w}\|^{2}+C\sum_{i=1}^{m}\xi_{i}\\&1-y_{i}(\boldsymbol{w}^{\mathrm{T}}x_{i}+b)-\xi_{i}\leqslant 0,\quad \xi_{i}\geqslant 0\end{aligned}\tag{5-21}$$

该公式中，ξ_i 是为每个数据样本引入的松弛变量，C 错误分类误差的惩罚因子，当 C 为有限值时，才可以允许部分数据样本不满足严格的约束条件。硬间隔 SVM 和软间隔 SVM 的分类对比效果如图 5-6 所示。

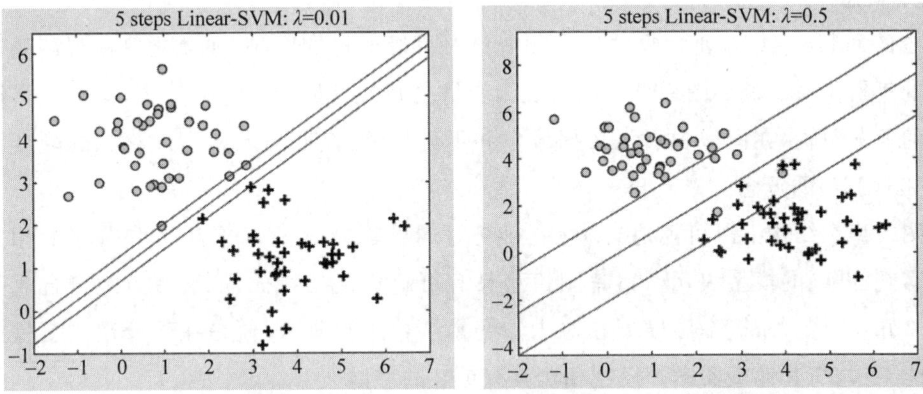

(a) 硬间隔SVM　　(b) 软间隔SVM

图 5-6　硬间隔 SVM 和软间隔 SVM 的分类对比效果

3）基于核函数的 SVM

在面对线性不可分的数据集合时，除了可以采用软间隔 SVM 来放松约束条件，还可以使用数据升维的方法来改变数据的空间分布。核函数是提高数据维度的重要技术手段，低维空间不可分的数据对象可以通过核函数转化到高维空间再进行超平面的分割。使用核函数的 SVM 称为非线性支持向量机。

在基于核函数的 SVM 中，可以在不直接改变原有数据对象的情况下，对原始特征向量的内积进行整体替换，然后在高维空间中求解目标函数的优化问题。假设 $\phi(x)$是原始数据特征 x 在高维空间的表示，新的特征向量内积可以表示为

$$k(\boldsymbol{x}_i,\boldsymbol{x}_j)=(\phi(\boldsymbol{x}_i),\phi(\boldsymbol{x}_j))\tag{5-22}$$

通过不同方式定义 $k(\boldsymbol{x}_i,\boldsymbol{x}_j)$，可以实现不同的核函数。机器学习中常见的核函数有多

项式核、高斯核、指数核、拉普拉斯核、Sigmoid 核，以及 ANOVA 核等，其中，多项式核函数可以表达为

$$k(\boldsymbol{x}_i,\boldsymbol{x}_j)=(\boldsymbol{x}_i^{\mathrm{T}}\boldsymbol{x}_j)^d \tag{5-23}$$

高斯核函数为

$$k(\boldsymbol{x}_i,\boldsymbol{x}_j)=\exp\left(-\frac{\|\boldsymbol{x}_i-\boldsymbol{x}_j\|}{2\sigma^2}\right) \tag{5-24}$$

3. 概率图模型

概率图模型是机器学习中较为复杂的一类模型，在数据建模的过程中，数据分析人员直接对特征变量之间的相关关系和因果关系进行建模，以图的形式将观测变量和目标变量连接起来，并对变量之间相互的统计关系进行量化表示和参数估计。

1）基本概念

在传统的回归模型中，通常只关注观测变量对目标变量的影响，而简化忽视观测变量彼此之间的逻辑关系。概率图模型可以对观测变量之间的各种关系进行建模，同时还可以根据实际的业务逻辑，在模型中引入数据域中并不可见，而在业务域中客观存在的隐变量（Hidden Variable）的概念。

概率图模型在结构上尽可能地与现实的业务逻辑贴近，对业务对象的因果关系和相关关系进行客观、准确的模型表示。概率图模型具有可解释性的特征，能够有效地融合业务专家的先验知识。此外，概率图模型在对未知变量进行预测时，即便是在部分观测变量的条件下也能工作，与其他机器学习模型相比具有更好的稳健性。

从图的基本结构特征来看，概率图模型具体可分为有向图（有向无环图）模型和无向图模型，其中，通常把有向图模型叫作贝叶斯网络（Bayesian Network），将无向图模型叫作马尔可夫网络（Markov Network），也有一些概率图模型是有向图模型和无向图模型的结合，称为链图。在有向图模型中，变量之间的影响关系存在方向性，在无向图模型中，变量之间的关系只能反映关系的存在，但是不能区分变量之间的关系影响方向。有向图模型和无向图模型之间在结构上的对比关系如图 5-7 所示。

有向图和无向图之间可以实现相互转换，将无向图转换为有向图通常比较困难，而在实际应用中将有向图转换为无向图则更为重要，这样可以利用无向图上的精确推断算法进行更加准确的模型参数和变量估计。

在数据建模分析时，需要对图模型中的全部变量的联合概率分布进行结构化表示，为了简化模型参数估计和预测变量概率估计的算法复杂度，以因子连乘的方式进行联合概率分布的定义。

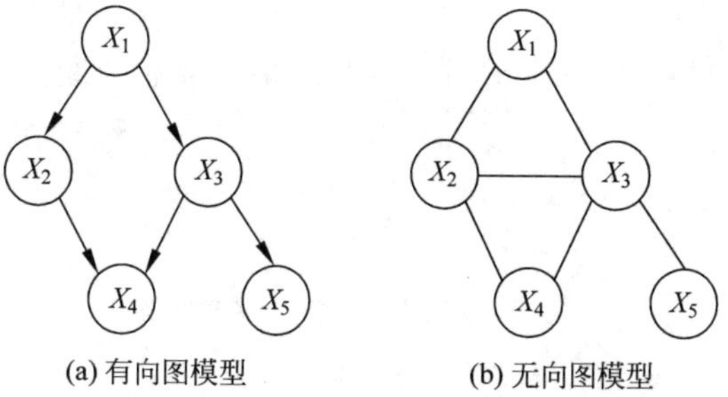

图 5-7　有向图模型和无向图模型结构对比

在联合概率分布的表示基础之上，可以进行概率图模型的推断和学习。概率图模型的推断问题是指基于部分观测变量对未知目标变量的概率分布进行计算，实现目标变量的取值的预测。概率图模型的学习问题是指基于现有的数据集合，对模型中各因子的参数取值进行估计，对于模型结构不确定的概率图模型，也可以进行模型的结构学习。概率图模型的推断任务具有非常高的计算复杂度，当变量规模较大时，需要采用近似的推断算法，如 BP 算法、EM 算法，以及蒙特卡洛仿真采样等。

在数字化业务应用中，概率图模型适合深度、复杂的智能推理任务，是对专家知识和数据知识进行融合的重要技术手段。概率图模型在医疗诊断、事故预警、知识推理、语音识别、专业实体抽取等场景都具有非常广泛的业务应用。

2）贝叶斯网络

贝叶斯网络可以对客观业务活动中蕴含的因果关系进行建模。在贝叶斯网中，以变量之间的方向性箭头指代业务逻辑中的因果关系影响。为了保证概率图模型可以被计算推断，贝叶斯网络必须是有向无环图，即变量之间不能存在沿着某一方向的“回路”结构。

对于贝叶斯网络来讲，有向图模型中联合概率分布的因子是变量之间的条件概率或变量的边缘概率。常见的贝叶斯网络包括朴素贝叶斯模型（Naive Bayesian，NB）、隐马尔可夫模型（Hidden Markov Model，HMM）等。

朴素贝叶斯模型是进行实体对象属性分类的常用模型，该模型的结构简单，其特点是在给定目标分类值时，属性之间的取值相互独立。朴素贝叶斯模型的算法稳健性很好，对于不同类型的数据集表现不会呈现出太大差异。在朴素贝叶斯模型下，在数据建模时需要估计的模型参数相对较少，模型结构也具有比较直观的可解释性。朴素贝叶斯模型适用于医疗诊断、欺诈识别、文本分类等任务。朴素贝叶斯模型的基本结构如图 5-8 所示。

隐马尔可夫模型是用来对序列数据进行分类的经典概率图模型。对序列数据进行分类的问题也称为序列标注问题，被分类对象是一个在时序维度上存在依赖关系的数据集合，某个数据对象的类别会影响到时序上相邻的数据对象的分类结果。

在一个隐马尔可夫模型的应用场景中，需要依靠每个时间点的观测变量取值猜测对应时刻的数据类别，同时还要兼顾每个数据对象分类结果的前后一致性。隐马尔可夫模型适用于文本分词任务、命名实体识别任务、语音识别、基因序列分析、股票分析等场景。隐马尔可夫模型的结构如图 5-9 所示。

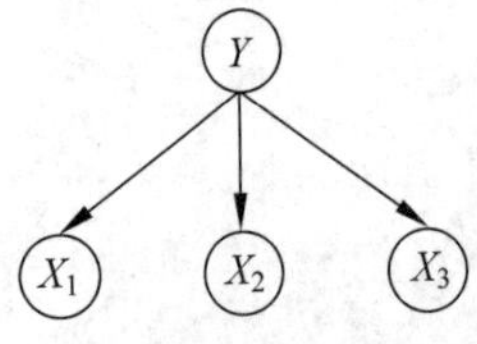

图 5-8　朴素贝叶斯模型的基本结构

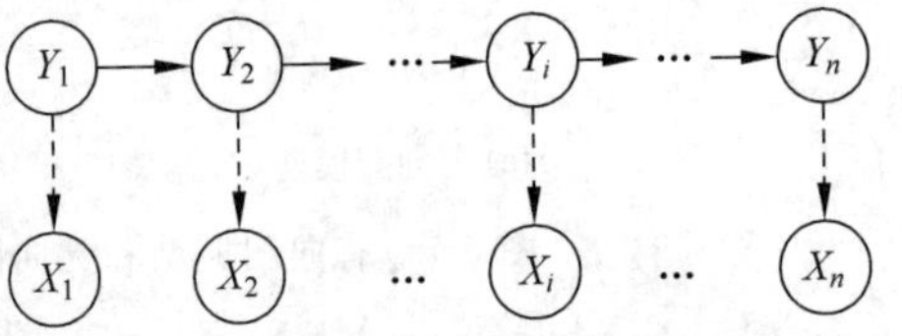

图 5-9　隐马尔可夫模型的结构

3）马尔可夫网络

马尔可夫网络包括最大熵模型、条件随机场、玻耳兹曼机等，主要用于对变量之间影响方向不明确的业务问题进行数据建模。在图模型中，变量之间是没有箭头方向的连线，只能对相关关系进行表示。在对一般业务问题的处理方面，马尔可夫网络的可解释性并不如贝叶斯网络，但是在具有空间条件约束的对象分类问题上，其具有更强的适用性。无向图模型中联合概率分布的因子是势函数，势函数可以表示图模型中的子图结构。

最大熵模型（Maximum Entropy Model，MEM）是指在数据建模过程中按照信息熵最大的原则进行模型选择。熵最大的原则保证了在求解模型时不额外引入主观因素，从而寻求一个不偏不倚的模型结果，对数据模型的唯一约束条件就只是观察到的数据特征的经验分布。最大熵模型主要用于文本分类、词汇分类、歧义消解、句法分析等很多经典的自然语言处理任务。

条件随机场（Conditional Random Fields，CRFs）的结构与隐马尔可夫模型结构非常类似，区别在于不指定数据对象的类别变量之间的影响关系方向。对于只有序列依赖而没有时间先后关系的数据集，这种模型假设更为合理。条件随机场是逻辑回归的序列化版本，只需对目标问题中的特征函数集进行规范化的定义，便可以对任意数据特征组合下的分类概率进行准确估计。条件随机场的模型结构如图 5-10 所示。

受限玻耳兹曼机（Restricted Boltzmann Machine，RBM）本质上是一种无监督的机器学习模型，用于对输入数据特征进行重构，学习到一种有效的数据表示。RBM 可以看作一种二分概率图，分为输入变量层和输出变量层，层内变量之间无连接，而层间变量之间是全连接关系。受限玻耳兹曼机本身并不解决预测问题，更多用

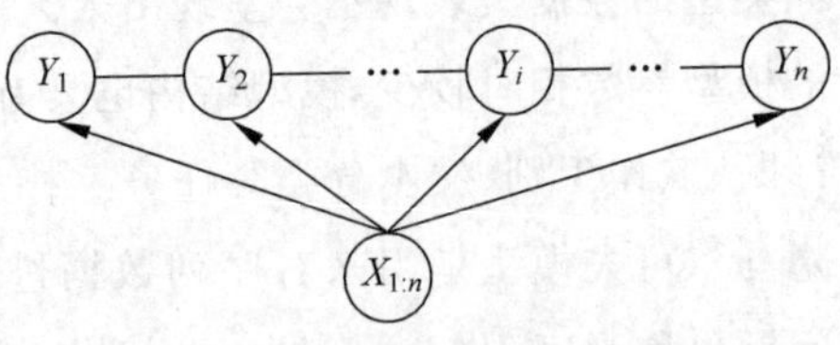

图 5-10　条件随机场的模型结构

于神经网络中的数据特征提取，通过对多个 RBM 进行堆叠组合，可以构成深度信念网络(Deep Belief Nets，DBN)。受限玻耳兹曼机的结构如图 5-11 所示。

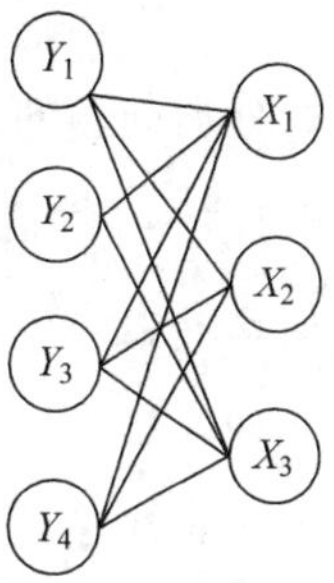

图 5-11 受限玻耳兹曼机的结构

4. 决策树模型

决策树(Decision Tree)是一种十分常用的机器学习模型，该数据模型可以理解为知识规则的复杂表现形式。决策树模型通过序贯决策的方式，基于多个步骤的判别操作将高维数据对象进行分类标注，而非通过一次性函数计算出分类结果。

1) 基本概念

决策树模型本质上是一棵树状结构的分类器，在每个分类步骤中，选定一个有效的数据特征作为判别条件，根据数据特征的取值(面向离散值特征)或取值所在数值区间(面向连续值特征)决定数据对象下一步应该进入的决策分支，直到最终确定数据对象的类别。

决策树模型的构建包括 3 个环节，分别是特征选择、决策树的生成和决策树的剪枝，其中，特征选择是指在每个阶段选择合适的数据特征作为数据分类的依据；决策树生成是指基于各阶段所选特征对当前正在处理的数据子集进行划分，形成决策树的分叉结构，逐渐演化出整棵树状的模型结构；决策树的剪枝是指在生成决策树之后，对决策树的某些分支进行局部切割优化，避免过于复杂的树模型在进行预测时产生过拟合。

例如，可以通过选择合适的机器学习算法对西瓜品相和实际质量的数据集进行分析，得到一个判定西瓜质量好坏的简单决策树模型。该决策树模型的主要结构如图 5-12 所示。

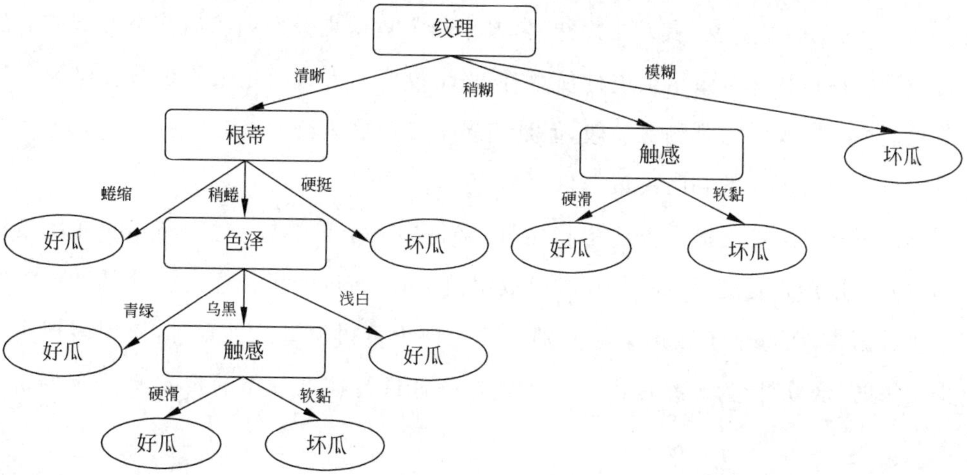

图 5-12 决策树模型的主要结构

机器学习中比较经典的决策树模型有CART、ID3、C4.5等，其中，ID3和C4.5主要是专门针对分类问题的决策树模型，而CART既是一种分类器，也是一种回归模型。C4.5在ID3的基础上，在性能表现上进行了显著优化，其中包括提出了多种缺失值的处理策略，通过引入信息增益克服了模型结果对特征数目偏重的缺陷，通过特征离散化的方式对连续值进行了处理，以及通过引入悲观剪枝策略避免了模型的过拟合等。

为了优化决策树模型的分类效果，通常采用集成学习方法对模型的整体性能进行提高。集成学习是指通过整合多个弱分类器模型，得到一个在多方面表现更好的强分类器模型的数据建模技术。Boost和Bagging是集成学习的两种主要技术实现思路，在很多机器学习模型的建模中具有广泛应用。

2）Boost与GBDT

Boost是基于提升策略的集成学习方法，引入Boost可以降低预测模型的分类偏差。Boost方法始于一个非常简单的分类模型，使用这个简单分类模型可对数据集中的各数据对象进行分类。被错误分类的数据样本将按照一定规则被提高相应的权重，再进入下一轮的模型分类测试，直到数据模型在预测问题上的表现达到业务预期要求。

GBDT(Gradient Boosting Decision Tree)是决策树算法在Boost策略上的具体实现，采用的是CART决策树。XGBoost是近年来非常流行的一个机器学习项目，高效地实现了GBDT算法，并在工程上进行了诸多改进。XGBoost可以运行在分布式架构上，解决规模达数十亿样本的大数据模型训练问题。

3）Bagging与随机森林

Bagging又称为袋装算法，其基本思想是，基于给定数据集分别训练出几个性能较弱的机器学习模型。在对目标变量结果进行预测时，采用投票的方式决定最终的分类结果。尽管每个单独的模型表现能力都相对一般，但是当多个模型群策群力，实现信息共享、方案融合后也可以得到非常可靠的判断决策结果。

采用Bagging方法可以提升算法的稳定性，降低预测结果的方差。Bagging在决策树算法上的主要应用形式是随机森林。在构建数据模型时，通过随机抽样的方式从数据集中生成多个子数据集，在每个子数据集上分别构建一棵决策树模型。预测时，使用多棵决策树的分类结果的“众数”作为最终输出。基于随机森林进行数据分类的技术原理如图5-13所示。

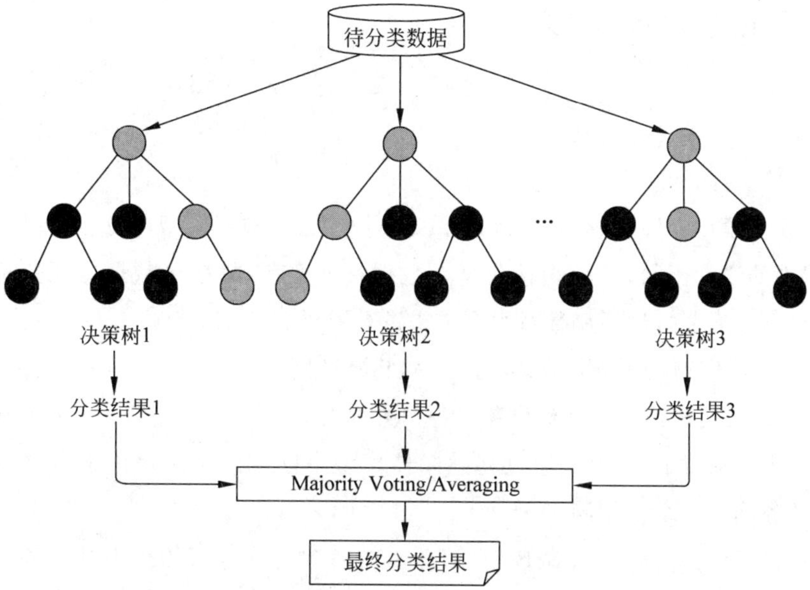

图 5-13　基于随机森林进行数据分类的技术原理

5.2　深度学习方法及常见模型

深度学习是一种特殊的机器学习类型，与传统的机器学习相比，深度学习的模型结构复杂，模型的输入特征变量很多。此外，深度学习模型的输入变量与输出的目标变量之间会有多层级的函数嵌套关系。在通过深度学习模型进行预测时，需要计算很多中间层的隐含变量，通过多步迭代的方式才可以得到最终结果。

深度学习只关注模型预测结果的准确性，而“牺牲”了模型的可解释性。由于模型内部的结构非常复杂，其本质上是个黑盒模型。深度学习不需要业务专家人工对模型的数据特征进行设计，可以直接使用数据源中的原始数据特征进行建模。深度学习模型可以从数据集中自己学习到有利于预测结果准确性的数据特征，这些数据特征的表现形式可以理解为嵌套函数中间层的隐含变量。

5.2.1 深度学习基本概念

1. 技术概况

1) 深度学习发展历史

深度学习模型早期起源于感知器(Perceptrons)模型,感知器模型可以看作一个线性方程加一个非线性的激活函数,该模型接收多个数据特征变量,将多个数据特征变量首先进行线性加权组合,然后通过激活函数对组合结果进行映射变换。

之后,在感知器模型的基础上演化出了人工神经网络(Artificial Neural Networks,ANN)模型。感知器模型是人工神经网络的基本组成结构,每个感知器是一个单独的神经元(Cell)。人工神经网络的原理是通过将感知器模型串联成网络结构模拟人脑的工作机理,进行复杂业务问题的结果预测。

在神经网络模型的基础上,随着BP算法等有效参数优化方法的提出及业界大数据处理能力的飞速提升,深度学习技术逐渐发展并开始流行。实际上,深度学习技术的本质就是神经网络模型,有时深度学习和神经网络两个概念在使用时并不加以严格区分,使用深度学习的命名主要是为了强调神经网络的结构复杂、参数众多,以及结构层级很深等数据模型特征。深度学习在应用上的有效性依赖于建模时的大规模数据集,用于训练模型的数据规模越大,就越能支撑复杂的模型结构。

2) 深度学习技术框架

当前以科技公司为主的很多机构基于产业实践研发并公开了实用化的深度学习框架,其中,国外比较流行的框架有谷歌的 TensorFlow 和 Keras、Facebook 的 PyTorch、Amazon 的 MXNet,以及 Microsoft 的 CNTK 等,国内比较流行的框架有百度的 PaddlePaddle、华为的 MindStore,以及小米的 MACE 等。

基于这些成熟的技术框架能够让数据工程师快速构建起基于深度学习模型的数字化应用。由于深度学习模型的训练过程通常需要对动辄上亿级别的大规模数据集进行计算处理,并且需要进行多次训练迭代才能收敛出较为可靠的模型参数,时效性是非常重要的技术保障因素,因此,大多数深度学习框架支持分布式的计算架构并提供基于 GPU 的并行计算能力。

分布式计算架构是指引入多台计算节点同时进行模型训练,提高建模实验的效率,有数据并行和模型并行两种实现思路,其中,数据并行是最常用的分布式训练策略,在模型训练过程中,不同数据计算节点各自维护一个数据副本,分别处理数据集的不同部分,模型参数在不同计算节点上进行同步,最终输出的模型是各计算节点训练结果以某种方式的合并；模型并行是指，同时训练深度学习模型的不同结构，但是由于大多数情况下，神经网络的各层级结构是前后互相依赖的，因此该方法在实际应用落地时较为受限。

2. 应用场景

深度学习主要适用于数据样本多、数据维度高的应用场景。在解决预测问题时，如果使用传统的机器学习方法进行建模，则首先需要构建有效的数据特征，当数据的维度非常高时，无论是采用人工进行特征设计，还是结合算法进行特征筛选，整个技术过程都十分困难。深度学习技术可以自动地从数据中挖掘规律，抽象出有利于最终预测任务的关键数据特征，但其有效的前提是，要有足够大的数据规模做支撑。

深度学习经常用于对原始的文本、图像等非结构化数据进行语义分析与主题分类。这些非结构化数据的原始数据特征通常具有较高的维度。例如，文本数据的原始数据特征是字符集，图像数据的原始数据特征是整个图像的像素空间。此外，在实际应用中，非结构化数据的可获得性相对较好，企业通过日志系统、文件系统、公开网络、图像采集系统等多种来源渠道能够积累出很大规模的非结构化数据资源。

在结合非结构化数据进行预测分析时，主要有两种策略：

在第 1 种策略中，首先从非结构化数据中提取语义知识，之后将语义知识融合到与业务逻辑相对应的算法模型中进行应用层的预测输出。上述算法的第 1 个步骤一般称为感知智能，第 2 个步骤称为认知智能。具体来看，数据感知解决的是从数据到信息的问题，而数据认知解决的是基于提取出的信息进行业务判断的问题。

在第 2 种策略中，直接使用原始的非结构化数据进行最终结果预测，而不对中间的业务逻辑建模，把整个预测模型当作一个黑盒处理。

5.2.2　深度学习常见模型

随着深度学习模型的广泛应用，越来越多的模型结构层出不穷地被创造出来，数据科学家对建模的关注重点逐渐从特征设计转向模型结构设计。很多深度学习模型的结构特征比较相似，可以根据模型结构的特征将深度学习模型分为不同类型。不同类型的深度学习模型在性能上各有优势，也有其各自适用的应用场景，本节将分别进行介绍。

1. 深度前馈神经网络

深度前馈神经网络（Deep Feedforward Network，DFN）叫作多层感知器（Multilayer Perceptron，MLP）模型，是最经典的深度学习模型，几乎适用于任何业务场景的数据分析应用。

1）基本概念

在深度前馈神经网络中，包含多个神经元网络层，而每个网络层又包含多个简单神经元，因此，深度前馈神经网络可以看作由许多简单神经元构成的网络结构。

以上所述的神经元是神经网络模型的最简易版本——感知器模型。每个感知器模型接收多个输入变量，首先通过线性加权求和，之后再通过激活函数（Activation Function）对加权结果进行非线性的数值映射转化，最后得到一个对应的输出变量。感知器模型的基本结构如图 5-14 所示。

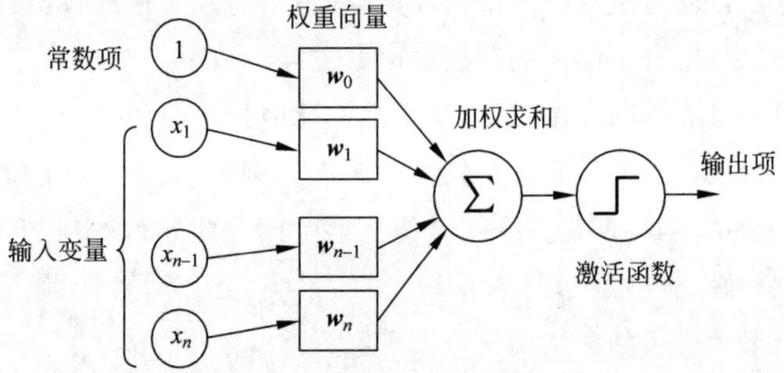

图 5-14　感知器模型的基本结构

深度前馈神经网络的每个网络层级之间存在前后衔接依赖关系，前一层的输出作为后一层的输入，数值信息在网络中只沿着一个特定方向进行传播。在更具体层面，每个感知器的输入来自其所在网络层级的上一层神经元感知器的数值输出。深度前馈神经网络的模型层级之间的神经元是全连接的关系，具有较大的网络密度，其在模型训练时的参数取值空间范围也较大。深度前馈神经网络的模型结构如图 5-15 所示。

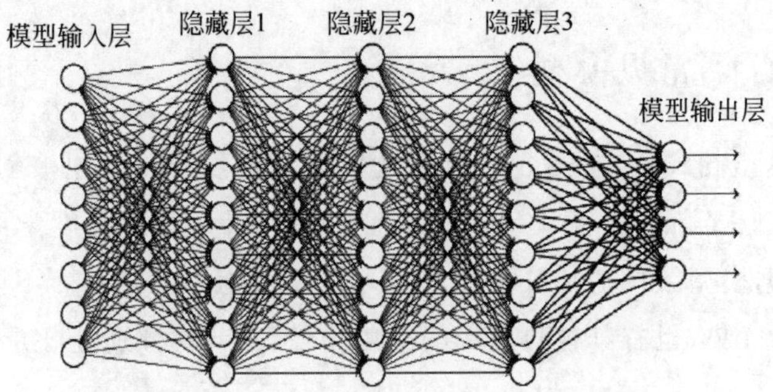

图 5-15　深度前馈神经网络的模型结构

深度前馈神经网络可以用于解决回归问题，也可以用于解决分类问题。当用神经网络解决回归问题时，最后一层会输出上一层神经元传入数据的加权和结果；当用神经网络解决分类问题时，需要在神经网络的最后一层附加一个 Softmax 函数，使神经网络最后输出的结果符合概率的表示形式(各分项之和为 1)。Softmax 函数如式(5-25)所示：

$$\text{Softmax}(x_i)=\frac{\exp(x_i)}{\sum_j \exp(x_j)} \tag{5-25}$$

在设计 MLP 的模型结构时，需要对模型的宽度、深度、激活函数等关键特征进行选择，其中，宽度和深度决定了网络的模型复杂性，激活函数决定了模型内部的非线性结构。

激活函数分为饱和激活函数和非饱和激活函数，其中饱和的概念是指随着输入值的增加输出值是否存在收敛至某一边界的趋势特点。非饱和激活函数与饱和激活函数相比的优势在于能够更好地应对"梯度消失"问题，同时参数的收敛效率更高。常见的饱和激活函数有 Sigmoid、Tanh，非饱和激活函数有 ReLU、Leaky ReLU、ELU 等。一些主要激活函数的公式及函数曲线如图 5-16 所示。

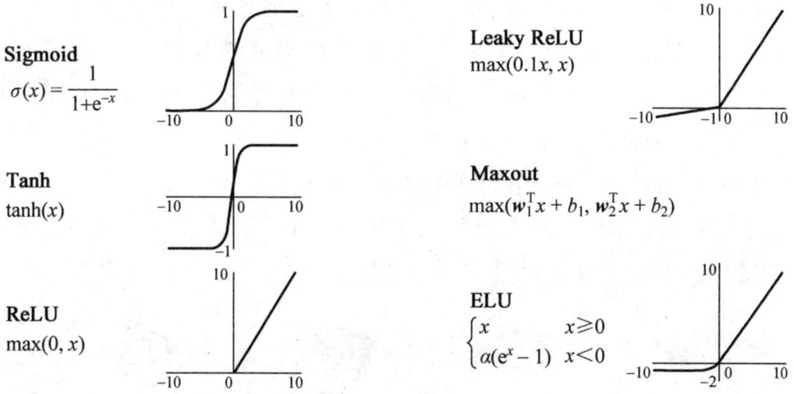

图 5-16　常见激活函数的函数曲线

反向传播(Back Propagation，BP)算法是面向多层神经网络的一种经典的模型参数学习算法，该算法建立在梯度下降法的基础上。反向传播算法主要由激励传播、权重更新两个步骤反复循环迭代而成，直到神经网络对输入的响应与实际输出结果的误差达到预期。反向传播算法本质上是用来计算神经网络中损失函数对其各个权重的偏导数，核心思想是链式法则，可以基于各神经元变量的误差项对模型参数的更新量进行自动计算。

2) 应用场景

MLP 可以用于解决非结构化数据的语义特征提取问题，例如，对文本数据、图像数据进行对象识别或内容分类。只要选择合适的表示方式将非结构化数据对应到 MLP 的输入层变量，就能自动完成后续的分类或数值预测问题。

MLP 的好处在于模型结构简单，不需要根据应用对模型的结构做太多的先验假设，然而，由于其神经元密度很大，对于数据特征维度非常高的非结构化数据分析应用，模型的总体性能并不太好。

相比上述场景，MLP 在更多场合下适用于变量规模一般大，同时变量之间内部关系复杂的认知层应用。对于很多综合、复杂类的预测应用，使用 MLP 可以更好地捕捉传统机器学习模型无法识别的高阶非线性特征，并能够应对数据分析人员对业务问题认知不足的问题。MLP 适用的场景包括商品价格预测、市场需求预测、主题热度预测、工业故障预测、网络流量预测、电力需求预测，以及体育赛事比分预测等。

2. 卷积神经网络

卷积神经网络（Convolutional Neural Networks，CNN）本质上也是前馈神经网络的一种类型，其权重共享的网络结构显著降低了模型的复杂度，减小了需要学习的参数规模。

1）基本概念

与 MLP 相比，CNN 的神经元密度更加稀疏。CNN 假设在同一神经网络层级中，只有相邻的神经元之间会有相互作用，即神经元的影响作用范围具有一定的空间限制。

以图像数据输入为例：卷积神经网络把图像数据的像素作为输入变量，通过多层的变量转换，得到最终的语义特征或数据分类结果。在卷积神经网络中，当计算下一层的节点输出时，模型不是对来自前面的每个像素信息都进行处理，而是仅对图片上的一小块像素区域（叫作感受野）进行处理，这种做法加强了图片信息的连续性。通过一个过滤器（Filter）结构在图层信息上进行滚动计算，依次执行卷积操作，即可得到下一层网络上的对应图像信息。在图像数据上的卷积计算过程如图 5-17 所示。

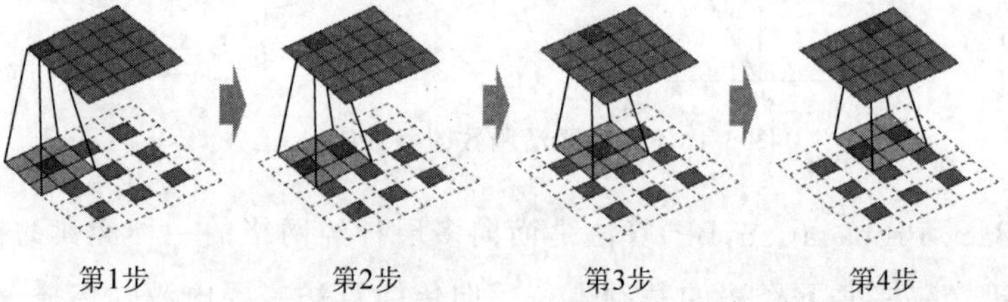

图 5-17　图像数据上的卷积计算过程

在设计 CNN 的模型结构时，除了需要对模型的宽度和深度进行设置，还需要确定模型的卷积过滤器和池化（Pooling）规则。在对 CNN 的一个层级进行特征提取时，通常可以有多个过滤器，每个过滤器负责提取不同类型的图像数据特征。过滤器的基本参数包括神经元感受野大小（如 2×2 或 3×3）、步长（卷积计算的每次滚动距离），以及填充步数等。

池化是指对所得到的某个隐含网络层进行简化的一种策略，除了可以向模型引入更多的非线性特征，还可以降低模型的冗余性和复杂性，提高模型的工作效率。执行池化操作的神经网络层级结构叫作池化层（Pooling Layer）。一个 CNN 模型通常是由多个卷积层和多个池化层排列组合形成的深度神经网络结构。基于 CNN 进行图像识别的技术架构原理如图 5-18 所示。

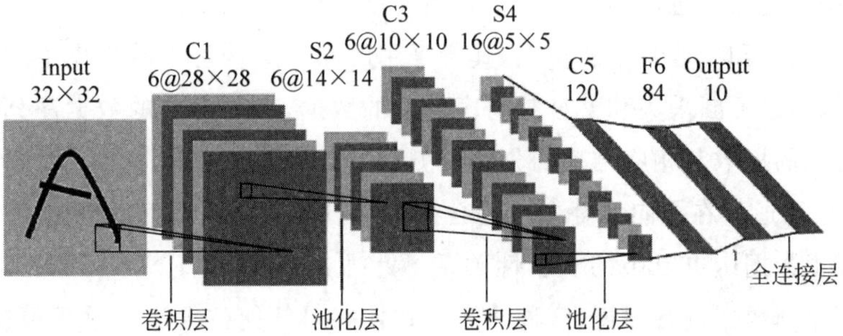

图 5-18 基于 CNN 进行图像识别的技术架构原理

2）应用场景

卷积神经网络最主要的应用场景是对图像进行处理，绝大多数基于 CNN 的神经网络模型创新设计是面向图像分析类的业务应用。例如 CNN 可以解决图像分类的问题，将图像数据与预定义的主题标签进行自动关联，满足对图像数据集进行统计分析和检索的功能需求。结合 CNN 的图像分类能力，还可以对人脸、车牌、证件、标签条码等实时采集的图像数据进行处理，提供和身份验证相关的自动化数字服务。

CNN 也可以解决图像分割的技术问题。图像分割是面向图像数据的像素级分类任务，可以把图像分成若干个特定的、具有独特性质的区域，并提出感兴趣的目标。图像分割技术在“修图”软件、视频后期制作方面有很广泛的业务应用。

在图像分割的基础上，CNN 能够实现目标检测，包括在图像中定位目标，确定目标的位置及大小。这在无人驾驶方面非常有用，为了保障行车安全，汽车的自动化图像采集设备在“观察”路况信息的同时，不断地对周边的人和物体进行动态识别和跟踪，为汽车的行驶路线提供智能化的决策依据。

CNN 除了对具有空间依赖关系的数据源有很好的表示能力，对具有时间特征的数据，如带时间标签的数据序列或文本数据，也具有非常好的技术适用性。曾有学者使用 CNN 对股票大盘指数的历史数据进行建模分析，同时考虑了同时期的文本信息流作为重要的参考变量，所得到的数据模型在后续的一段时间内获得了比较好的预测效果。

3. 循环神经网络

循环神经网络（Recurrent Neural Network，RNN）主要用来处理语音、文本等具有序列特征的数据对象，并从中提取有价值的语义特征信息。

1）基本概念

RNN 模型包含一个被不断“重复使用”的循环结构，该结构在每个时间节点接收一个新的数据片段，将其与结构中已经记录的历史存量记忆信息进行融合，生成新的记忆信息。

之后，再把结构中的记忆信息传播到下一个时间节点进行后续处理。

RNN 具有记忆性和参数共享的特点，其所复用的网络结构可以减少模型的参数规模。RNN 的循环结构通过不断采集和整合时间序列上的数据，对任意长的数据序列进行建模，实现时序数据特征的提取和相应结果的分类预测。

一些 RNN 模型通过在纵向堆叠多个隐含层的形式可以成为深度循环神经网络，这种网络结构可以捕捉数据中更复杂的非线性关系。此外，也有一些 RNN 模型能够同时对正向和反向的时间序列数据进行建模，这种建模方式使在对任何位置进行时序数据节点的分类预测时，都可以融合整个时间序列数据的全部信息。例如，句子中某个位置的词性预测结果跟目标词汇之前和之后的句子上下文信息都密切相关。

梯度是指当在模型进行参数优化时需要计算的参数更新因子。在深度学习模型中，参数的更新因子通常需要沿着网络层级的顺序不断地迭代计算。当数据模型的网络结构很深时，梯度的值会不断发生变化，有些情况下梯度值会逐渐趋向于 0，即梯度消失。在另外一些情况下，梯度的值会趋向于无穷大，产生梯度爆炸。无论是梯度消失还是梯度爆炸，都会导致参数取值无法得到有效更新。

门控循环单元（Gated Recurrent Unit，GRU）和长短期记忆网络（Long Short-Term Memory，LSTM）是 RNN 比较成熟的表现形式，有效地解决了传统 RNN 模型中梯度消失和梯度爆炸的问题。当前，主要 RNN 模型的基本组成单元大多借鉴了 GRU 或 LSTM 的结构。传统的 RNN 与 LSTM 的基本结构单元对比如图 5-19 所示。

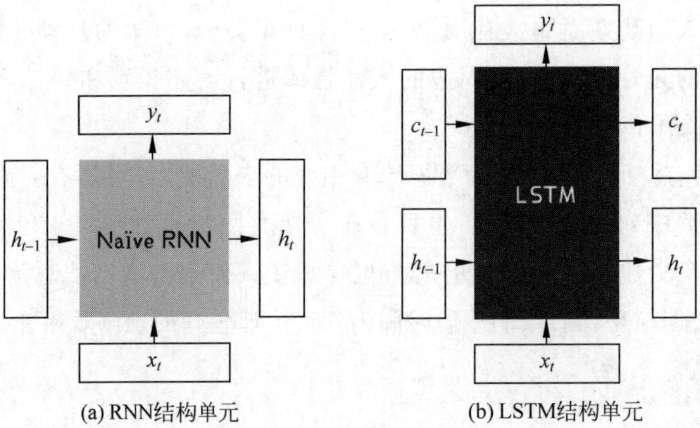

图 5-19　RNN 与 LSTM 的基本结构单元对比

2）应用场景

RNN 的应用主要集中在自然语言处理方向的具体技术任务中。结合实际的应用场景和应用特点，RNN 模型在结构上进行了定向的适配和优化，生成了 Transformers、ELMo、BERT 等表现优秀的文本分析模型。无论业务应用的上层输出结果形式怎样，只要是面向文本数据进行处理，都可以先采用RNN进行关键时序数据特征的提取，再结合业务监督信号，完成最终模型参数的适配和优化。

RNN支撑的自然语言类应用包括词性标注、句法分析、命名实体识别(NER)、实体抽取、关系抽取等基础语言分析任务，也包括文本分类、机器翻译、情感分析、智能客服、聊天机器人等高级语言分析任务。当RNN处理机器翻译和聊天对话任务时，输入和输出的内容都是序列数据，这就意味着RNN可以基于给定数据条件得到新的文本结果，达到"内容创作"的目的。RNN在文本创作生成的场景中也有非常多有趣的业务应用案例，例如，撰写诗歌、撰写剧本、撰写文本摘要、自动生成图片和视频文件的描述信息等。

类似文本数据，语音数据也是非常典型的时序数据，因此，RNN在语音数据的分析处理方面也具有非常有价值的应用潜力，具体形式包括音频文件转录、智能语音合成等。此外，引入卷积神经网络结构的RNN也可以处理包含序列输入的计算机视觉问题，并在股票预测、气候预测、经济周期预测等问题具有不错的应用效果。

4. 自编码器

1) 基本概念

从模型的内部结构来看，自编码器(Auto-Encoders, AE)由编码器(Encoder)和解码器(Decoder)两部分组成，其中，编码器负责将原始数据压缩后映射到目标编码结构上，解码器负责对目标编码进行解压缩操作。对于自编码器的模型训练任务，目的是选择合适的模型参数，让目标编码的解压缩结果尽可能与原始的输入数据贴近。基于编码器学习数据特征表示的技术原理如图5-20所示。

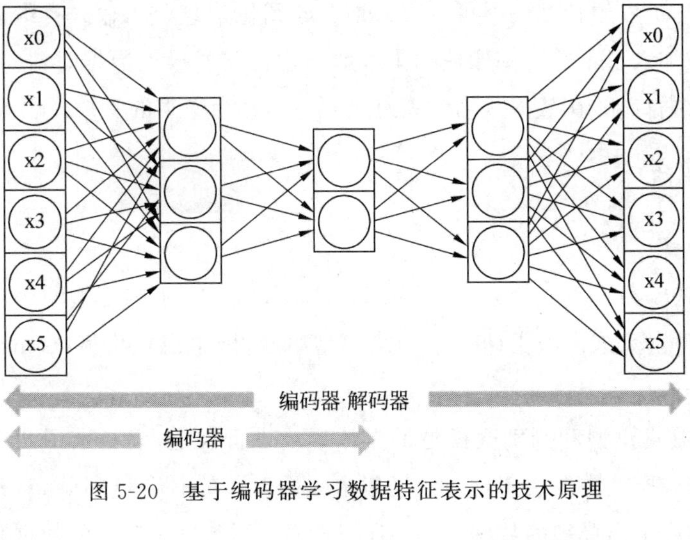

图5-20 基于编码器学习数据特征表示的技术原理

自编码器的主要特点在于对数据的依赖性很强，自编码器只能压缩与训练集中的数据高度相关的数据对象。此外，自编码器在数据压缩的过程中是有损的，从压缩后的数据表示中恢复出的数据与原始的数据相比，存在一定的精度损失。常见的自编码器模型有堆叠自编码器、降噪自编码器、稀疏自编码器、收缩自编码器、正则自编码器，以及变分自编码器等多种衍生类型。

自编码器本身并不能直接用于解决预测类的问题，其主要用于对数据中的隐含特征进行自动提取，以此来取代原先由人工进行的特征设计环节。自编码器可以对数据进行降维，其作用类似于主成分分析（Principle Component Analysis，PCA），但是通常表现效果比主成分分析更好，其主要原因在于自编码器可以通过多个神经网络隐含层挖掘数据集中深层复杂的非线性关系。

自编码器具有降噪和压缩功能，可以降低原始数据的信息量。对于千万乃至上亿级别的大规模数据集的模型训练任务，使用压缩过的数据编码进行建模，算法的执行效率会更高。

2）应用场景

自编码器的一个典型应用场景是异常数据检测（Anomaly Detection）。通过对目标数据集进行自编码器建模，可以学习到一种面对该数据集的有效编码表示模型。当对数据对象进行异常判断时，可以使用该自编码器进行数据重建分析，如果重建后的数据和原数据存在较大差异，则说明该数据和用于生成自编码器的目标数据集在基本结构上存在较大差异。相应结论可以作为一种参考依据认定此数据对象为潜在异常值。

其次，自编码器还广泛用于图像降噪（Denoising）处理。使用自编码器对图像数据集的表征关系进行学习，生成的自编码器可以很好地重建图像信息。当输入自编码器的图像数据被人为破坏或被加入了不符合图像数据集一般结构特征的噪声数据时，自编码器会选择性地忽略异常的数据特征，在数据重构时恢复出不包含人为噪声的有效图像数据。

5. 对抗神经网络

1）基本概念

对抗神经网络（Generative Adversative Nets，GAN）是 2014 年提出的一种表现稳健性非常好的深度学习模型，该模型由两个子网络模型组成，即生成式模型（Generator）和判别式模型（Discriminator）。

GAN 不对生成式模型和判别式模型的具体形式进行规定，而指定了两个子网络承担的功能角色。生成式模型主要用于学习数据集中数据对象的联合概率分布，并基于该分布以随机编码的形式产生出模拟的数据样本；判别式模型用来判断输入的数据是真实的数据还是模拟的数据，采用传统的有监督学习思路进行数据建模分析。

GAN 本质上是一种基于博弈的技术架构，让生成式模型和判别式模型之间进行左右互搏，在性能上互相促进优化。通过数据集对两个模型同时进行训练，让生成式模型随机生成的模拟数据达到让判别式模型"真假难辨"的效果，而判别式模型也具有更加精确的区分真假数据的判别能力。通过 GAN 模拟生成图片的技术原理如图 5-21 所示。

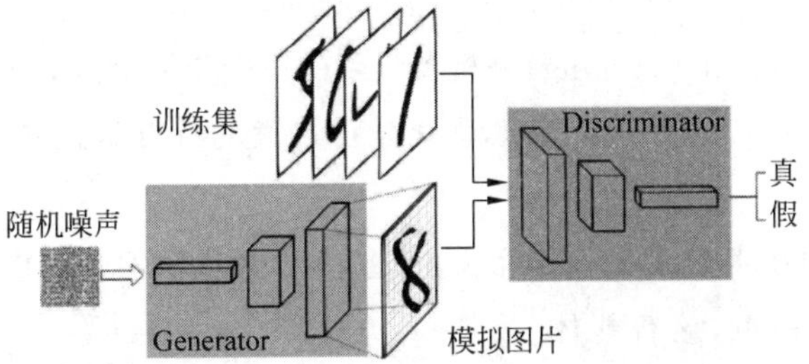

图 5-21　通过 GAN 模拟生成图片的技术原理

2）应用场景

GAN 适用于无监督和半监督的应用场景，在原始数据集中不要求一定存在虚假的数据样本。当引入生成式模型后，训练得到的真假数据分类器比一般的鉴伪模型具有更强的稳健性。此外，GAN 真正令人兴奋的能力实际上是其近似真实的数据模拟能力，可支撑创作类或效果模仿类的数字化应用。

例如，通过 GAN 可以实现人像的批量自动生成，可以在游戏和电影制作中大量生成身份、形态、特征各异的人物角色，提高人工设计场景的生动逼真效果；GAN 还可以自动实现绘画作品的自动生成，进行艺术品的 AI 创作，相应的深度学习模型可以巧妙地"学习"到创作者的整体创作风格。除了图像外，文本、音频、视频等不同格式的文件数据都可以基于 GAN 算法自动生成，极大地提高了人们进行数字产品创作的效率，使用户能快速学习并复制优秀创作者的宝贵经验。

5.3　其他建模技术

5.3.1　强化学习

在传统的机器学习任务中，数据集是先于数据建模的过程存在的。除此以外，还有很多数据建模任务并没有现成的数据集，用于建模的数据对象是在参数学习的过程中同步产生的。数据模型一边与业务场景进行交互，一边产生监督数据信号，进而进行模型参数的优化，这类数据建模技术称为强化学习。

1. 强化学习概述

1）基本概念

强化学习(Reinforcement Learning)是机器学习的一个重要分支，相较于传统机器学习通过现有已知的标注数据来学习业务知识，强化学习最大的特点是在与环境的交互过程中进行学习。

强化学习的理论和技术启发于行为主义心理学，在强化学习的任务范式中，存在一个智能体(Agent)的关键角色，该智能体的目的是得到一个使某种价值目标达到最优化的行为策略，该行为策略描述了在给定环境反馈时，决定应该采取哪种具体的行为决策。强化学习与其他机器学习类型的比较如图5-22所示。

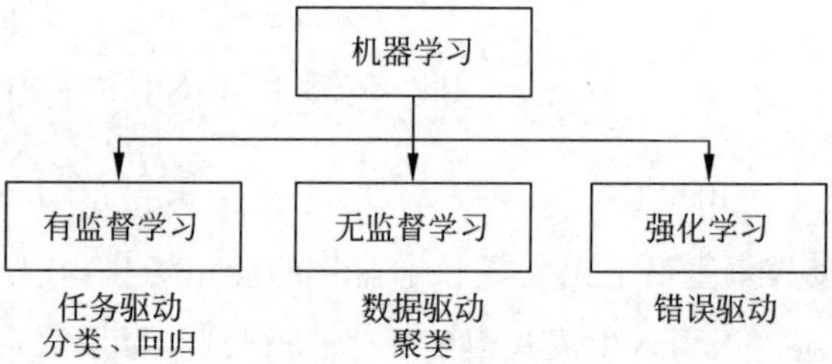

图5-22 强化学习与其他机器学习类型的比较

强化学习本质上是一种特殊的机器学习框架，学习的是关于行为的知识，而非传统机器学习关注的以对象为中心的知识。在客观世界中，与行为相关的训练数据非常稀缺，数据可获得性也差，因此算法模型必须通过主动与外界环境进行交互的方式，获取有价值的数据信息，并同步开展对数据模型的参数优化过程。

传统的机器学习方法主要是学习如何对事物的本质进行认识和判断，而如何在判断的基础上进行有效的行为决策，一般会交给人来思考确定。与传统的机器学习方法不同，强化学习方法直接关注行为决策本身。无论观测到的数据特征情况如何，只要按照该行为策略采取相应的动作，就可在动态、不确定的外部环境变化中以更高概率达到最终业务目标。

2）实现方法

在强化学习建模过程中，智能体从一个初始的行为策略开始，通过与环境进行交互，得到来自外部环境的奖励或惩罚作为信息反馈，通过外部反馈的大小和方向，不断校正自身的行为决策模型。

具体来看，当智能体的行为策略在与环境的交互中能够得到奖赏时，那么这个行为策略就会在模型训练的过程中有加强的倾向。以生活中的经验举例，某学生如果在日常作业中投入更多的学习精力，由此在考试中获得了好成绩，则该学生就会强化认真完成作业的学习习惯。强化学习任务范式如图5-23所示，其中的关键要素包括智能体、环境、状态、行动、策略、回报函数，以及价值函数等方面内容。

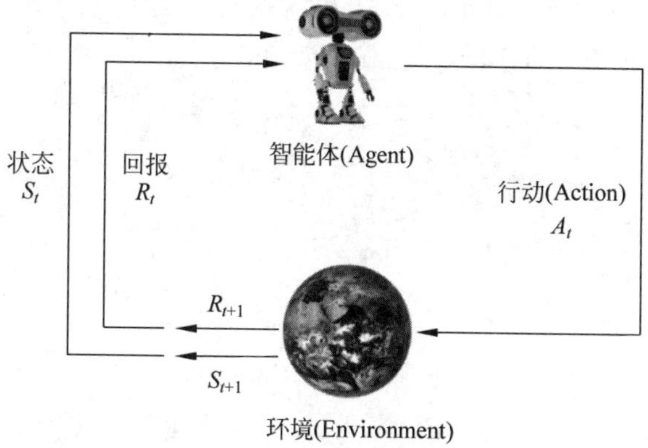

图5-23 强化学习任务范式

智能体(Agent)：智能体是强化学习的主体，是进行行为决策的对象。强化学习经常用于构建机器人的行为能力，此处机器人就是智能体。

环境(Environment)：环境是智能体所处的业务场景，智能体在决策行为中与环境进行交互，从环境中获取信息，执行相应的行为活动，并反过来通过自身行为影响环境。

状态(State)：代表智能体和环境当前所处的状态，随着智能体不断与环境进行行为交互，智能体和环境的状态也会随之动态改变。

行动(Action)：行动是每个阶段决策的结果输出，在一个强化学习任务中，智能体通常会有一个行动空间，例如驾驶任务中的开车、停车、加速、减速、左转、右转等。

策略(Policy)：策略是环境状态到行动的映射关系，也是强化学习的任务目标。

回报函数(Reward Function)：回报(Reward)是智能体真正关心的内容，回报函数是指环境给予智能体奖励或惩罚的机制，也是智能体通过不断交互、试错试图“摸索”清楚的事物真相。

价值函数(Value Function)：定义了长远上对于智能体来讲什么样的结果是好的。价值函数通常与状态有关，一种状态的价值是指从当前状态开始，智能体在未来的累计收益的期望值。

强化学习包括3类比较常见的算法，分别是Value Based算法、Policy Based算法及Actor-Critic算法。

在Value Based算法中，关注智能体在每种状态下可以采取的所有行动及这些行动对应的价值函数，以此来确定下一步如何行动，常见的Value Based策略算法有Q-Learning、DQN、SARSA等；在Policy Based算法中，关注智能体在每种状态下的行动策略，直接对智能体的行动策略进行建模，学习出具体状态下可以采取的不同行动的概率值，之后根据行动概率大小进行决策，常见的 Policy Based 算法包括 TRPO、PPO、PPO2 等；Actor-Critic 算法合并了以价值为基础的 Value Based 算法和以策略为基础的 Policy Based 算法，常见的算法包括 AC、A2C、A3C 等。不同类型的强化学习算法如图 5-24 所示。

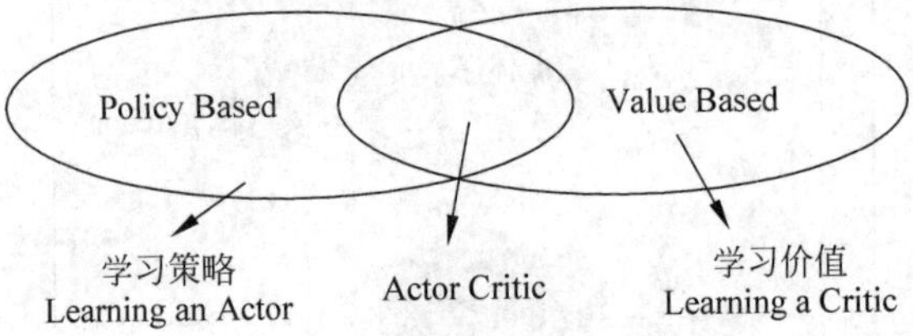

图 5-24　不同类型的强化学习算法

2. 强化学习典型应用

与行为有关的智能技术很多与强化学习密切相关，工业机器人、智能家电机器人、无人驾驶、动态医疗方案生成、游戏中的 AI 角色、智能客服等自动化领域的业务应用，背后都依赖于强化学习强大算法内核的支撑。

很多数字化应用场景的目的是为用户提供智能化的解决方案，让机器代替人来提供优质的服务。在这个过程中，需要让机器学习到人的专业行为规律，达到人的行为效果，而强化学习通常是该类型数字化应用中的主要技术方案。

1）无人驾驶

在无人驾驶的应用中，使用端到端的深度强化学习方法是一种新兴的技术方向，克服了传统“感知-规划-控制”序列式技术架构中专家知识规则覆盖度不足的问题。强化学习算法可以更好地应对路况复杂、驾驶环境不确定性程度高的特殊实用场景，降低了智能汽车对先验环境知识的依赖性。

基于强化学习的无人驾驶技术，可以直接实现从数据感知到控制决策的直达映射关系。在对驾驶模型进行训练时，采用 CNN 对图像数据进行处理，同时使用人类驾驶员对方向盘的实际操作指令作为模型的训练信号。在实际应用中，以左、中、右 3 个相机提供的图像信息作为输入条件，通过强化学习算法模型，可以自动输出对应的转向控制动作。

当前，深度强化学习已经被证明可以解决轨迹优化、运动规划、最优控制、高速环境行驶等很多典型无人驾驶技术问题，但是距离真正实用化仍有很多技术挑战。例如，深度强化学习算法不依赖于人工经验，同时缺乏可解释性，难以制定相应的实用化标准；为了应对不同的特殊驾驶场景，需要依托于大量的实验来对模型反复迭代优化；仿真系统和实际驾驶环境之间存在差异，如何构建一个可靠、合理、真实的仿真环境，也是未来该研究的重要突破方向。

2）AlphaGo

AlphaGo是谷歌DeepMind团队开发的一款围棋类应用程序，其强大的算力和与人类顶级棋手优异的比赛成绩证明了深度学习技术在人工智能领域的独特魅力。AlphaGo基于蒙特卡洛树搜索(MCTS)进行围棋胜率估计，以此完成强化学习中价值判断的环节。早期的AlphaGo版本使用两个深度神经网络模型进行下棋决策，其通过估值网络来评估大量的位置选点，并通过策略网络决定最终的落子位置。

在后来的AlphaGo Zero版本中，抛弃了对大规模棋局案例学习的过程，不依赖于人类的经验知识，在仅仅指定围棋规则的条件下，通过智能体之间互相博弈训练就得到了比之前版本系统更强大的围棋决策模型。AlphaGo的成功代表强化学习在游戏领域具有非常大的应用前景，只要结合大量的游戏对弈复盘，即可构建出非常优异的游戏模拟器，满足不同玩家的体验需求。

3）其他

除了无人驾驶、游戏场景外，大多数与动态决策相关的任务可以采用强化学习的方式进行数据建模。在大多数智能化特点比较强的数字化应用中，强化学习几乎是"标配"技术。例如，使用强化学习技术可以用于训练对话系统，通过与人类用户进行反复对话交谈并观察对话的实际效果，训练并优化一个聊天机器人模型，让该机器人可以越来越准确地揣测人类意图，满足说话人的实际沟通需求。

在广告业务中，强化学习算法主要用于为平台方生成可靠的广告排序策略。平台方可以基于大量的用户行为数据进行训练，结合点击率、曝光率、商品购买率、广告收益等不同的业务指标，构建相应的行为决策模型。决策模型可以在不同用户搜索条件下给出动态、合理的广告内容混合排序结果，均衡用户、广告方、平台方彼此的总体效益。另外，强化学习在医疗诊断、自然语言处理、金融交易决策、工业机器人、路径搜索等很多决策复杂度较高的任务中，都有非常高的应用价值。

5.3.2　从智能到智慧：学习任务泛化

纵观不同的机器学习模型，大多有一个共性，就是每个模型都限定于解决某类具体的业务应用需求，通过机器学习从数据中获得的智能实际上是一种狭义的智能。一旦模型面对的数据形式或业务问题发生了变化，训练得到的数据模型就会失效。实践中大多数机器学习技术对应用任务缺少泛化性，数据科学家只能"一事一议"地来设计并实现数字化解决方案。

当前的人工智能技术还只是专用人工智能，而没有达到通用人工智能(强人工智能)的水平。所谓通用人工智能实际上是指人工智能技术具备人类的智能化特点，拥有"举一反三”的判断决策能力，可以从已掌握技能中获得未接触过的业务问题的启发。

为了让机器从专用人工智能达到通用人工智能，就必须让机器学习模型提升泛化能力，使从数据中学到的业务知识逐渐可以应对多种不同的场景应用，完成从智能到智慧的能力跃迁。目前，提升机器学习模型泛化能力的方案有迁移学习和元学习两种方法，这也是未来机器学习的重点发展方向之一。两种方法本质上差异不大，但各自在具体技术实现细节上有所侧重。

1. 迁移学习

1）基本概念

迁移学习（Transfer Learning）是一种机器学习建模的思维，指的是将一个领域的机器学习模型复用到另一个业务问题的应用中，提升模型的泛化性，强化机器学习模型在不同业务问题领域的复用水平。

迁移学习需要从一个原始问题的模型出发构建新的模型，这个原始问题的模型可以通过已知的数据集进行构建，也可以选择已经公开发布的预训练模型（Pre-trained Model）。在迁移学习中，以原问题的模型参数作为起点进行模型重用，使用目标问题的数据集样本进行模型参数微调，以此来获得最终业务场景所需的机器学习模型。使用迁移学习进行数据建模的技术应用框架如图 5-25 所示。

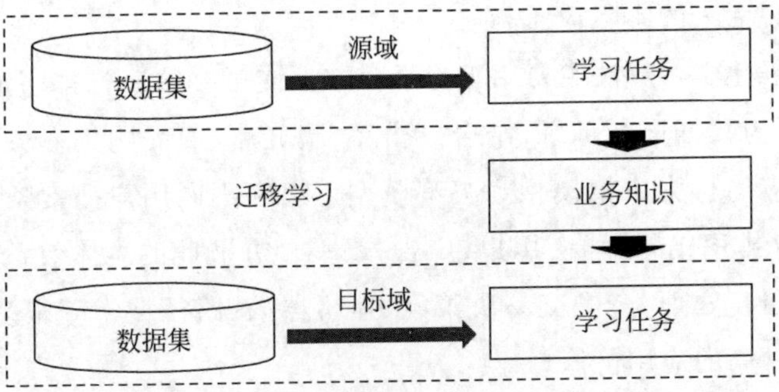

图 5-25　迁移学习技术框架

迁移学习方法让模型的训练任务更加高效，充分利用了相似业务问题数据模型之间的知识关联性和业务启发性，能够让数据模型蕴含的业务知识更广泛地被不同数据服务共享。当目标业务问题的数据集规模比较有限、数据样本获取难度较大或数据样本获取成本较高时，使用迁移学习方法更能增加数据模型的可靠性和应用落地的可行性。

2）应用场景

在深度学习任务中，基于迁移学习的思想，使用预训练模型作为建模起点已经成为很流行的技术处理手段。在自然语言处理任务中，会从一些超大规模数据集中构建出预训练模型并进行重复利用，生成面向具体业务端应用的数据模型。这些模型由于已经蕴含了海量非结构化数据的内在语义知识，因此能够在机器翻译、人机对话、实体抽取、句法分析等不同数字化服务场景中获得优异的测评表现。

例如，首先基于 BERT 语言模型在 Wiki 等大规模语料集合中进行"掩码预测"任务的预训练，再将已经进行过参数初始化的模型迁移到有标注的数据集中进行二次训练，完成目标任务的学习，最终得到对欺诈邮件进行自动分类的预测模型。使用 BERT 模型进行欺诈邮件分类的技术架构如图 5-26 所示。

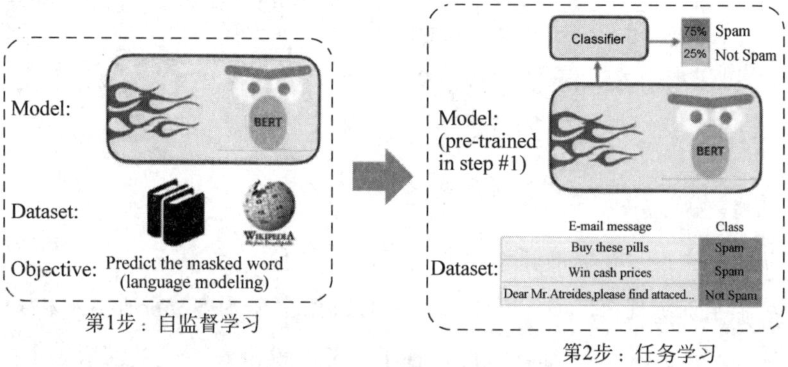

图 5-26　基于 BERT 模型进行欺诈邮件分类

2. 元学习

1）基本概念

与传统的机器学习相比，元学习(Meta Learning)更加接近于人类的学习方式，元学习的目的不是教会机器某一项任务，而是教会机器如何去学习一类任务。"授人以鱼，不如授人以渔"，好的老师不仅会教给学生具体的知识技能，还会教给学生学习的方法。尽管元学习技术的发展还处于比较初级阶段，但由于元学习技术的提出先天是为了面对任务需求的变化性、广泛性，因此是未来强人工智能方面技术的重要发展方向。元学习的技术框架如图 5-27 所示。

在元学习任务的实现过程中，不仅需要对数据进行采样，同时也需要对任务进行采样。元学习在多个任务和数据集上进行学习，基于 MAML 等经典算法，可以获得一种比较敏感的抽象数据模型。该抽象模型可以在少数据样本观测的情况下，迅速基于给定的新任务需求构建出相应的数据模型结果。

与迁移学习不同，元学习技术强调任务空间的概念，即从多个具体任务中提炼出共性的抽象知识。这些共性的抽象知识在数据模型中的表现形式是超参数。在一般的机器学习任务中，超参数通常是人为设定的，而在元学习的任务范式中，超参数是从多台机器学习

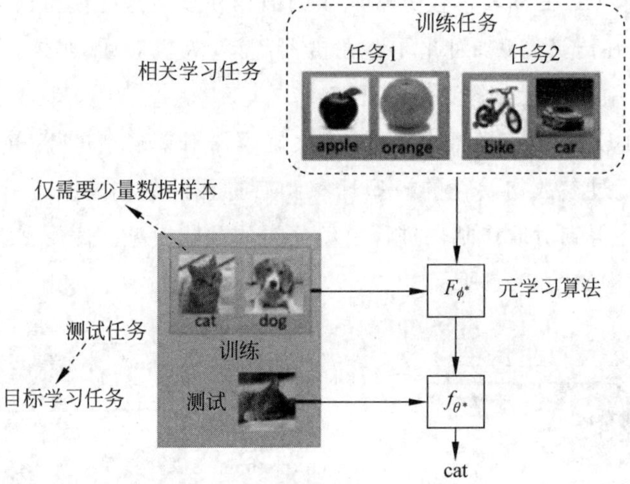

图 5-27　元学习的技术框架

任务中自动学习生成的。一个标准元学习的主要步骤如下：

首先定义 h 个子训练任务，每个子训练任务的数据集分为 Support Set 和 Query Set。对每个子任务的 Support Set 进行训练，得到各子任务的模型参数 θ_k^*，然后，用不同子任务的 Query Set 去测试 θ_k^* 的性能，基于数据对象的预测值和真实值来计算子任务的模型损失 l_k。接着，整合 h 个子训练任务的损失函数得到总损失 $L(\varphi)$：

$$L(\varphi)=l_1+l_2+\cdots+l_h \tag{5-26}$$

最后，利用梯度下降法去求出对 θ_k^* 产生影响的超参数 φ，找到最优超参数设置 φ^*，即挖掘出蕴含在多个子任务中的元知识。

2) 应用场景

元学习适用于可观测样本非常少的机器学习业务场景。在现实应用中，很多情况下获取有效的历史经验数据比较困难，数据科学家需要在很稀缺的数据样本条件下构建出能够解决目标预测问题的数据模型。

在使用元学习方法建模时，一般考虑能够找到一些具有代表性的相似学习任务，保证在数据建模时能够从这些相似任务中提炼出有指导意义的通用知识。

符合上述条件的一种典型的应用场景是市场需求预测，对于很多产品的销量来讲，其统计分布都具有非常明显的长尾效应，因此，在对一些比较细分地区的市场销量进行预测时，很难得到充足的历史数据作为参考信息。在构建预测模型时，一种可行的方法是复用其他比较成熟地区的销量预测模型，在这些表现较好的数据模型的通用参数的基础上，通过少量数据样本快速获得比较可靠的销量预测模型。

5.3.3 其他机器学习策略

1. 主动学习

1）基本概念

主动式学习(Active Learning)是一种特殊的机器学习类型，包括流式主动式学习和离线批量主动式学习两种实现形式。主动式学习在模型层面并没有太多特殊之处，它的特点主要体现在数据样本的获取方式方面。对于有监督学习和半监督学习来讲，均需要获得有标注的数据对象，然而，数据的标注活动在很多情况下是需要投入成本的，在机器学习中应当尽可能用更少的标注数据训练得到高质量、高价值的数据模型。

在主动式学习的算法框架中，把人的操作加入机器对数据处理的环节中，用于建模的带标注的数据样本在机器学习的过程中是实时获得的。首先，通过机器学习的方法获得比较"难"分类的数据对象；之后，将这些"难"分类的对象提交给人进行标注，然后，再把人工标注结果作为新的数据对象进行参数训练，渐进式地提升数据模型的效果。

主动式学习的技术框架主要包括查询模块和预测模块两部分，其中，预测模块是传统机器学习模型的部分，作为模型对数据样本进行标注，查询模块是用来决定人工需要标注确认的无标签数据样本。查询模块有不确定性采样查询、基于误差减少的查询，以及基于密度权重的查询等主要类型。主动式学习的基本流程框架如图5-28所示。

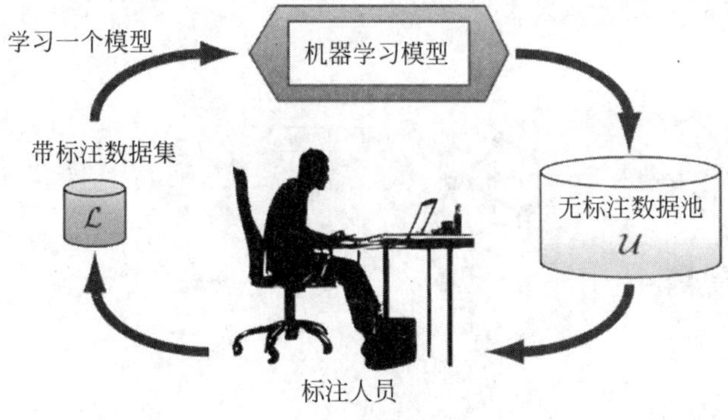

图5-28　主动式学习的基本流程框架

2）应用场景

主动式学习主要用于垃圾邮件识别、智能推荐算法、异常数据检测等数字化业务场景。在上述场景中，机器会对比较有确定性的分类结果进行自动分类，而将很难自动分类的数据对象保留给用户进行人工交互处理。

在邮箱类应用中，用户可以手动将没有被识别分类的垃圾邮件拖曳到对应的垃圾邮件文件夹中，进行人工标注分类；在智能推荐应用中，如果通过算法自动推荐的内容不能满足用户检索信息的需求，用户则可以通过“向后翻页”或“重复搜索”的方式继续查询相关内容，通过类似的行为提供新的标注数据；在异常数据检测场景中，很多制造企业也会沿用机器检测加人工复核的方式来定位异常的工业流程或有质量问题的产品，通过人工方式发现的异常数据可以让算法迅速补充“人”的经验，实现分类能力的提升。

2. 直推学习

1）基本概念

直推学习（Transductive Learning）是与归纳学习（Inductive Learning）相对的技术概念，常见的有监督机器学习采用的方法都是归纳学习法。对于直推学习来讲，可以提前观测到需要测试的数据集，并通过已标注的数据直接对未标注的测试数据集进行分类预测。

直推学习是半监督学习的一种特殊类型，数据模型的泛化能力体现在数据集中可见的未标注数据中，而不考虑数据集之外的未知数据对象。需要注意的是，对于直推式学习来讲，一旦数据集中出现了全新的数据对象，产生了内容的变化，就需要重新调整所有已标注过的数据标签结果。

直推学习的方法通常比较直接，很多时候不用显式地执行数据建模工作，只需直接基于当前数据集中数据之间的结构关系，参考已标注数据对象对待标注的数据进行类比式的标签判别。例如，某未标注数据 A 与某未标注数据 B 在特定数据空间中距离相近，此时 B 可以被“直推式”地标记为 A 的同类标签。基于直推式学习对图数据节点进行标签分类的技术过程如图 5-29 所示。

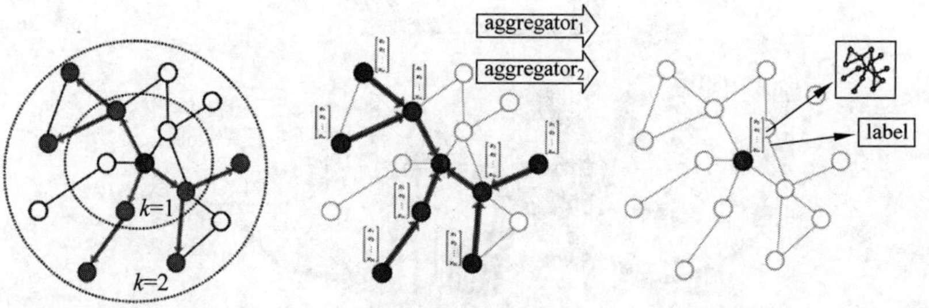

图 5-29　基于直推式学习对图数据节点进行标签分类

2）应用场景

直推学习是基于“封闭世界”假设的数据分析技术，当预测问题的所有场景均为可见时，可以考虑使用直推学习的方法。直推学习一般不引入先验的数据模型假设，因为当前数据集已经涵盖了全部有效的数据特征。在应用直推学习时，建模和预测两个环节被融为一体，需要考虑到算法的时效性因素。直推学习比较适合离线的批处理数据应用，能够一次性对整个数据集进行类别标注。

一个比较典型的应用直推学习的问题场景是，数据集中仅有少数的已标注数据，但是数据对象之间的距离信息可获得，数据的分类标签与数据特征的空间位置存在很强的关联性。此时通过直推学习的思路，利用标签传播算法，基于数据对象的空间邻近性特征依次对未分类的数据对象进行标注。符合上述特征的典型场景有文本情感分类、异常值检测，以及基于社交关系的内容推荐等。

3. 自监督学习

1）基本概念

自监督学习（Self-supervised Learning）是一类将无监督学习问题转换为有监督问题的技术方法。自监督学习的目的是通过数据本身的结构来获得一种有效的编码方式，从原始数据中提取出对下游业务应用具有重要信息支撑的关键数据特征。自监督学习的价值体现在能够面向预测任务的需求特点，结合数据对象本身的隐含信息，巧妙地设计出一种辅助的学习任务（Proxy Task）。这个辅助任务是一个有监督的学习问题，只不过监督信号不是来自人工标注的结果，而是来自数据本身的内容形式。

对于自监督学习，在进行辅助任务的设计时，需要关注以下几个方面：一是需要对可见的带标注数据给出客观合理的业务假设，保证数据对象与业务问题的一致性；二是辅助任务的数据规模需要充足，保证能够提取出足够有效的数据特征；三是必要时可以对辅助任务中的标注数据进行严格筛选，从而进一步提升数据集对目标任务的支撑效果。

2）应用场景

自监督学习适用于从看似无标注的海量数据资源中，获得有标注的高价值数据集合。一般情况下，需要人为地对原始数据进行修改或重新定义。

例如，在自然语言处理问题中，掩码建模就是一种常见的自监督学习的应用，其假设句子中某个词汇是未知的，通过上下文信息对这个“未知”的词汇进行预测。在人类社会中，语料资源是非常充足的，任何一篇文章的一个语句，都可以通过掩码的方式生成一个有标注的文本数据记录。通过对大规模的语料数据进行自监督学习，可以训练出对语义内容表示性能很好的深度语言模型，如 BERT、GPT 等。

除了可以对文本数据处理，自监督学习在图像数据处理方面应用更加广泛。例如，借鉴文本数据的掩码思路，可以把图像数据中的某一部分去除，然后训练一个生成算法模型，以满足图像文件自动修复的功能；此外，还可以对批量的图像数据进行随机采样，得到每个图像数据的对应缩略图，只要将该过程反向操作，就可以构建一个图像超分辨率任务，自动提升图像数据的显示精度；类似地，通过对图像数据进行旋转、镜像、拼图、去色等多种不同的变换操作，可以批量生成面向不同任务场景的标注数据，极大地满足图像数据智能处理的技术应用需求。

4. 联邦学习

1）基本概念

联邦学习(Federal Learning)是近年来热度逐渐增加的一类机器学习任务，在 2016 年由谷歌最早提出，本质上属于分布式机器学习。联邦学习可以在数据样本的物理空间分布不集中的情况下，也能被访问并进行数据模型的训练。

联邦学习的技术目标是在保证数据隐私及业务合规的基础上，让企业和组织之间进行数据共享、数据融合、模型共建，从而更充分地挖掘和发挥各自数据资源的价值。在联邦学习的技术下，模型被存储在远程服务器上，多个数据终端可以将本地数据与数据模型相结合，分别对模型的参数进行训练更新。

联邦学习允许多个参与方(客户端)协作训练得到一个共享的全局模型，各个参与方无须分享本地设备的数据，保证了数据建模参与方的数据隐私性和数据安全性。在联邦学习的过程中，由联邦系统的中央服务器协调完成多轮联邦学习，以此得到最终的全局模型。

在每轮开始时，中央服务器将当前的全局模型发送给各个参与方。各个参与方根据本地数据接收的全局模型进行参数训练，训练完毕后得到更新模型并返回中央服务器。中央服务器在收集到所有参与方返回的更新结果后，对全局模型进行一次统一更新，结束本轮学习过程。

在模型更新过程中，数据保存在参与方本地的设备中，设备与中央服务器之间传输和交换加密后的模型。不同终端彼此之间不直接进行数据交换，但是在数据建模的过程中，仍然达到了数据共享的效果。

2）主要类型

联邦学习主要包括横向联邦学习、纵向联邦学习，以及联邦迁移学习 3 个子类型，具体如下：

(1) 横向联邦学习也称为基于样本的联邦学习，适用于两个数据集之间用户特征重叠较多，而用户标识重叠较少的情况。例如，当同一类型的两家企业面向不同用户群体提供服务时，由于业务很相似，其产生的数据内容也是相似的，但是两家企业服务的用户有交叉的概率并不大。横向联邦学习是将数据集在水平方向进行分割，然后取出用户特征相同而用户身份不完全相同的部分进行联合训练。通过横向联邦学习可以有效地扩展样本的数量。横向联邦学习的技术原理如图 5-30 所示。

(2) 纵向联邦学习也称为基于特征的联邦学习，适用于两个数据集之间用户特征重叠较少，但是用户标识重叠较多的情况。例如同一个地区有两个不同机构，如交通部门和银行，它们分别记录用户的出行数据和金融交易数据，彼此在数据特征上几乎没有重叠，但是服务的用户对象几乎是一致的。纵向联邦学习将数据集在垂直方向进行划分，取出用户标识相同但是数据特征不完全相同的部分进行联合训练。采用纵向联邦学习可以增加数据特征维数，实现不同领域的数据融合，挖掘出更多有价值的业务信息。纵向联邦学习的技术原理如图 5-31 所示。

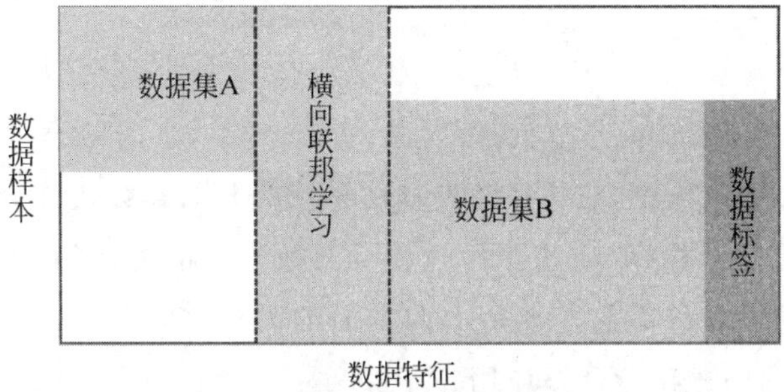

图 5-30　横向联邦学习的技术原理

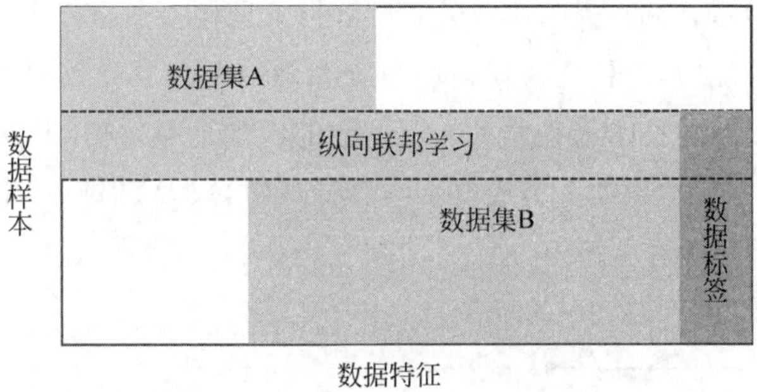

图 5-31　纵向联邦学习的技术原理

(3) 联邦迁移学习适用于两个数据集之间用户特征和用户标识的重叠都较少的情况，此时不需要对数据集进行分割。例如，两个不同行业的企业分别服务于不同地区的用户，彼此产生的数据交集很少。此时，当一家企业的数据资源较为丰富时，可以采用迁移学习的方式为数据资源较少的一方在数据建模的环节进行技术赋能。联邦迁移学习的技术原理如图 5-32 所示。

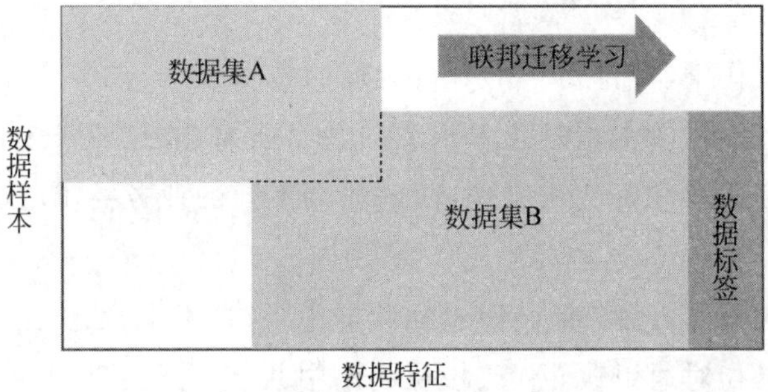

图 5-32　联邦迁移学习的技术原理

第 6 章

企业数字化建设

在企业的数字化转型工作中,往往伴随着软件系统的开发建设工作。软件系统是企业数据资源和数据服务的技术载体,企业要提升自身的数字化能力,就必须通过构建或升级软件系统实现。企业建设软件系统主要解决两方面的需求痛点:一是整合并管理数据资源,二是基于数据资源进行数字化创新应用。

在数字化转型工作中,和数字化建设比较相关的技术概念有中台、大数据和云计算,其中,中台的作用是整合数据资源,提高企业的基础数据管理能力和服务能力;大数据的作用是强化企业的数据处理能力,包括更大规模的数据存储容量和更高效的数据计算能力;云计算的作用是通过更专业的技术服务体系和更灵活的软件工程架构,提高企业的数字化能力及效率,降低企业数字化建设的实施成本。本章将从中台、大数据、云计算 3 个方面介绍企业如何开展数字化建设工作。

6.1 中台:数字创新的内核发动机

6.1.1 中台对企业的意义

1. 中台与数据中台

在数字化转型的工作中,中台是一个非常流行的技术概念,很多企业在数字化转型中非常关注中台的建设。中台的本质是技术资源的共享能力,通过建设中台,企业可以基于对现有技术资源的持续积累和资产化管理,面向前端不同的业务需求,快速搭建出各种有效的数字创新应用。

中台包括非常多的具体内涵,如业务中台、数据中台、技术中台、安全中台,以及算法中台等,其中,业务中台是指对通用软件代码模块的集中共享和开发复用,数据中台则是指对企业内部的数据资源进行整合，把原始的数据源加工成具有业务价值的数据资产，最终以服务的形式为企业不同的数据功能和数据产品提供信息能力。

对于数字化转型的企业来讲，通常采用“数据中台＋业务中台”的双中台技术架构，其中，数据中台提供数据内容支撑，业务中台提供功能逻辑支撑，二者共同构成了数据信息流的完整闭环。数据流从数据中台产生，与业务中台提供的系统模块结合，支撑业务系统的功能，业务系统在生产运营中再产生新的数据流，回到数据中台，将数据中台不断地做深做厚，产生更优质的数据流，循环往复。企业“双中台”技术架构如图6-1所示。

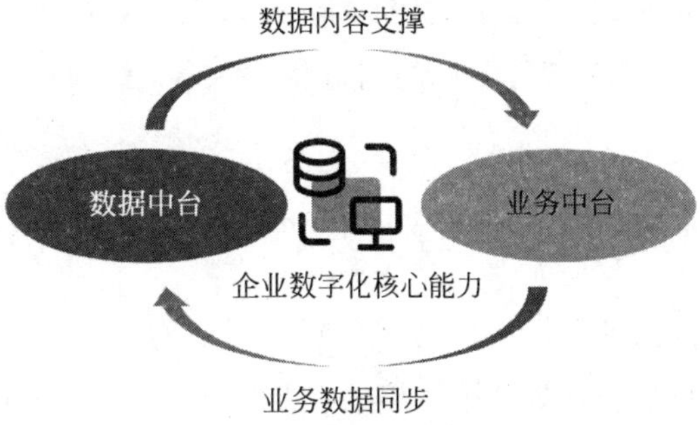

图6-1　企业“双中台”技术架构

数字化转型的最终目的是基于数据分析的基础进行业务创新，推动企业的数字化技术应用，而为了支撑前端业务的创新，企业需要对自身的数据资源进行集中整合，进行数据资产的建设和综合管理，并利用这些数据资产为数字化应用赋能，因此，数据中台可以看作中台体系里最为关键的组成部分，本章将对其进行重点介绍。

对企业来讲，数据中台是数字化转型工作中非常重要的技术建设成果，数据中台不一定是某个具体的技术系统，但是本质上可以抽象地看作一个“公司级”的系统平台。这个平台不直接解决某个具体的业务应用需求，但是可以构成支撑企业数字核心能力的技术底座，解决数据赋能的基础需求。

数据中台不只是一个技术系统，在更广义的层面上也是一种围绕数字创新应用的企业组织管理思想。基于数据中台的思想，不同企业可以根据自身的实际情况量身定制中台系统的具体技术实现方案，以中台系统为技术载体，全方位地开展自身的数字化转型管理活动。

当前，字节跳动、小米、华为等很多大型企业通过引入数据中台加速了自身数据的资产化过程，提高了内部数据的综合利用率，并获得了极大的行业竞争优势。

字节跳动基于数据中台在数字化业务的快速创新方面做出了成功表率。字节跳动通过对社交媒体的内容中台进行精细化运行，基于海量的用户行为日志分析，实现了用户对平台内容偏好的精准画像，并孵化了抖音、西瓜视频、悟空问答等成功的数字产品。

小米的数据中台优势主要体现在对行业生态中的创新企业进行技术赋能。小米基于其持续研发、产品选择、市场推广方面积累的丰富经验，构建了面向硬件、互联网、AIoT等多个领域的智能中台，除了支撑自身的业务创新，还持续赋能周边相关产业，投资或孵化超过数百家智能硬件公司，覆盖住宅、酒店、养老、公寓、办公等多个业务场景。

华为的数据中台建设主要解决自身庞大而复杂的供应链管理运营问题。华为以数据中台为技术能力底座，持续开展面向全公司级的数据综合治理工作，从2017年至今，实现了业务可视、智能运营、数据创新等多个宏观数字战略目标，紧密连接客户、员工、合作伙伴、供应商、消费者等不同的利益相关主体，实现自动化、差异化、智能化的行业领先制造运营体系。

2. 数据中台的主要能力

成熟的数据中台具备全域数据汇集、数据资产加工、数据资产管理、数据服务可视化、数据价值变现等几个方面的主要能力，下面分别进行介绍。

1）全域数据汇集

为了构建企业的核心数据能力，需要对企业的内外部数据进行集中管理。数据中台可以整合企业中不同部门、不同业务场景、不同渠道、不同格式的数据资源，促进数据资源在全公司层面进行更广泛的共享，提高数据的整体利用率。

数据的价值在于关联，通过关联企业中不同业务域的数据可以提高数据的总体业务维度，从而极大地丰富企业数据的内涵，因此，数字化转型中对企业的数据进行汇集操作十分重要。数据中台在汇集企业全域数据资源的基础之上，能够打造出帮助企业持续开展数字化创新的宝贵数据资源池，不断赋能各种数字应用场景。数据中台的数据资源汇集能力如图6-2所示。

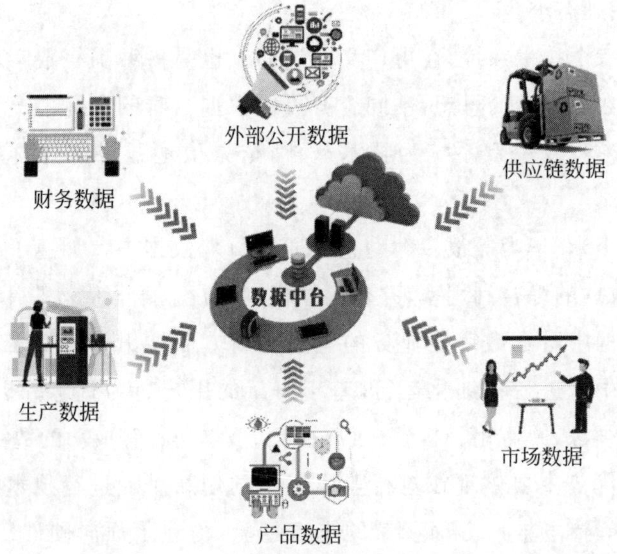

图6-2　数据中台的数据资源汇集能力

2）数据资产开发

在汇集了来自不同业务线条的数据源基础之上，企业需要从中构建有价值的数据资产，这些数据资产是原始数据基于各种数据科学方法的技术加工后得到的信息成果。相对于原始数据源来讲，数据资产离业务端的需求更近，具有更直接的应用价值。

数据资产可以是最原始的数据，也可以是原始数据通过规则或算法进行加工后生成的新的数据结果。最简单的数据资产构建方法是直接给原始数据添加业务标签，使数据条目可以根据实际分析需求被准确地查询检索。

数据资产既包括客观的数据事实表格、文件，也包括通过数据分析产生的业务知识。前者的表现形式主要有关联整合后的数据表单、汇总计算后的主题报表，而后者的主要表现形式主要有结构化的知识数据、标签化的业务对象条目、逻辑判定业务规则，以及各种用于预测分析的分类算法模型等。

其中，数据标签是具有业务价值导向的特殊数据类型，根据指定的业务规则或模型为数据对象添加数据标签，将客观的原始数据项加工成特定应用场景下的数据资产；业务规则和分类算法模型是通过数据挖掘或机器学习算法从数据资源中提炼出的动态业务知识，这些知识在前端数据服务中提供实时的信息决策支持。数据资产化过程的示意图如图 6-3 所示。

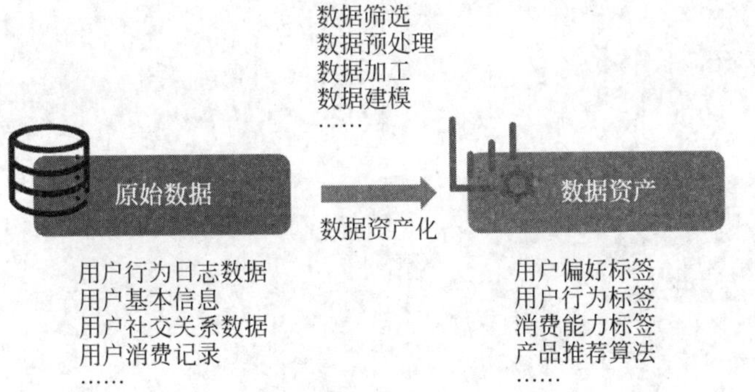

图 6-3　数据资产化过程

数据资产可以直接提供给具体的数字化功能调用，数据中台整合了常见用于数据资产开发的组件和工具。数据资产开发的工具包括数据同步工具、数据特征提取工具、知识抽取工具、数据预处理工具、数据建模工具、数据标注工具，以及数据查询检索工具等。

3）数据资产管理

在一个数字化企业中，与数据资产相关的业务角色包括两类，分别是数据生产者和数据消费者。其中，数据生产者把企业内外部的数据资源进行整合与加工，生成数据资产，数据消费者根据业务需求使用数据资产，对数据进行消费应用。

为了帮助数据消费者方便、合理、准确、规范地使用数据，必须对数据资产进行科学和系统的管理维护，定义数据使用的技术规范和业务内涵。对数据资产进行管理是数字化企业在数据治理环节中的重要工作内容，而数据中台则必须承担起存储数据资产、管理数据资产、提供数据资产服务的全方位功能。

对数据资产进行管理必须依靠一种特殊的数据类型对数据进行标准化定义，这个特殊的数据类型一般称作元数据(Meta Data)。

元数据的本质是描述数据的数据，帮助用户对数据及和数据相关的活动进行准确理解。元数据包括业务元数据和技术元数据，其中业务元数据规范了数据的具体业务含义，是数据消费者的重要参考信息；技术元数据规范了数据如何被机器进行存储和计算使用，影响数据生产者对数据的理解和操作。

4）数据可视化

在数据中台系统中，数据可视化的功能有效地解决了数据操作过程和数据结果的展示呈现需求。这些可视化模块可以极大地简化数据分析人员对数据的交互操作，降低用户使用数据资源的技术门槛，让企业中的更多用户积极参与到“价值共创”的活动中。某社区数据可视化大屏的效果如图 6-4 所示。

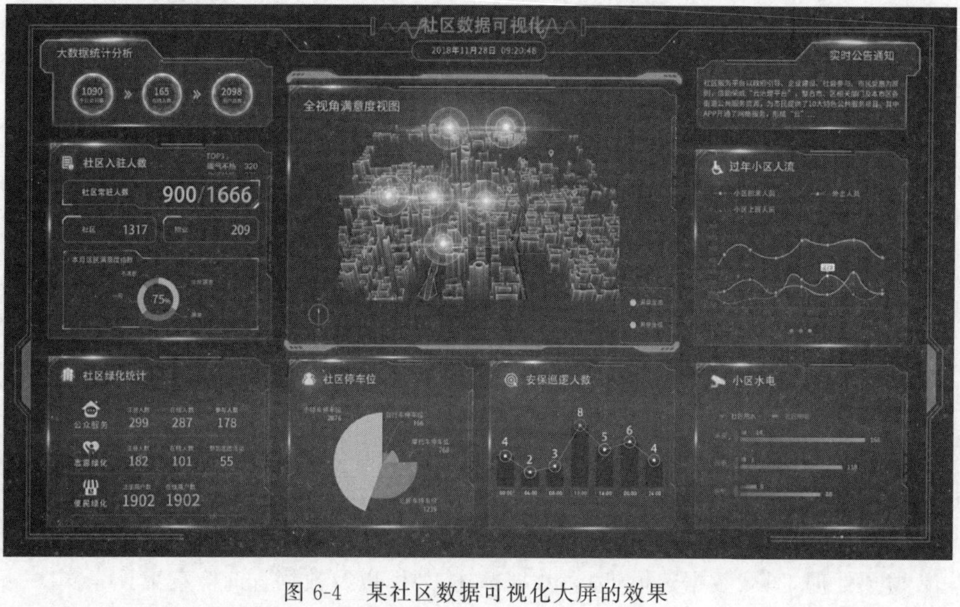

图 6-4　某社区数据可视化大屏的效果

通过数据可视化可以让用户直观地查看数据中台中数据资源和数据资产的总体分布现状，基于可见的业务标签配置，让用户查看不同类目组合条件下的数据条目；数据可视化功能可以采用特定关系脉络图展示不同数据之间的血缘关系，对当前展示的数据记录进行结果溯源；可视化功能还可以为中台的数据查询和分析结果提供丰富的视图展示，基于条形图、饼图、折线图、网络图、热力图等多种图形类型的组合展示，强化用户对数据处理结果的信息价值感知。

5）数据价值变现

数据价值的变现表现为基于数据资产对业务进行优化和创新，具体包括两种方式：一是业务决策支持，二是数字应用建设。

首先，通过对数据的分析可以获取关键的商业洞察，指导具体业务运营活动，此时数据中台的价值体现在对企业决策者提供自动化的大数据交互分析。基于数据中台，企业可以结合具体的应用需求，构建数据分析软件。用户可以对数据源和数据资产进行自定义查询，通过丰富的统计分析工具对数据查询结果进行实时分析，从中挖掘出有价值的业务信息，帮助企业的管理层面向不同业务问题进行综合决策。

其次，基于数据资产可以设计和开发具体的数字化业务应用。这些数字化应用本质上是通过数据资产构建的软件功能或软件产品，为企业的员工或服务用户提供自动化、智能化的技术能力。数字化应用既可以是企业内部的运营工具，也可以是对外的数字创新产品，其实现必须依赖于数据中台提供的信息支撑。

数字化应用从数据中台获取数据并不是以直接读取数据库的方式进行，而是采用调取数据服务的形式实现。一个具体的数据服务背后是一整套预定义的规范化数据查询和数据处理（如算法、模型）逻辑。通过数据服务访问数据资产内容，可以更有效地对后台的数据内容进行隔离保护，对数据的读取过程也更为了方便快捷。

基于元数据，数据中台可以同时面向数据资产和数据服务提供系统的管理运营维护能力。企业数据资产价值变现的主要方式如图6-5所示。

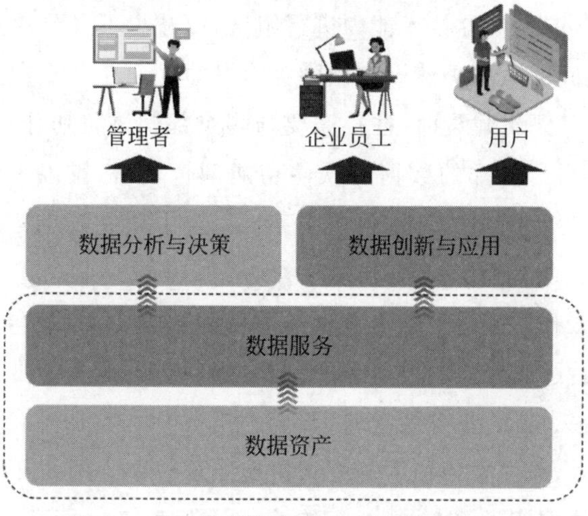

图6-5　企业数据资产价值变现的主要方式

6.1.2 数据中台的发展阶段

数据中台不是被刻意设计出来的，而是随着信息技术和商业模式的发展不断演化出现的。对数字化企业来讲，数据中台的流行伴随着全新的系统建设方式、数据管理方式及数据价值的创造方式。下面将从这几个方面的演化过程对数据中台的产业价值进行介绍。

1. 信息系统建设发展阶段

数据中台与企业信息系统建设的方式密切相关。企业在开发建设系统时，从烟囱式的系统建设阶段，发展为平台式的系统建设阶段，最终发展到中台式的系统建设阶段。

1）烟囱式系统建设阶段

在烟囱式的系统建设阶段，每个系统的开发建设彼此之间是相互独立的。系统之间既不共享软件功能模块，也不共享数据库资源。每个系统是基于不同的业务线条开发的，在系统的建设阶段没有进行过统一规划和设计，这些系统在运行时分别从不同的数据库中读取数据信息。

开发人员每次在建设一个新的信息系统时都需要重新进行数据库表的设计并开发新的数据服务接口。烟囱式系统的问题很明显，主要体现在数据不共享、数据不一致，以及数据能力重复建设等方面。

2）平台式系统建设阶段

在平台式的系统建设阶段，一些业务复杂的大型企业开始探索平台式的系统建设方式。这些企业通常会根据其业务版块主题构建多个业务主题平台，如商品管理平台、店铺管理平台、市场营销平台、订单物流平台、用户运营平台等。当建设一个新的业务系统时，开发人员会从各个平台获取相应的技术能力进行组合，以减少不必要的重复开发工作。

在此阶段，各平台之间的数据仍然没有做到完全共享。每个平台是由不同的部门负责运营，在涉及跨平台的业务逻辑建设时，往往需要与多个部门进行协作对接，开发过程的沟通成本较高。此外，各个平台内部的数据和软件功能耦合紧密，难以关联多个数据源进行有效的数字服务创新，不少定制化的底层数据服务也需要手动重新开发。

3）中台式系统建设阶段

在中台式的系统建设阶段，完全实现了业务逻辑和数据资源的解耦，新业务系统的开发形式更加灵活快捷。通过数据中台和业务中台，分别对数据服务和业务功能模块进行集中整合与管理。在构建一个新的业务系统时，开发人员分别从数据中台和业务中台获取必要的数据资源和技术能力，通过服务调用的方式快速实现数字应用的开发。

数据中台实现了对数据资源和数据资产的统一运营和统一管理，通过数据服务的形式，为前端业务进行持续的数字化赋能。数据中台对企业中数据的使用方式和使用权限进行了完整的定义和规范，企业中相关数据消费者对数据资源的应用门槛极大降低，真正实现了组织数据资源的共创和共享。信息系统建设的不同发展阶段如图 6-6 所示。

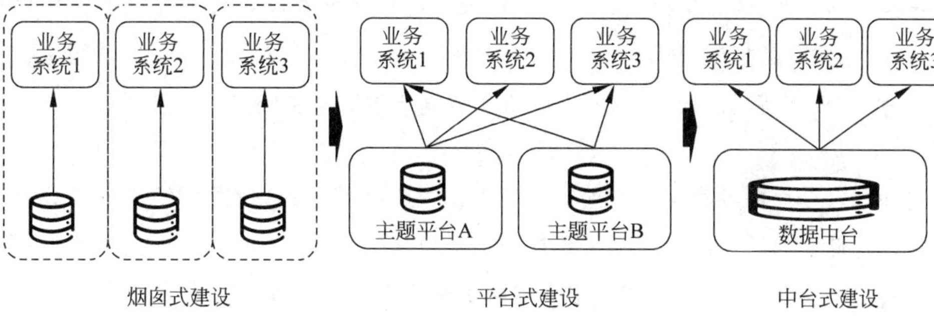

图 6-6　信息系统建设的不同发展阶段

2. 数据管理方式发展阶段

数据中台不仅影响到企业的系统建设方式，同时也是一种先进的数据资源管理技术。面向不断复杂的数据分析处理需求，企业对数据的管理方式从数据仓库阶段发展到数据湖和数据中台的阶段。

1）基于数据仓库的数据管理

数据仓库的概念是由相对于业务信息系统的数据库概念提出的。业务信息系统的数据库主要是提供业务逻辑中的数据交互能力，而数据仓库中的数据则是为了支撑企业的业务分析功能。企业中早期的数据分析工作是基于数据仓库展开的，管理者从数据仓库中读取数据，基于这些数据进行多维统计分析，获得具有参考价值的业务结论，支撑各方面的管理决策。

数据仓库中的数据是业务系统数据库中的数据源基于数据同步、数据整合、数据分析等步骤生成的。数据仓库中的数据内容不会轻易改变，这些数据具有稳定性。此外，数据仓库的数据模式（表格结构）是提前预置的，企业面向特定的数据分析应用需求对数据仓库所存储的数据类型、约束，以及格式进行提前定义。

通常，一个企业面向不同主题域的分析需要建设多个数据仓库，每个数据仓库都有其自身固有的信息功能定位。从数据价值变现的角度来看，数据仓库只能解决业务决策支撑的问题，而不能解决数字应用建设的问题。

数据仓库只能存储结构化数据，无法保存非结构化的数据内容。数据仓库中的数据内容本质上是被筛选和加工后的“二手”信息资源，而非原始的数据源信息。基于数据仓库进行数据挖掘和数字业务创新具有一定的局限性。

2）基于数据湖的数据管理

数据湖(Data Lake)是从数据仓库的基础上衍生出的概念，这个概念最早由 Pentaho 的创始人 James Dixon 在 2010 年提出。数据湖技术弥补了数据仓库在数据存储方面的局限性，可以对包括结构化数据(数据表)、半结构化数据(CSV、日志、XML、JSON)、非结构化数据(文本、图片、PDF、音频、视频)在内的不同格式数据通过对象块或文件的形式进行统一存储和管理。

数据湖除了整合面向各类子任务加工过的数据，也存储了来自数据源的最原始数据信息。数据湖在存储原始数据的时候不需要提前定义数据模式(Schema)，数据按照原始的全量信息进行备份和保存，在面向具体数据应用需求时才需要进行数据模式的配置。

与数据仓库相比，数据湖的数据存储粒度更细，信息表达能力更强，并且覆盖更广泛的企业数据资源。基于数据湖，可以汇集全公司不同渠道来源的数据资源，形成数字化创新的强大技术能力基石。

3）基于数据中台的数据管理

数据中台与数据湖一样，可以整合企业中不同的数据资源，但是数据中台与数据湖在技术定位上仍有区别。数据湖的定位在于数据存储，而数据中台则更加关注对数据的应用。除了对企业中的数据源进行集中管理，数据中台还提供了一系列对数据资产进行敏捷开发的技术模块和工具，帮助用户从数据源中挖掘有价值的业务信息。

数据中台把数据资产的生产行为和消费行为进行隔离，对业务和数据实现了更加彻底的关系解耦。一方面，数据生产者在数据中台创建有价值的数据资产，以数据服务的方式进行逻辑封装，进行发布和管理；另一方面，数据消费者按照业务创新需求，通过访问数据服务接口来获得数据资源能力，灵活地支撑前端的数字化应用场景建设。数据仓库、数据湖、数据中台的模式对比如图 6-7 所示。

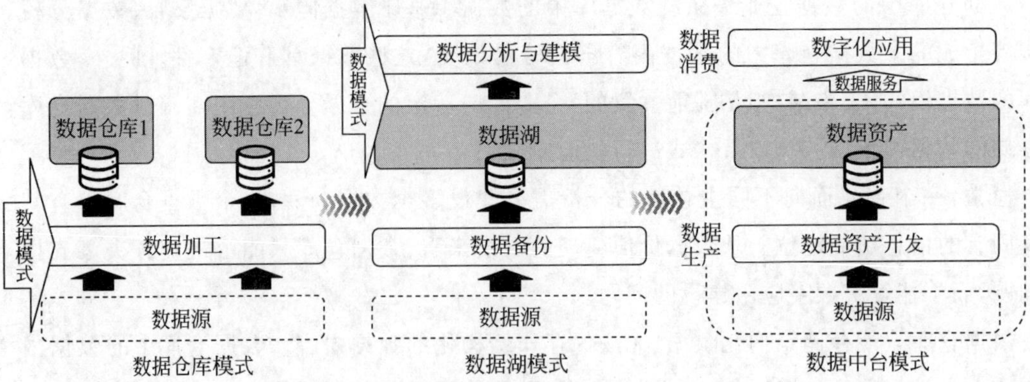

图 6-7　数据仓库、数据湖、数据中台模式对比

3. 数据价值创造发展阶段

对企业来讲，将业务与数据结合的产业实践发展已久，通过数据对业务进行赋能，经历了业务决策、业务创新、行业赋能等多个主要发展阶段。

1）业务决策阶段

在业务决策阶段，企业把数据当作管理活动中的重要参考信息来源。业务系统中的交易数据、订单数据、库存数据以特定的时间周期被备份及记录下来，按照预定义的主题板块进行统计汇总，形成商业报表，为企业的管理者提供业务决策支撑。

在这个阶段，数据的价值必须依靠人进行释放，数据应用的自动化水平不高，主要体现在数据报表的联机分析处理（On-Line Analytic Processing，OLAP）方面。业务决策阶段的数据使用方式较为单一，一般只面向结构化数据进行分析，数据分析的对象都是预定义的主题数据表，无法对初始的数据源进行深入探索。另外，企业中只有少数中高层的管理人员进行数据消费，数据价值的总体利用率处于较低水平。

2）业务创新阶段

在业务创新阶段，除了使用数据进行业务决策，企业开始关注对数据中隐含的业务价值进行开发和探索。业务创新阶段所使用的数据分析工具和方法更加丰富，专业的数据科学家开始参与到数据的分析工作中，使用统计建模、机器学习、深度学习等各种技术方法对数据进行加工处理，发现有价值的业务知识和商业洞察，并以数据资产的形式进行积累沉淀。

数据中台是业务创新阶段发展出的技术产物。数据科学家在数据中台进行数据资产的开发，中台运营团队对这些数据资产进行集中管理，企业中的业务部门和团队通过服务的方式对数据资产进行访问，支持前端的各种数字业务应用。

在数据中台的基础上，企业中的数据资源实现了统一管理，打破了固有的信息壁垒，数据价值潜力显著提高。在此基础上，企业中更多的成员会参与到数据价值发现和数据价值应用的具体实践中，数据作为核心的生产要素，从企业的局部辅助地位贯穿到业务运营的全流程。

3）行业赋能阶段

行业赋能是指企业的数据不仅支撑自身业务的发展，也为企业所在业务生态中的相关组织进行行业赋能。“数据只有用起来才有价值”，将企业自身的数据资源与其他组织所拥有的数据资源进行关联，为这些相关方的业务活动进行数字化赋能，是数字化业务模式的主要发展趋势。

在行业赋能阶段，数据中台仍然是重要的技术载体，但中台的数据不仅能服务于企业自身的业务发展，同时也能助力于外部其他组织的业务场景落地。此时的数据中台还有另外一个身份，即“行业数字能力平台”。数据中台是对内的视角，行业平台是对外的视角，二者的本质都是数据资源的共创和共享。

很多大型的互联网企业由于掌握了流量入口，并且在早期的业务拓展中积累了大量用户数据，这些数据本身就是非常宝贵的数据资源。这些头部企业的数据资源如同其掌握的技术资源一样，是一种可以进行“交易”的企业资产。随着C端流量红利的逐渐消失，基于数据服务为B端中小企业提供数字化和智能化的解决方案，将成为未来更加主流的商业模式。互联网企业之间的竞争焦点，已经从消费互联网模式转换到产业互联网模式。

6.1.3 数据中台的组成部分

企业通过数据中台可以快速形成数字化场景的建设能力，实现从数据源到数据应用的完整价值链活动，这些活动背后依赖于数据中台中不同技术模块的支撑。数据中台从生产环境对数据资源进行同步，使用其内部的数据处理组件进行数据资产的加工、存储、管理，并以数据服务的形式支撑不同的上层业务应用。

数据中台按照功能分区可以划分为数据生产模块、数据消费模块、数据运营模块，下面对数据中台的不同组成部分及各组成部分的主要功能进行介绍。数据中台的基本组成部分如图6-8所示。

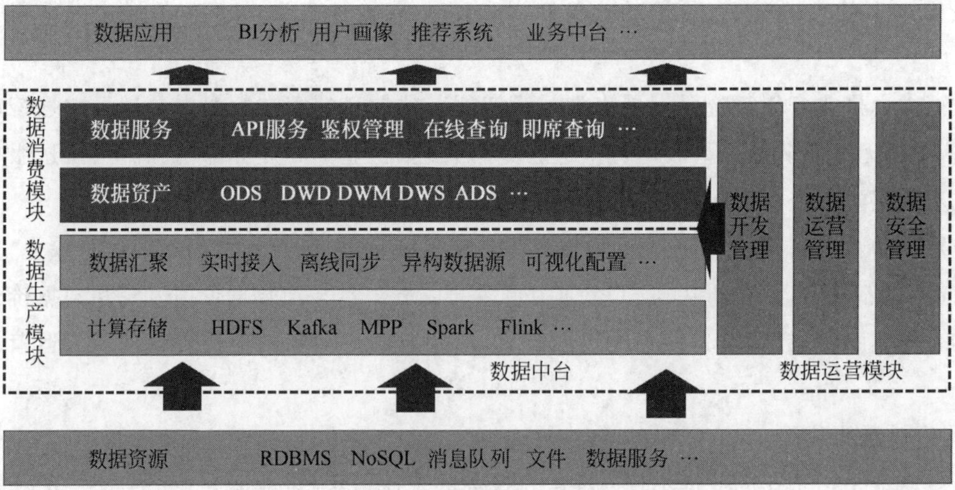

图6-8　数据中台的基本组成部分

1. 数据生产模块

数据生产模块主要是数据中台面向数据的生产者提供的功能。数据生产模块帮助数据生产者对数据资源进行汇集、整理、加工，获得有价值的业务结论，并以数据资产的形式进行价值沉淀。数据中台整合的数据资源具体包括关系数据库中的结构化数据，NoSQL中的非结构化数据，以及图片、音频、视频等多模态的文件对象类型。

1）计算存储

在数据生产模块中，数据中台需要具备高性能的数据存储能力和数据计算能力，用来支撑上层的数据资产开发工作。企业经营级别的数据规模通常是非常庞大的，因此数据中台必须具有强大的底层数据处理能力。大数据技术框架是数据中台在计算存储层的重要组成部分。

例如，在数据存储方面，数据中台可以采用HDFS框架支持不断增长的数据扩容需求，在数据计算处理方面，也会引入大数据消息队列同步框架Kafka、大规模并行计算框架(Massively Parallel Processing，MPP)、分布式数据分析框架Spark，以及大数据实时计算分析框架Flink等。

2）数据汇聚

在底层的数据存储和计算能力之上，数据生产模块需要提供一系列的数据资产开发建设技术工具。例如，数据中台需要提供数据源的"实时接入"能力，通过数据交换中间件的方式，把数据中台与企业中不同的业务生产系统相连接。当业务系统在运营过程中产生新的数据记录时，可以实时地将数据同步到数据中台进行备份。此外，数据中台运营人员也可以自主配置数据同步规则，在不影响企业日常生产服务的条件下，按日或按周进行离线的批量数据同步。

当对来自不同数据源的数据进行汇集时，除了要解决数据格式差异导致的数据统一管理的困难，数据中台还要解决数据对齐的问题。所谓数据对齐，是指通过合并相同的数据属性，对不同的数据源彼此进行关联，从而提供更加综合的数据分析能力。数据中台需要提供对异构数据源的整合工具，帮助数据生产者对跨数据源的内容进行关联分析。

除以上方面，数据可视化功能也体现在数据生产模块中。数据可视化降低了数据分析的操作门槛，同时能保证用户对数据资产生产过程的可观察、可配置、可维护。数据生产者通过可视化交互界面，可以灵活地运用各种数据分析工具，极大地提升了数据资产的生产效率。

2. 数据消费模块

数据消费模块是对应于数据生产模块的概念。数据消费模块对数据资产进行规范化的定义和信息交互支撑，帮助数据消费者能够更好地利用企业的数据资源，以数据分析技术手段解决企业中遇到的实际业务问题。

1）数据资产

在数据中台，数据资产本质上存储在数据仓库中，对数据资产的存储遵循数据仓库的分层逻辑模型。数据仓库从下向上可以划分为ODS层、DWD层、DWM层、DWS层，以及ADS层等，下面分别进行介绍。

（1）数据运营层（Operation Data Store，ODS）也称为贴源层数据，数据源在接入数据中台的基础之上，经过ETL（抽取、转换、加载）过程直接进入ODS层。贴源层数据在形式上最接近原始的数据源，中台系统尽量不对原始数据进行修改，该层最大程度地保留了数据源的原始信息，存储了最细粒度的数据内容。贴源层的数据存储一方面可以满足对数据表的溯源需求，同时也可以在面对新的业务需求时，重新对数据资源进行定制加工。

（2）数据细节层（Data Warehouse Details，DWD）保留了和ODS一样的信息粒度的数据存储，但是该层对数据资源进行了一些初步的预处理加工操作。在DWD层，数据资源被进一步清洗，并进行了一定的规范转化。在该阶段，常见的数据处理包括对空数据进行补全、去除脏数据、统一数据格式，以及去除噪声数据等。DWD数据满足细粒度的数据查询需求，同时在数据质量上有一定的基础保障。

（3）数据中间层（Data Warehouse Middle，DWM）：DWM是在DWD层的数据基础上对数据执行一些轻微的聚合操作，生成一些中间的数据处理结果表，提高数据资产的加工效率。

（4）数据服务层（Data Warehouse Service，DWS）：基于DWM的中间结果，按照业务主题域可以把数据整合为多个数据宽表，每个数据宽表都涵盖较多的业务字段，这些数据宽表可以提供面向特定主题域的相关数据服务，即DWS层。该层可以支持OLAP功能和数据应用的底层业务逻辑。

（5）数据应用层（Application Data Service，ADS）：ADS层主要是为最终的数据产品和数据分析提供数据内容，该层数据直接指向具体的数据应用活动，与数字化的业务场景关联得更加紧密。

数据中台通过元数据对不同层级的数据资产进行管理，为数据资产提供规范的、详细的业务解释，帮助数据消费者理解数据资产的内涵，推动数据消费者基于数据资产进行数字化业务创新。具体来看，数据资产管理包括元数据管理、数据血缘分析、数据质量管理、数据生命周期管理，以及数据资产目录等功能。

其中，元数据管理功能允许用户对描述数据资产的元数据进行定义、修改、配置；数据血缘分析功能帮助用户沿着数据价值链路对数据资产进行溯源，对数据资产信息内容的真实性和可靠性进行验证；数据质量管理功能通过预置的数据质量度量模型从数据的完整性、及时性、准确性、一致性、唯一性、有效性对数据的质量进行自动或辅助评估；数据生命周期管理功能可以帮助数据中台的运营人员对数据资产以时间维度进行跟踪维护，对数据资产开发和运营的各子任务进行规范化管理；数据资产目录是数据中台提供的可视化索引功能，帮助数据消费者快速定位业务创新所需的数据资源。

2）数据服务

在数字化应用中，企业构建的业务系统需要对数据资产的具体内容进行读取，具体方式是以数据服务的形式对数据资产进行访问。数据服务规定了对数据内容访问的输入参数、输出结果，以及前置条件，对数据资产的调用过程进行了标准化定义。

数据中台提供数据服务的管理能力，对不同业务角色的团队、人员使用数据服务的权限进行统一配置和管理。通过数据服务，数据中台可以基于API的形式为前端业务系统提供数据处理能力，为在线查询或即席查询提供数据项的访问窗口。

3. 数据运营模块

数据运营模块用于提供数据中台的管理维护功能，具体包括数据开发管理、数据运营管理，以及数据安全管理等。数据运营模块为数据生产模块和数据消费模块提供重要的辅助支撑功能，提高数据中台的运营效率，保障数据中台技术能力输出的安全性、可靠性、稳定性。

1）数据开发管理

在数据开发管理方面，数据中台提供了辅助数据生产者构建数据资产的技术套件，例如数据同步套件、数据开发套件、文件合并套件，以及数据开发任务的调度管理工具等。这些技术套件将常用的数据处理方法进行工具化、产品化，帮助数据开发人员更加快捷地进行数据加工活动，促进数据资产的创造效率。

2）数据运营管理

在数据运营管理方面，数据中台围绕数据资产的评估体系，对数据资产的创建和使用情况提供全维度的分析评价功能，指导长期的数据资产建设。从数据质量的业务内涵看，对数据资产质量的衡量需要从数据的完整性、规范性、准确性、一致性、唯一性和时效性等方面展开，而在具体的运营实施方面，还要兼顾数据源质量、数据加工过程质量，以及数据资产价值质量等方面。

数据标签是一种非常典型的数据资产形式，企业通过数据标签可以直观地了解用户的内容偏好和消费偏好，准确地推送产品和服务，然而，在数字化营销场景中，并非每个数据标签都会产生同样的商业价值，有些标签很少被使用，有些标签所触发的业务活动没有给企业产生经济收益。

从海量原始数据源加工得到这些标签，需要耗费很大的计算资源成本，因此，在实践中需要结合数据标签的加工成本及其给企业带来的经济效益，综合评价各数据标签的性价比，优化标签体系结构，在数据中台上将某些标签进行优化改进或进行下线处理。

3）数据安全管理

数据安全管理包括数据源的安全管理和数据资产的安全管理两个方面内容：

从数据源的安全管理角度看，银行、保险公司、医院等很多大型企业，其日常业务涉及大量的用户个人隐私数据，企业有义务在开展业务的同时遵从相应的法规、制度和行业道德，对用户数据进行严格保护，避免因隐私暴露给用户带来的负面社会影响和经济损失。

从数据资产的安全管理角度看，数据资产同资本、人才、技术专利等其他资产形式一样，属于企业的核心竞争力，具有不可忽略的经济价值，具有“排他属性”。对数据资产进行有效保护，可以合理地维护企业自身的信息价值优势。

当前，常见的数据安全管理技术方法包括统一安全认证和权限管理、数据存储资源隔离、数据加密技术，以及数据脱敏技术等。

6.2 大数据框架：数字化应用的服务能力保障

数据中台是支撑企业数字能力创新的强大技术“发动机”，为企业数字化应用的开发建设提供底层的数据服务能力。为了保证数字化应用在服务能力上的可用性、可靠性、时效性，数据中台需要整合大数据技术框架，更好地应对大数据环境下的复杂数据处理问题。本节将从大数据存储、大数据收集、大数据计算，以及大数据资源管理等几个方面对大数据技术进行详细介绍和讨论。

6.2.1 大数据存储

在工业级应用中，企业需要面对的数据通常是海量的，传统的集中式数据存储架构无法承担大规模的数据存储需求，因此，企业必须采用分布式的大数据存储架构对数据进行存储和管理。所谓分布式存储架构，是指在互联网的条件下使用多台机器协作的方式对数据进行存储，而每台数据存储节点都是成本低廉的普通机器。

在大数据技术生态中，分布式数据存储是重要的组成部分，通过大数据存储技术引擎可以简化用户在多台机器构成的集群上进行的存储操作。大数据存储技术由谷歌最先提出，并在广泛的技术实践应用中不断开源化，被大型 IT 项目普及使用。任何大数据应用都离不开数据的底层存储功能，因此分布式数据存储技术也是所有大数据应用的底层基础技术。

从广义上看，被存储的数据类型可以分为表格数据和文件数据，因此主流的分布式存储技术大致可分为面向数据表的分布式存储引擎和面向文件的分布式存储引擎。

1. 分布式文件系统

1）分布式文件系统

基于分布式的技术理论，谷歌最先提出了名为GFS(Google File System)的分布式文件系统，并在2003年发表的论文*The Google File System*中公布了其技术架构和实现方法。GFS具有非常好的可扩展性和容错性，通过增加机器节点的方式，可以任意扩充企业存储文件的能力。该系统将文件切割成数据块进行存储，将数据块存储在不同的节点单元上，以解决分布式存储系统的负载均衡和并行处理问题。

在传统的数据存储模式下，当数据存储载体的容量无法支撑数据的存储需求时，通常会采用“向上升级”的策略，即通过采购大型机的方式来解决问题，而在GFS的分布式解决方案下，通过横向拓展廉价的存储设备，极大地降低了数据存储的成本，使谷歌作为一家大型搜索引擎公司，能够快速应对信息爆炸时代下的市场挑战。

GFS的技术方案有效地解决了GB、TB级别的大规模文件存储的工程技术难点，其分布式架构可以很好地对存储节点的故障宕机问题兼容，防止因节点崩溃导致的信息丢失问题。同时，GFS在文件IO操作方式和存储文件块的规模设计上也进行了特殊设计，保证满足OLAP场景下“一次写入，多次读取”的应用特性需求。

2）HDFS

HDFS是GFS的开源版本，互联网企业在进行分布式项目建设时，使用的技术引擎大多为HDFS。HDFS继承了GFS的优良特性，同时兼容SSTable、文本文件、二进制Key-Value的Sequence File、列式存储Parquet，以及ORC(Optimized Record Columnar)等常见的数据格式。在HDFS的机器集群中，有两个主要的技术角色，分别是数据管理单元和数据存储单元。HDFS的大数据集群框架如图6-9所示。

数据管理单元(在HDFS中称作NameNode)是HDFS集群的管理者，负责管理整个文件系统的目录。该目录是关于数据存储位置的元信息。通过NameNode客户端，可以找到数据文件和数据块与具体存储单元的影射关系，确定数据块的物理存储路径。数据管理单元还负责对数据存储单元进行监控和维护，如果发现哪个数据存储单元出现了故障，就自动恢复该数据存储单元上的数据内容。

数据管理单元是HDFS的“大脑”，是负责数据读取任务的路由。通常在一个HDFS集群中会有多个数据管理单元，数据管理单元之间保持数据内容同步。在同一时刻，只有一个正在工作的数据管理单元，如果该数据管理单元“宕机”，则会立刻有其他备份的数据管理单元进行及时替代。

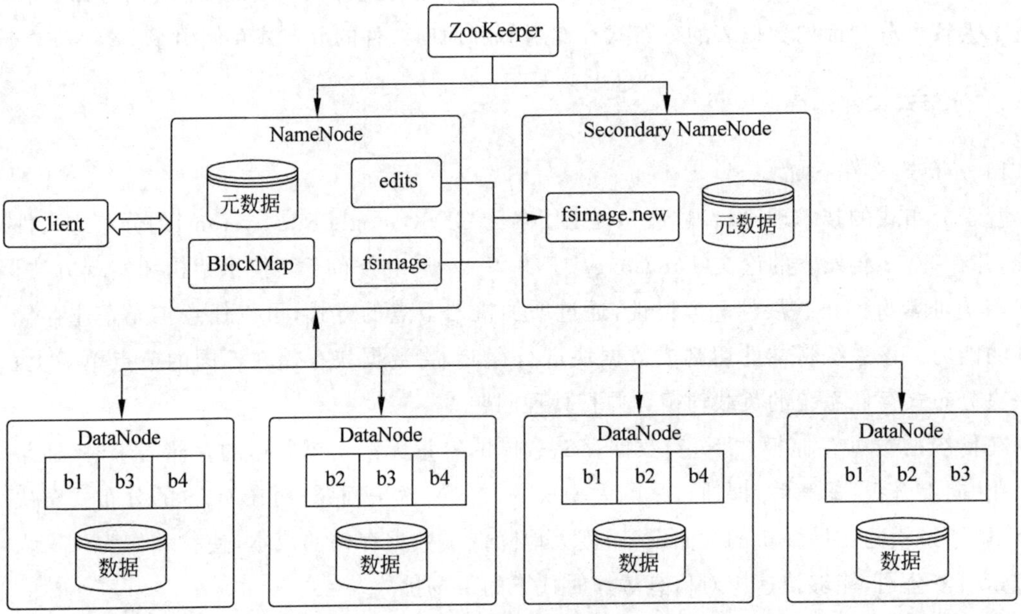

图 6-9　HDFS 大数据集群框架

与数据管理单元相比，数据存储单元数量众多，直接承担着具体的数据存储任务。数据存储单元需要实时地向数据管理单元同步其自身的工作状态，满足 HDFS 集群中数据内容的协同需要。

2. 分布式结构化存储

在大数据的场景中，除了可以以文件的形式对数据进行存储，更多的情况在于对数据表进行存储。文件形式的分布式存储技术主要满足非结构化的数据存储需求，而为了应对结构化数据的存储需求，则需要引入分布式的数据库管理系统。

在大数据时代，随着企业数据规模的快速增长，传统的关系数据库的“分表策略”会给数据的维护和管理带来巨大的复杂性，因此，引入新型的非关系数据库管理系统（NoSQL）来解决系统扩容的问题逐渐成为比较流行的技术解决方案。

HBase 是基于 HDFS 的一种 Key-Value 格式的列簇式数据存储引擎，是谷歌 BigTable 项目的开源实现，用于解决在分布式数据存储架构上结构化表格数据的存储问题。HBase 可以通过 HBase Shell 和 HBase API 两种方式提供数据访问功能。

与传统的关系数据库不同，HBase 中的数据是按列簇（Column Family）进行存储的，其中每列簇包含多个数据列（Column）。在 HBase 的概念视图中，数据表格本质上是一组稀疏的行的集合，可以随时将新的列限定符(Column Qualifier)添加到现有的列簇进行数据项的更新操作。HBase的存储方式在逻辑视图和物理视图的表现形式如图6-10所示。

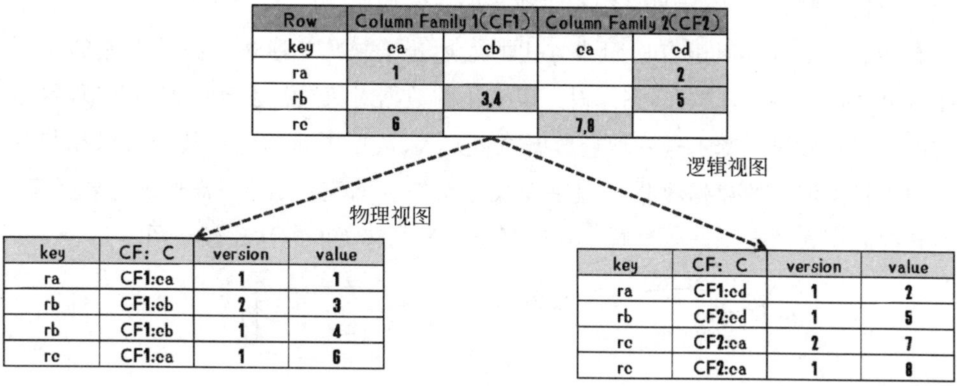

图6-10 HBase的逻辑视图和物理视图

当用户只访问少数的数据字段时，不需要读取全部表格数据，可以很大程度地提升数据的读取效率，HBase对随机读取的任务需求支持得很好。此外，HBase对于表格数据具有非常好的容错机制，可以按照数据处理规模的需求自由扩展存储空间容量。

在分布式架构方面，HBase和HDFS一样采取了Master-Slave的架构，存在数据管理节点和数据存储节点，然而，HBase与HDFS的不同在于，数据管理节点和数据存储节点之间不直接相连，而是引入ZooKeeper技术组件让两类节点的数据服务相互解耦，保证不会因Master节点宕机而导致集群失效。

6.2.2 大数据收集

数据中台需要对不同渠道来源的数据进行采集，因此需要构建面向不同大数据需求场景的数据收集能力。本节将从关系数据库收集、非关系数据收集和消息队列3个方面对大数据收集技术进行介绍。

1. 关系数据库收集

关系数据库收集是指数据中台从前端诸多业务系统中的关系数据表进行数据的收集和同步，是数据收集任务的典型场景。数据中台的ODS(贴源层)需要对结构化数据和非结构化数据进行收集，同时兼顾离线数据收集场景和实时数据收集场景。

数据中台对关系数据库的收集主要有两种方式，一是直连同步，二是日志解析。

直连同步方法的实现逻辑比较简单，通过定义好的数据服务API直连访问数据源，对数据进行SELECT操作，将查询到的数据存储到本地文件，最后把查询结果文件加载到数据中台的目标位置。尽管直连同步比较容易实现,但是在大数据收集场景下通常会出现技术性能方面的瓶颈。随着业务规模的增长,数据同步花费的时间会很长,直接对数据源端进行大规模数据访问,会影响信息系统在主业务的正常使用。

日志解析的方法可以回避直连同步方式的上述若干缺陷。通过解析数据库的变更日志,如 MySQL 的 BinLog 日志,动态地对发生变化的数据对象进行发现和解析,实现数据实时或准实时的同步效果。基于这种增量数据同步方式,数据更新的延迟甚至可以控制在毫秒级别。由于日志解析的数据收集过程是在操作系统层面完成的,不需要通过数据库,因此不会给数据源所在的系统产生影响。直连同步和日志解析的方法比较如图 6-11 所示。

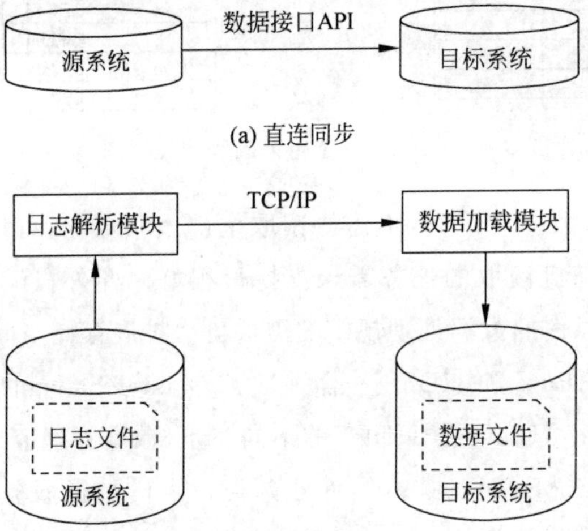

图 6-11　直连同步和日志解析的方法比较

对于面向关系数据库的数据收集需求,主要的大数据技术引擎有 Canal、Sqoop 以及 DataX 等。

1) Canal

Canal 是阿里为了解决异地数据库同步需求提出的一种基于数据库增量日志解析的结构化数据同步技术。Canal 本质上是一种增量更新数据的信息交换中间件,通过把自身伪装成 Slave 节点,向 Master 发送 dump 格式的复制数据请求。

Master 在接收到 Slave 的数据同步请求后,向 Slave 推送二进制日志。Slave 在收到 Byte 流后,将其写入中继日志文件,并基于中继日志文件进行 MySQL 的 BinLog 解析,增量进行数据库更新。基于 Canal 的主从数据同步技术的原理如图 6-12 所示。

2) Sqoop

Sqoop 是一种依赖于 Hadoop 生态的数据收集引擎,支持 Map Reduce 计算框架,可以

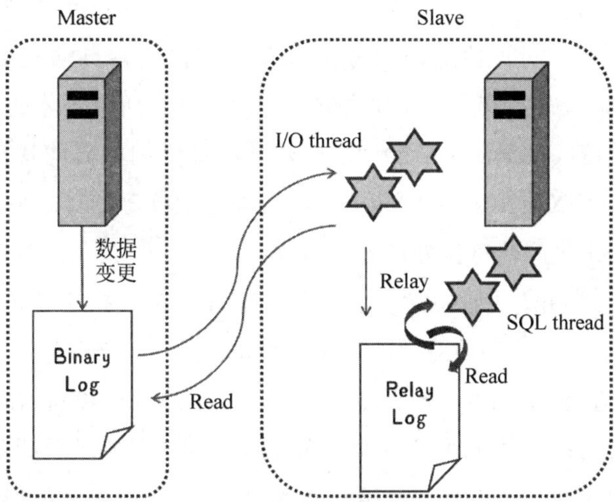

图 6-12　基于 Canal 的主从数据同步技术的原理

在分布式集群上运行，具有很好的任务并行能力和容错能力。Sqoop 支持对结构化数据和 HDFS 之间进行数据的批量迁移，但无法支持 Hadoop 存储组件（Hive、HBase）之间，以及关系数据库（如 MySQL、Oracle）之间的数据同步任务。与 Canal 不同之处在于，Sqoop 是一种对全量数据进行交换同步的技术处理引擎。当需要更新的数据源内容较多且数据更新频率比较频繁时，该引擎需要谨慎使用。

3) DataX

DataX 是阿里研发的一套开源的离线插件式（Plugin）数据交换工具，包括 Reader 模块、Framework 模块和 Writer 模块 3 个重要组成部分。其中，Reader 模块负责从数据源采集数据，并将其传送到 Framework 模块；在 Framework 模块中，可以实现对数据的缓存、流量控制、流量分析，以及数据格式转换等核心操作；Writer 模块负责从 Framework 模块读取数据，将其写入目标数据源。

DataX 可以实现包括 MySQL、Hive、HDFS 等在内的多种异构数据源的数据交换，其缺点在于不支持分布式部署，必须依赖外部的调度系统才能满足多客户端的需求。

2. 非关系数据收集

非关系数据的收集更多在于流数据的实时同步应用，而 Flume 是面向该场景的重要技术引擎。Flume 是由 Cloudera 开发的一套面向流式数据源的日志收集系统，可以解决企业对非关系数据收集的不同定制化需求。

对企业来讲，日志是一种非常重要的非结构化数据资源，业务系统每秒都会以数据流的形式产生大量的日志数据。通过对日志数据进行收集和分析，可以准确地挖掘用户需求，有效地设计产品或服务，同时也可以进行业务事件的实时监控与分析预警。

Flume可以从运行在不同机器上的服务中对日志数据进行自动收集，将数据同步到HDFS或HBase等存储框架。其采用了插拔式的软件架构，所有技术组件都可以灵活配置。Flume屏蔽了前端流式数据源和后端中心化数据存储之间的异构特征，可支持面向控制台、RPC、text文件、UNIX tail、syslog、exec等各种类型数据源的日志采集功能。

Flume对日志数据采集的信息流处理方式非常灵活，可以从多路(多数据源)进行数据采集，进行多路数据流的合并，也可以将日志信息流写入多个数据终端进行分析。对于日志数据的采集，对数据流进行灵活的路由配置非常重要。

一方面，分布式的业务系统通常会把日志数据写在本地存储设备，需要对物理上分散的日志数据进行整合汇集；另一方面，由于数据处理端对日志数据的分析需求也各不相同，在必要时也需要对数据流进行语义维度的拆分和路由，将其交由不同的组件和存储系统进行后续处理。

Flume的基本组成部分是Agent，通过Agent之间的串联组合实现数据流的路由。每个Agent都由Source、Channel、Sink 3个基本组件构成，其中，Source是数据流的接收组件，Channel对应着数据的缓存区，而Sink则负责从Channel中读取数据并将其发送给下一个Agent，实现数据链路的连接。多个Agent协同进行数据采集的Flume技术引擎架构如图6-13所示。

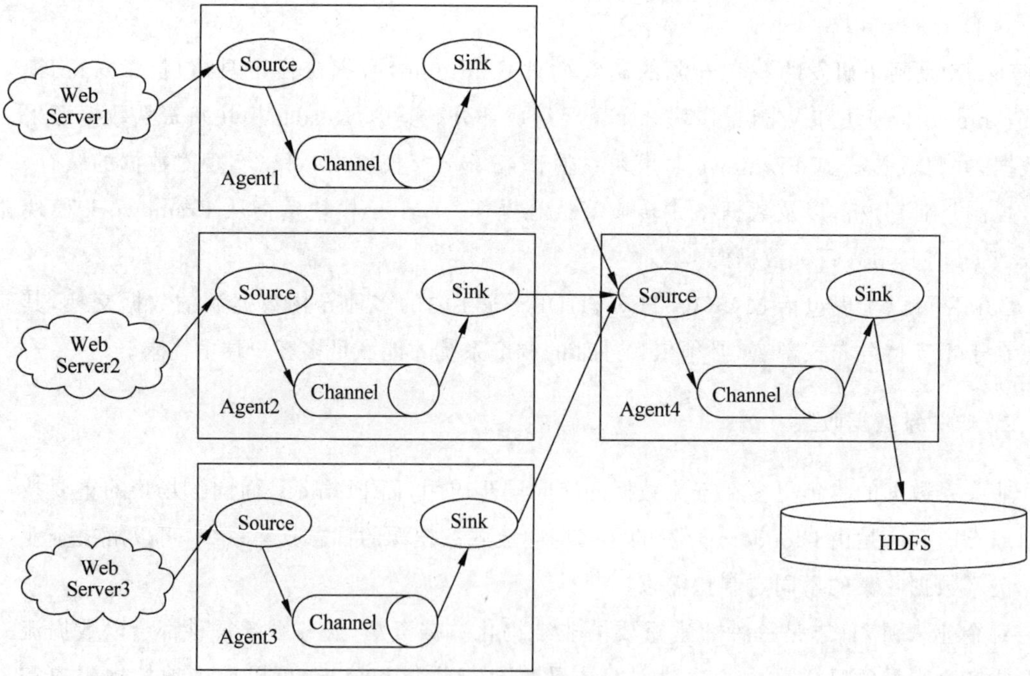

图6-13　Flume技术引擎架构

3. 消息队列

消息队列是面向流数据的实时采集所涉及的技术概念。在流数据采集活动中,当数据源的数据生成速度过快,而数据采集设备对数据的处理不够及时时,就会产生数据丢失的问题。为了均衡数据生产和数据消费的效率不均衡问题,需要构建一个数据缓存区,这个缓存区就是消息队列。

Kafka 是大数据技术栈中非常重要的消息队列中间件,本质上是一个分布式的消息存储集群,通过 Kafka 可以消除数据生产者和数据消费者之间的直接依赖关系。Kafka 集群中的消息是指需要同步的数据流中的数据,集群中的数据具有很高的容错性能。Kafka 以 topic 为单位将消息进行分区(Partition)管理,每个分区通过多个副本的形式实现容错机制。Kafka 消息队列模块的工作机制如图 6-14 所示。

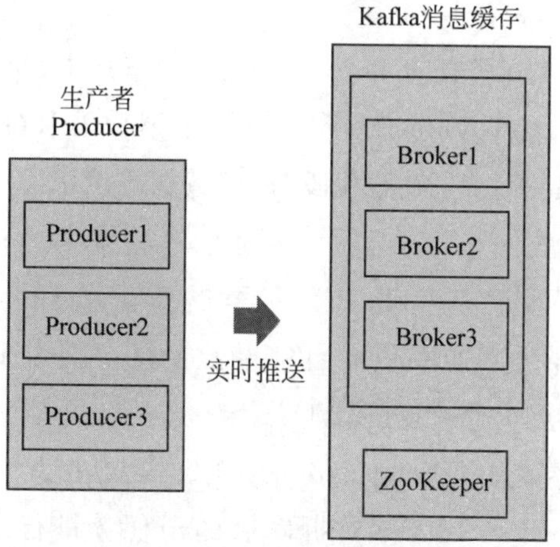

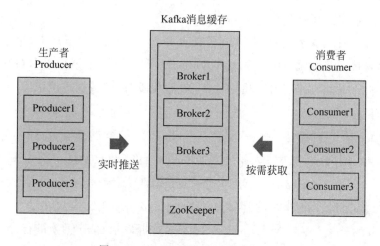

图 6-14　Kafka 消息队列的工作机制

数据源产生的数据不直接推送给数据的消费者,而是先进入作为缓冲区的 Kafka 消息队列。此时,数据消费者(采集数据的终端)可以根据自身的数据处理能力(计算或存储)按需"拉取"(Pull 模式)数据,而不是被动地接收数据生产端"强行"推过来的消息(Push 模式)。新产生的数据如果没有被及时消费处理,则可以放在 Kafka 分布式集群中临时存储,防止数据持续积累而导致信息的溢出丢失。

6.2.3　大数据计算

在数字化应用场景中,需要解决大数据场景下的综合计算问题。大数据的计算任务需要满足可靠性、高吞吐、高并发、实时性等各种特殊需求。为了满足前端不同类型的数字应用需求，数据中台需要提供离线批处理计算、准实时交互分析，以及流式实时计算 3 种数据分析场景的计算能力，下面分别围绕这 3 个场景进行介绍。

1. 离线批处理计算

对数据进行离线批量计算的场景包括数据预处理、数据建模、数据标注，以及统计分析等数据资产加工活动。离线计算需要解决数据分析的规模性问题，需要使计算处理引擎能满足高吞吐和高并发的应用特性。大数据离线计算引擎是建立在大数据分布式存储架构的基础之上的，也是整个大数据技术栈的核心基础能力。

1）MapReduce 大数据生态

MapReduce 是谷歌提出的最早的分布式离线计算引擎，与 GFS 和 BigTable 统称为谷歌大数据的“三剑客”。MapReduce 本质上采用“分而治之”的思想，通过多台计算节点共同解决大规模数据的批量分析任务。

MapReduce 把一个计算任务分成 Map 子任务和 Reduce 子任务，其中，Map 子任务负责把数据对象集合按照目标维度拆分成 Key-Value 原子形式的“数据片段”，在基于 Key 进行数据重组后，再由 Reduce 子任务负责把这些“数据片段”按照数据维度汇总，最终得到用户需要的数据结果。

在 MapReduce 计算架构中，服务器节点负责三类主要的数据处理角色，分别是 Master、Mapper 和 Reducer，其中，Master 节点负责各计算节点的任务分配和调度管理，Mapper 节点负责数据拆分，Reducer 节点负责数据统计汇总。

在服务器端接收到一个具体的计算任务时，Master 会规定需要多少个 Mapper 和 Reducer 进行任务的分配，各个 Mapper 和 Reducer 对拆解后的子任务进行分布式处理。MapReduce 架构通过引入多个 Mapper 和 Reducer 可以提高任务的“并行化”水平，增加大数据批处理计算的整体效率。基于分布式文件系统的 MapReduce 计算逻辑如图 6-15 所示。

以大规模文本数据集的词频统计任务为例，假设需要统计的文档个数为 1000 万个，词典的规模大小为 2000 个。此外，MapReduce 架构包含的 Mapper 个数为 100 个，Reducer 个数为 50 个。那么每个 Mapper 负责 10 万（1000 万/100）篇文章的分词和初步统计，每个 Reducer 对所负责的 400（2000/50）个词汇的统计结果进行统计汇总。

Hadoop 是 MapReduce 的开源版本，本质上也是通过 Map 操作和 Reduce 操作来完成大规模数据的计算任务。Hadoop 具有大多数大数据技术框架在可靠性、可扩展性、低成本、高容错性等方面的技术优势，其背后的开源社区极大地降低了大数据工程师在分布式计算任务上的开发成本和维护成本。Hadoop 支持 Java 语言的开发功能，其算法程序可以在 Linux 系统上运行，对业界多数主流的互联网应用具有非常好的支持效果。

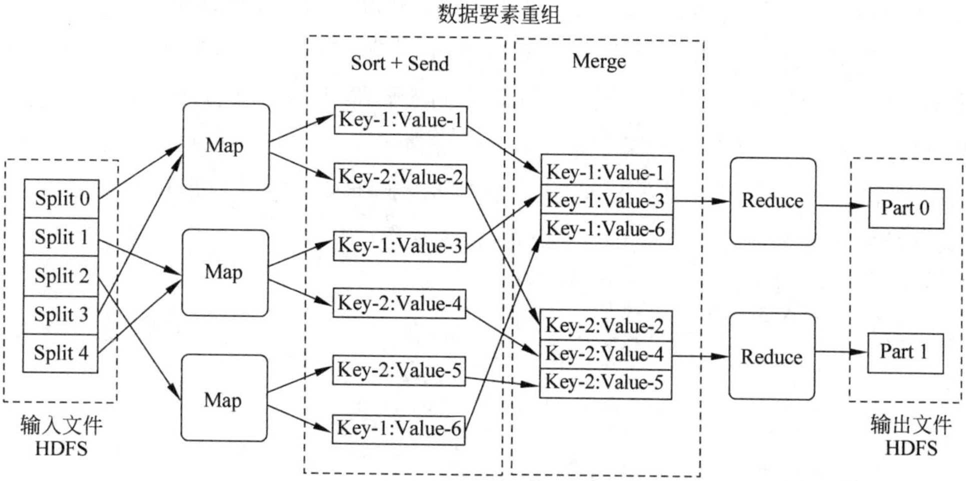

图 6-15 MapReduce 分布式计算处理逻辑

尽管 Hadoop 在大数据技术栈上的流行度十分高，但是具有两个比较明显的缺点，一是 Hadoop 框架下的程序开发门槛很高，二是相应的数据分析应用的运行效率比较低下。

Hadoop 的技术核心在于以 MapReduce 为核心的计算逻辑，任何大数据的计算分析任务都必须被拆解为 Map 子任务和 Reduce 子任务进行处理，这个数据处理过程对于不熟悉大数据技术栈的工程师来讲具有较大的研发难度。此外，将传统的数据分析任务按照 MapReduce 的逻辑范式重新组织，也会带来更多不必要的代码开发工作量。

基于以上因素，一些技术团队面向不同类型的数据分析任务，在 MapReduce 的基础上研发了更高语义层次的技术框架，对 Hadoop 的基础 API 能力进行了补充。

例如，Hive 是基于 MapReduce 实现的结构化数据查询引擎，允许数据工程师按照传统的 SQL 语句进行数据的读写交互操作；Mahout 是基于 MapReduce 实现的机器学习库，可以支持常用的机器学习和数据挖掘功能的开发实现；Pig 是基于 MapReduce 实现的流数据分析引擎，可以提高流数据分析方法的开发效率。

2）Spark 大数据生态

由于 Hadoop 是在硬盘上进行数据的 I\O 操作的，因此 Hadoop 在进行数据计算时会在数据交互上产生很大的时间消耗。为了弥补 Hadoop 的不足，Berkerly 大学的 AMP 实验室在借鉴了 MapReduce 的实践经验之上提出了著名的 Spark 计算引擎。

与 Hadoop 不同，Spark 本质上是一种基于弹性分布式数据集（Resilient Distributed Datasets，RDD）的内存计算引擎，Spark 分布式集群充分利用了计算节点的内存资源，使数据分析任务的计算效率得到很大提升，可以更好地兼容时间敏感度较高的计算任务。Spark 的底层依赖于 DAG（Directed Acyclic Graph）计算框架，算法编程方式更加灵活，同时继承了更多高层次的算法 API,是 Hadoop 之外几乎最流行的大数据计算引擎。

每个 Spark 程序由一个 Driver 和多个 Executor 组成。在 Spark 的 stand alone 模式中,根据 Driver 是否运行在独立集群中,可以分为 client 和 cluster 两种子模式。在 client 模式中,Spark Driver 运行在客户端,Executor 运行在 Slave 节点;在 cluster 子模式中,Spark Driver 和 Executor 均运行在 Slave 上,此时 Driver 和 Executor 对计算节点的故障退出问题具有较好的技术容错性。Spark 的 client 模式如图 6-16 所示。

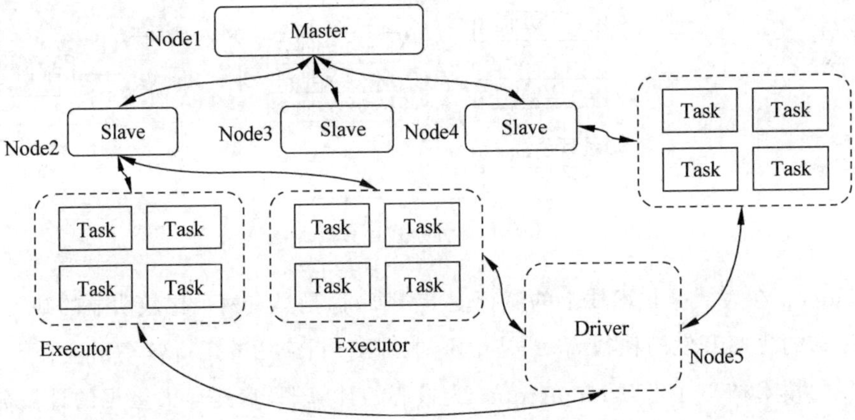

图 6-16　Spark 的 client 模式

与 Hadoop 类似,也有很多优秀的集成在 Spark 框架之上的高层级大数据分析引擎,如结构化查询引擎 SparkSQL、机器学习引擎 MLib,以及实时流数据处理引擎 Spark Streaming 等,这些计算引擎逐渐衍生为丰富的 Spark 大数据技术生态。Spark 大数据生态圈如图 6-17 所示。

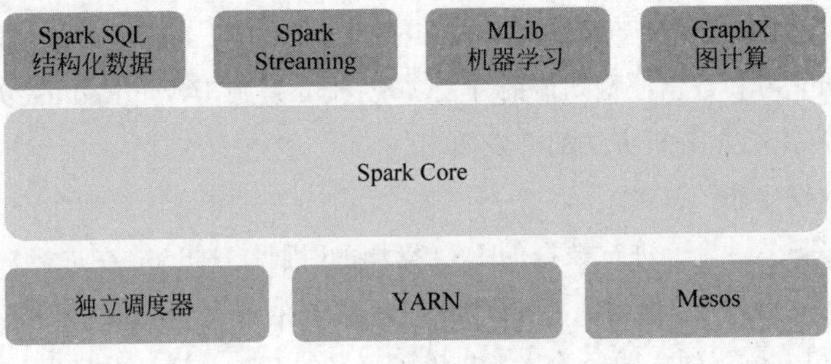

图 6-17　Spark 大数据生态圈

2. 交互式分析(即席分析)

与离线批量分析不同,交互分析强调人与机器的敏捷互动与信息交互过程。交互式分析也叫作即席分析，分析任务不是"一蹴而就"的。用户在提交计算任务之后，需要在比较短的时间内得到信息反馈，通过多个步骤的数据交互过程，得到最终的数据分析结果。

为了满足不同场景的数据分析需求，数据中台也需要对即席分析的数据服务能力进行集成，因此，数据中台底层依赖的大数据技术通常要包括支持即席分析应用的技术功能。用户的即席分析包括两个主要应用场景，面向结构化数据的 OLAP（on-Line Analytic Processing），以及以文本数据为主的非结构化数据信息检索。

1）面向 OLAP 的交互式分析

OLAP 的中文为联机分析处理，通常以数据仓库为数据源，对结构化的表格数据进行查询及相关的统计聚合分析，辅助企业各方面的管理活动。当前，大数据的应用场景对 OLAP 提出了更高的时效性要求，传统数据库管理系统中的数据查询和数据计算引擎已经无法支持从海量结构化数据中快速得到统计结果的需求，因此，在数字化应用中需要专门构建面向大数据交互式分析的 OLAP 功能。

现有的大数据技术栈对于交互式 OLAP 操作主要有两种功能类型，分别为 ROLAP（Relational OLAP）和 MOLAP（Multidimensional OLAP）。

ROLAP 是基于关系数据库的 OLAP 操作，底层数据存储形式仍然为关系数据库表格。MOLAP 的核心数据结构是数据立方体（Cube），数据立方体是结构化数据表格经过预处理计算得到的中间结果，这些中间结果被加载到内存资源中，可以快速运算得到最终的计算分析结果。MOLAP 是一种"空间换时间"的技术策略，底层的数据立方体是一种在结构上高度优化的特殊数据类型。

MOLAP 方法比 ROLAP 方法在时效性上进一步提高，而其缺点是会占用比较多的计算内存。由于 MOLAP 的交互分析必须预生成数据立方体的内容，所以其数据分析结果对数据源的更新敏感程度较低。ROLAP 和 MOLAP 的技术架构对比如图 6-18 所示。

当前比较主流的 ROLAP 数据查询引擎包括 Cloudera 等公司开发的 Impala 和 Facebook 开发的 Presto，二者都是参考了谷歌提出的新型交互式引擎 Dremel 研发产生的。

Impala 是基于 C++开发的交互式计算引擎。由于 MapReduce 算法本身对 SQL 查询任务的兼容不太友好，所以 Impala 完全抛弃了很多大数据引擎所依赖的 MapReduce 架构，而借鉴了经典的 MPP 并行数据库的思想，具有非常好的任务扩展性和并行计算特征。

Impala 引入了全内存的计算策略，计算任务的中间结果不用通过 I/O 写入硬盘。此外，由于其计算任务和计算所依赖的数据集合会被尽可能地分配在同一个机器节点上进行处理，同时节省了极大的网络通信开销，这些机制都对数据查询算法的提速起到了非常明显的效果。

Presto 的特点在于对 Hive 进行完美的衔接集成，底层是 Master-Slave 架构。Presto

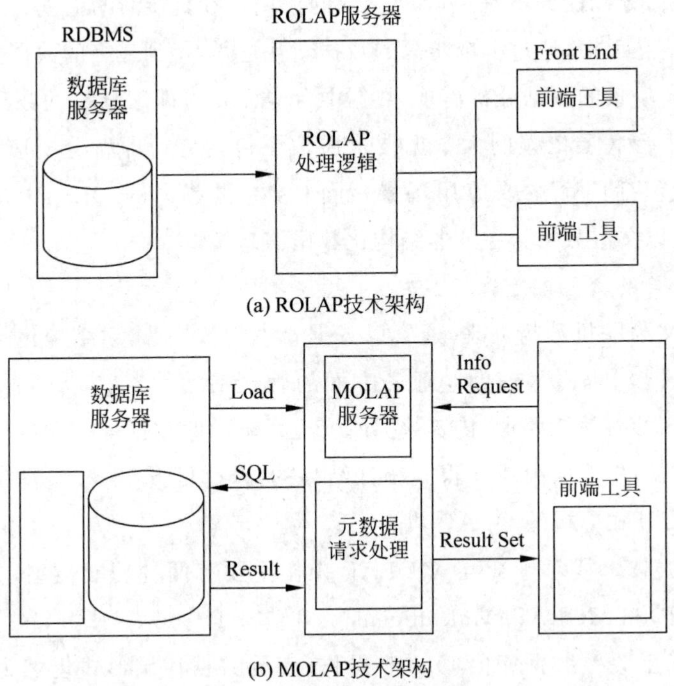

图 6-18　ROLAP 和 MOLAP 技术架构对比

本质上是一个基于 Java 语言开发的插件式计算引擎，可以通过连接器（Connector）的结构对外部数据源进行接入和分析。Presto 当前支持 Hive、HDFS、Kafka、S3、MySQL、HBase 等多种数据源类型。

当前比较主流的 MOLAP 数据查询引擎有 Druid 和 Kylin。前者的优势在于数据模型能够兼容时间维度的数据聚合。后者由 eBay 研发，实现了类 MPP 架构，通过缓存在 HBase 的数据立方体可以达到毫秒级的任务计算效率。

2）面向信息检索的交互式分析

即席分析除了涉及对结构化数据表的查询和计算，还包括对文本类型数据的信息检索。Elastic Search（ES）是一种面向大数据的信息检索引擎，同时也是一种分布式的文档存储工具，可以很好地解决大规模文本的快速搜索问题。

ES 引入了索引的机制，可以将索引文件进行分片，将其存储在多个计算节点上，实现高并发的数据查询任务。ES 具备近实时的数据检索能力，每个文本字段都可以根据业务需求进行定制化的索引和搜索，在工业级的应用中十分普遍。

ES 具有非常好的拓展性，可以随着所管理文档规模的增加而不断地对集群进行扩容，可以支持超过数百个节点，对 PB 级数据对象进行管理。ES 集群可以非常方便地进行安装和搭建，不依赖于其他大数据协调管理组件，在 ES 框架的内部就可以实现集群的管理功能。ES 比 MySQL 更加适合复杂查询条件的数据搜索任务。

3. 流式实时计算

1）流式计算的概念与应用

随着数字化应用的形式越来越多，对数据进行分析的业务场景也变得越来越复杂。除了支持业务决策分析的离线计算和即席分析形式，流式计算在大数据应用中所占的比例也在不断增加。流式计算是指业务系统在运行过程中，不断地对外部环境产生的数据进行采集和监控，并实时地对数据流进行计算分析，根据预置的业务模型和规则不断地输出业务决策结果。

流式计算本质是一种“持续在线”的智能算法服务，从业务上游边采集信息，边输出分析结果，是很多线上数字化应用的重要组成部分。

在工业互联网领域，通过传感器和物联网不断采集生产线上的数据，基于诊断算法实时地对设备的运行状态进行监控分析，并及时进行生产工作状态的故障告警；在电商消费领域，流式计算常用于对用户进行个性化、自动化的产品营销，结合实时采集的用户行为日志数据，通过后台的推荐算法动态地进行商品链接的推送；在金融领域，对用户的线上交易记录进行流量跟踪分析，以及时准确地辨识出潜在的欺诈交易行为；在自媒体行业，流式计算可以对直播间的关注和互动情况进行持续统计，以及时挖掘热点话题，预判流量趋势，帮助平台方进行科学有效的内容与流量运营。

2）流式计算的技术框架

流式计算引擎的背后是一个数据流的工作模型，整个流计算过程类似于工厂中不断运转的生产线活动。在传统的流式计算平台中，需要人工定义若干个流计算单元，通过消息队列组件将计算单元进行前后“串联”衔接。每个计算单元从前面的消息队列不断接收数据流，按照特定逻辑完成计算任务，并将计算处理结果及时流转到下一个消息队列中，以供后续环节的分析处理。流计算的典型工作架构如图 6-19 所示。

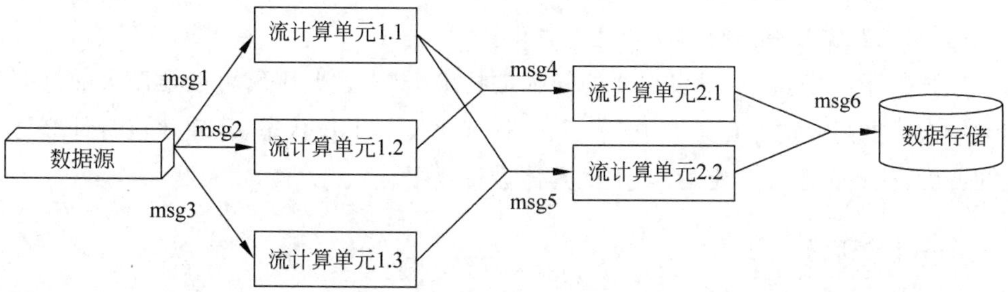

图 6-19　流计算的典型工作架构

图 6-19 包括 5 个流计算单元和 6 个消息队列，其中，流计算单元 1.1、1.2、1.3 分别接收来自消息队列 msg1、msg2、msg3 的数据内容；之后，计算单元 1.1 和计算单元 1.2 的结果被汇集成消息队列 msg4 后转给计算单元 2.1，计算单元 1.1 和计算单元 1.3 的结果被汇集成消息队列 msg5 后转给计算单元 2.2；最终，计算单元 2.1 和计算单元 2.2 的结果被汇集成消息队列 msg6 并转到存储设备进行持久化。在整个流计算架构中，随着数据源中的数据不断更新，最后写入存储设备的数据内容也随之持续积累。

手动搭建流计算服务的开发难度较大，新出现的流式计算引擎提供了简易的编程 API，用户通过这些接口可以快速实现流计算的数据处理逻辑。基于流式计算引擎，用户不用考虑和计算服务稳定性相关的细节因素，该引擎可以自动解决节点通信、节点失效、数据分片路由，以及计算单元扩容调度等底层基础问题。此时，用户可以更加专注于流计算方法的核心业务逻辑。

完整的流式数据处理的技术链路包括数据采集、数据缓存、数据实时分析、数据结果存储 4 个主要步骤，其中，数据采集可以使用 Flume 框架，数据缓存可以使用 Kafka，数据实时分析是流数据处理的核心，常用的流式计算引擎有 Apache Storm 和 Spark Streaming 两种主要的开源框架，最终数据结果写入的存储载体可以是 Redis、MySQL 或 HBase 等。

Storm 和 Spark Streaming 采用了两种完全不同的底层数据处理逻辑：其中，Storm 是基于行的流数据处理逻辑，每当从数据源同步一条数据，就在计算单元实时处理一条数据。尽管该方法的吞吐率较低，但是数据计算的更新及时；Spark Streaming 是基于微批量的流数据处理逻辑，将数据流以时间为单位切分成多个微小的数据批次，每次对一个批次的数据进行处理。该方法具有更高的数据吞吐率，对于单条数据的处理则延迟较高。

6.2.4 大数据集群管理

上述讨论的大数据技术引擎很多是建立在分布式的技术架构之上的，分布式技术架构的核心在于整合了多台机器的计算和存储能力，多台机器协同操作，实现服务能力的灵活扩容。由多台机器组成的协作网络也叫大数据集群，为了让集群中的各计算节点能够密切协作，就需要对大数据集群进行科学的运营管理。

在大数据技术栈中，包括很多重要的管理类技术引擎，这些引擎可以帮助大数据开发人员和运维人员更高效地监控集群中各个数据处理单元的工作状态，合理地进行计算任务的分配和调度，让集群整体稳定运行，下面具体进行介绍。

1. 分布式协调服务

1）技术背景

在一个大数据集群中，面向特定的大数据应用，有一些非常重要的系统级基础信息来保证整个集群的持续正常工作。这些基础信息一般是大数据应用依赖的运行环境及应用软件系统自身的基本配置信息，例如数据库、虚拟机、编译环境、网络端口等重要设备或环境的版本号和地址路径，以及服务之间的调用关系信息。

这些重要的配置信息必须在整个集群中被全部机器节点共享，这样才能保证每个节点都能“无缝”地融入集群的统一服务体系中，并在一致的环境中工作运行。通过分布式协调服务可以对整个集群的配置文件进行集中配置和更新，这避免了系统运维工程师人工对集群中数百个计算节点记录的关键信息进行逐个更新、修改和同步。

2）ZooKeeper

ZooKeeper 是产业端非常重要的分布式协调服务引擎，通过维护重要的配置信息列表，确保大数据集群中所有节点上的关键信息彼此一致。此外，ZooKeeper 还能提供域名服务、分布式同步、组服务等重要功能等。ZooKeeper 本质上也是一个分布式的文件管理系统，与 HDFS 不同，其存储的不是具体的业务数据，而是支撑整个集群运行的技术元数据。

在 ZooKeeper 管理的分布式大数据架构中，有 Server 和 Client 两个主要角色。元数据存储在 ZooKeeper Server 上，Client 是大数据集群中互相协作的数据处理节点。Client 之间需要通过服务的方式进行功能的相互调用，因此每个 Client 必须和 ZooKeeper 进行通信，以保持彼此的信息同步。

ZooKeeper Server 本身也是一个分布式的结构，包含多个数据存储节点。在 ZooKeeper Server 中，有一个实例节点是 Leader，其余为 Follower。当 Leader 节点出现故障下线后，其他 Follower 由于存储了元数据的备份信息，所以可以立刻替补成新的 Leader，从而保证整个集群的工作状态持续正常稳定。ZooKeeper 的技术架构原理如图 6-20 所示。

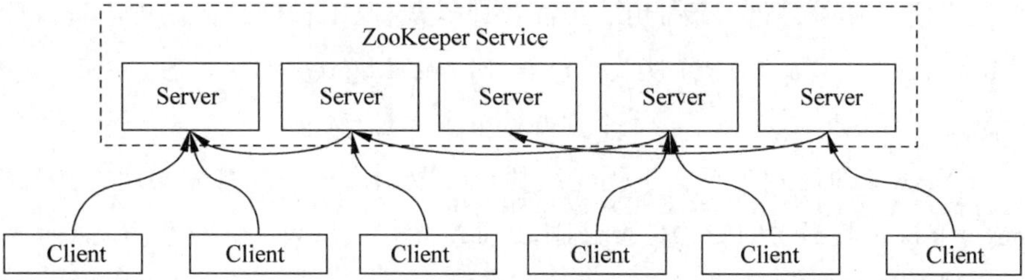

图 6-20　ZooKeeper 的技术架构原理

在大数据工作集群中，任何 Client 的状态发生变化，都会及时通知 ZooKeeper Server 的服务中心。ZooKeeper Server 的服务中心维护着所有 Client 的注册信息列表，一旦该列表的详情内容发生变化，由于 ZooKeeper Server 的数据是在内存中存储的，所以各节点可以瞬间完成注册信息的同步更新。当 Client 之间需要通过调用服务的方式协作时，会首先访问 ZooKeeper Server，找到所需工作节点的位置，然后到该节点上获得相应的数据服务。

2. 资源管理与调度

每个大数据应用程序都需要消耗特定的计算资源。资源管理与调度是指计算任务在大数据集群中各节点之间的任务动态分配活动，这些活动的目的是保证每个节点所承担的数据处理任务的负载均衡。尽管 Hadoop 中的 Master 也可以完成动态资源的分配工作，但是运行在集群上的程序越来越复杂，并且集群的规模日益庞大，因此仍然需要专门的资源管理与调度工具。当前业界主流的资源管理器有 YARN、Mesos 以及 Kubernetes 等。

1）YARN

YARN 的全称是 Apache Hadoop YARN，是一种新的 Hadoop 资源管理器。YARN 的设计思想是将资源管理和作业调度的功能进行分离。YARN 主要由 ResourceManager、NodeManager、ApplicationMaster 和 Container 等组件构成。

YARN 总体上采用 Maser-Slave 架构，其中 ResourceManager 为 Master，NodeManager 为 Slave，ResourceManager 负责对 NodeManager 上的资源进行统一调度。由于 YARN 的最终服务对象是应用程序，因此当程序运行时，需要通过 ApplicationMaster 来向 ResourceManager 申请程序运行所依赖的资源。

Container 是 YARN 中的资源分配的基本单位，是应用程序运行环境的抽象，封装了内存、CPU、网络等软硬件资源。ResourceManager 为 ApplicationMaster 返回的资源都是以 Container 的形式进行表示的。

2）Mesos

Mesos 是来自 Berkeley AMPLab 的一个研究项目，在 Twitter、eBay 等大型互联网企业得到了广泛应用。Mesos 是一个通用的集群管理器，起源于谷歌的数据中心资源管理系统 Borg。Mesos 的架构与 YARN 类似，包含 Mesos Master、Mesos Slave、Framework Scheduler 和 Framework Executor 共 4 个主要部分。

Mesos 和 YARN 的区别主要在于优先级的设计及调度任务的具体实现方式。Mesos 是让 Framework 决定其提供的资源是否合适，从而决定接受或者拒绝这个资源，而 YARN 的资源决定权则在于 YARN 本身。

3）Kubernetes

与 YARN 和 Mesos 相比，Kubernetes 是谷歌开源的新一代分布式资源管理系统，具有更高的适用性和普及性。Kubernetes 可以更好地支持基于容器（Docker）的应用部署方式，方便应用的快速部署。其所占用的资源更小，不依赖于底层的操作系统类型，软件应用更新、维护、迁移的效率也更高。此外，Mesos 和 YARN 只能用于调度离线作业，而 Kubernetes 则可以同时调度离线和在线作业。

6.3　云计算：让企业快速构建数字化能力

企业建设数字化应用可以采取自建或外包两种形式。有实力的大型企业或本身具备成熟技术基因的企业会自行建设数据中台和业务系统，而对于大多数中小企业，在进行数字化应用落地时主要借助外部服务厂商提供专业的技术实施能力。

本节主要围绕云计算的概念介绍企业如何能够快速构建数字化能力。本节一方面对软件架构的设计思想进行介绍，对当前比较流行的微服务架构和“云原生”设计理念进行详细讨论，另一方面基于“一切服务化”的技术流行趋势，介绍非 IT 企业如何通过云服务的方式快速获得数字化技术能力。

6.3.1　软件服务化

企业数字化转型的进程发展得益于企业经营者对数据和信息的认知观念改变，同时也受益于软件工程技术的发展。软件工程是一门研究如何更快捷、更高效、更稳定地构建软件应用程序的学问。随着软件工程技术的不断发展成熟，人们对信息系统的建设能力也变得越来越强大。很多流行的软件架构在近几十年的产业实践中不断被总结出来，软件工程师可以基于更低的成本进行数字产品的开发建设，同时提供更加灵活的技术服务。

随着软件应用复杂度和普及率的不断提升，业界常用的软件架构经历了从单体式应用程序架构，到面向服务的架构(Service-Oriented Architecture，SOA)，再进一步到微服务架构的过渡转变。

1. 面向服务的软件架构

1）单体式软件架构

传统的软件架构是单体式应用程序架构。在软件系统中，所有的功能模块之间耦合得非常紧密。软件工程师在进行代码开发时，把所有功能模块都“编写”在一起，不过多地考虑整体的架构设计。单体式架构的软件系统虽然编码简单，允许工程师快速“上手”开发，但是系统的运营维护十分困难。任何一个局部的功能模块出现问题，都会拖累整个信息系统，导致软件系统的整体不可用。

单体式架构的最大问题实际上是软件功能的不可复用。数字产品与物理产品相比最大的优势在于复制成本极低，可以忽略不计。单体式架构几乎没有发挥出代码元素可复制的潜在优势。由于所有功能模块都相互紧密依赖，每当开发一个新的系统时，都需要把全部功能模块重新做一遍，即便有些系统功能在先前的软件项目中已经实施过。

在信息化的早期阶段，很多企业为了快速提升技术服务能力，"无意中"构建了很多这种传统架构的软件系统，导致后续的升级和维度十分困难。与此同时，这些企业在后续的系统建设中，还经常需要重复开发功能模块，不仅信息化建设成本居高不下，同时还容易产生系统应用效果不一致的问题。

2）面向服务的软件架构

为了解决单体式架构的先天性不足，企业的软件架构逐渐朝着"高内聚、低耦合"的结构形态演变。所谓"高内聚"，就是同一个功能模块中的各个代码元素尽量相关，具有更好的联系程度，而"低耦合"则是要求各软件功能模块之间能够保持足够的独立性，这样有利于软件功能模块的维护和复用。

基于这个考虑，软件工程领域逐渐产生了"服务"的概念，并在该基础上产生了面向服务的软件架构(SOA)。SOA首先在20世纪90年代中期得名，由Gartner Group公司认识到了这个软件架构的新趋势并在全球范围进行推广。

在SOA中，服务对应于原先系统中的功能模块，软件功能模块不是在代码层紧密黏结在一起，而是相互剥离出来。每个服务对其内部复杂的代码逻辑进行封装，并通过接口实现外部暴露。系统中的其他功能模块可以通过调用接口的方式获得该接口所提供的业务能力或数据能力。

对于整个软件系统来讲，每个功能模块可以作为独立的服务进行维护，工程师可以对这些服务进行针对性的配置、部署、状态监控、升级更新等各种运维操作。在物理上，通过服务调用的方式可以实现系统功能模块的"分布式"部署，系统的功能模块不再单独部署在指定的单台服务器上，而是可以增量地在多台机器上迭代式地进行业务功能的扩增和服务能力的扩容。在具体操作上，只需把需要调用的功能模块配置在特定的服务器上，软件系统就自动增加了这部分技术能力。

无论是功能的上线、下线，还是功能的升级和优化，基于面向服务的软件架构极大地简化了软件变更的过程。在数字化时代，唯一不变的就是变化。企业需要对市场具有极强的反应能力，面对每个商业洞察带来的需求变化，都需要快速地在系统功能层面进行调整和优化，甚至频繁地调整试错。在面向服务的软件架构中，面对不得不处理的需求变化，在服务层面进行升级和调整比对整个软件系统进行变更更加高效。

除此以外，面向服务的架构十分有利于软件功能的重复使用，很多软件功能只需被开发一次，就能在多个系统中不断使用。例如，"注册&登录"是软件系统中的常见功能，这个功能不必在每个系统建设项目中都重新进行开发。开发团队只需一次性地构建好对应的

“注册 & 登录”服务，就可以在后续新的软件项目中直接复用。

面向服务的软件架构本质上是集成的思想。软件系统不是被编写出来的，更多是被集成出来的，被集成的部分就是所谓的功能复用部分。很多企业在进行信息化建设时会把不同业务线条的子系统在业务逻辑上打通，实现系统技术资源的整合，或者干脆直接在原有的系统上直接“嫁接”新的系统能力。面向服务的软件架构如图 6-21 所示。

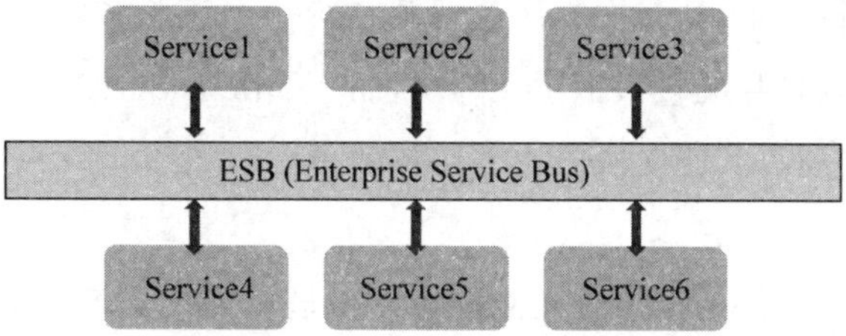

图 6-21　面向服务的软件架构

面向服务的架构是基于 ESB(Enterprise Service Bus)总线的方式把不同的服务集成起来，进行功能的统一调用。这种服务集成方式比较单一，被集成的服务颗粒度也比较粗糙，通常是面对子系统级别或较大的系统组件级别的整合。

基于总线的方式要求被集成的各个服务部分彼此协调一致，从软件开发过程的角度看，是一个“自顶向下”的任务拆分和协同整合的过程。

从整体上看，面向服务的架构本质上更适合软件系统的优化和扩增，当基于旧的信息系统进行改造时，在 ESB 总线上加载新的子系统是非常普遍的工程实践方法。需要注意的是，ESB 总线虽然能够很好地充当不同子系统服务之间衔接的重要桥梁，但是随着系统规模和复杂度的不断提升，总线模式将产生越来越明显的技术包袱。每当新的服务进行更新和部署时，这种集中式的服务拓扑结构都会对其他服务的维护产生不容忽视的外部影响。

2. 微服务

1）微服务架构

微服务架构是基于 SOA 衍生而来的，尽管微服务架构中很多技术概念与 SOA 具有一脉相承的关系，但是二者之间仍然有较多显著差异。微服务架构比 SOA 在功能模块拆分方面更加彻底，服务的颗粒度更细，将模块化的思想深入到子系统内部。

微服务架构中各个服务之间并非通过 ESB 总线的方式进行集中式的通信，而是根据具体的业务逻辑进行点对点的分布式交互调用。该架构中存在一个服务注册中心，每个服务在运行时都需要提前在服务注册中心进行注册，让其他服务可以在运行中通过服务注册中心快速发现所调用的服务接口是否存在。

从运维的角度来看，微服务架构不再强调传统 SOA 中非常重的总线结构，服务的重启和更新的影响范围进一步缩小，其他与被更新服务之间不存在交互的软件服务完全不会受到影响。微服务架构的技术原理如图 6-22 所示。

由于不存在类似总线的结构，所以整个软件系统的结构更加扁平。在微服务架构中，有效地体现出了“自底向上”的软件构建思想。在开发一个系统时，组织内部可以充分按照业务功能模块对任务进行分工，让每个小团队单独负责一个微服务的开发。每个微服务的开发和发布都只需考虑其自身的接口上下文环境，而不受限于 SOA“自顶向下”的分层管理模式，极大地提高了软件项目实施阶段的内部协作效率。

2）DevOps

微服务架构允许整个软件的建设过程能够持续地进行功能的实现和发布，使开发和运维两部分工作形成一体化，这也是 DevOps(Development & Operations)的核心思想。在微服务架构中，Docker 容器组件作为满足服务运行的底层技术环境，可以让每个服务独立地运行在自己专有的软件进程中。

通过各服务的独立开发和部署，实现了持续性的开发、集成、测试、部署、监控等一系列技术项目活动。DevOps 开发方法在技术上可以快速进行稳健性测试，在业务上也能更及时地进行需求试错和能力迭代。DevOps 的思想内涵如图 6-23 所示。

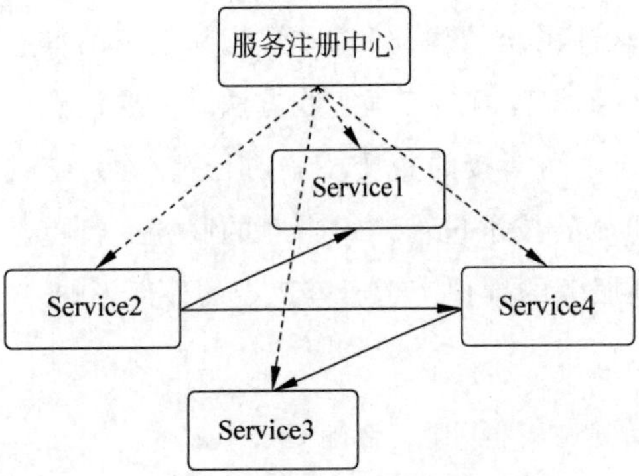

图 6-22　微服务架构的技术原理

图 6-23　DevOps 的思想内涵

基于微服务架构下的 DevOps 系统建设方法，应用系统每时每刻都有新版本上线。类似地也可以看到，微服务架构与数据中台概念中基于服务的数据能力获取方式具有“异曲同工”的效果。微服务架构可以更好地进行数据中台的数据功能设计和开发，同时也有利于大数据应用下的分布式业务能力的部署和综合管理维护。

3）云原生

微服务架构的本质是以服务为中心进行软件项目建设，而这又与“云”的概念有所呼应，即“一切服务化”。基于微服务架构的软件系统遵循“云原生”(Cloud＋Native)的技术产品理念。2015年7月，云原生基金会(Cloud Native Computing Foundation，CNCF)成立，其致力于GitHub上快速成长的相关开源技术的推广和产业应用，其对云原生的定义如下：

“云原生技术有利于各组织在公有云、私有云和混合云等新型动态环境中，构建和运行可弹性扩展的应用。云原生的代表技术包括容器、服务网格、微服务、不可变基础设施和声明式API。这些技术能够构建容错性好、易于管理和便于观察的松耦合系统。结合可靠的自动化手段，云原生技术使工程师能够轻松地对系统做出频繁和可预测的重大变更。”

以服务为基本开发和运维单元，软件的各个功能模块可以在“云”端进行有效集成，为前端业务应用场景提供灵活的数字化能力。所有系统在建设之初就考虑到最终在云端部署和运行的客观技术需求。云原生的设计使软件应用在云上以最佳方式运行，充分利用和发挥云平台的弹性及分布式优势，满足不同业务场景对企业综合数字能力“随用随取”的强交互需求。基于云原生的软件应用框架如图6-24所示。

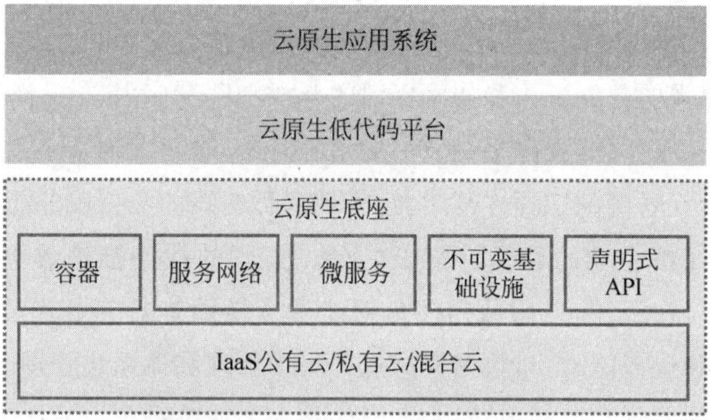

图6-24　基于云原生的软件应用框架

基于云原生的软件应用系统的主要优点如下。

(1) 可预测：通过可预测行为最大限度地提高弹性的框架或“合同”。

(2) 操作系统抽象化：开发人员使用平台作为一种方法，将软件应用从底层基础架构中抽象出来，实现应用的简单迁移和扩展。

(3) 合适的容量：云原生平台可以自动进行资源配置，根据软件应用的日常需求，在部署时动态分配或重新分配资源。云原生的设计架构可优化软件应用的生命周期管理，包括扩展以满足需求、资源利用率、可用资源编排、故障恢复等。

(4) 协作：云原生可支撑DevOps的工作方式，支持开发和运营职能部门之间建立密切的工作协作机制。

(5) 持续交付：IT部门可以快速发布软件，通过紧密的迭代反馈，快速优化软件性能，实时响应前用户端动态变化的应用需求。

(6) 独立：软件应用基于微服务架构，技术方可以维护一系列小型松散耦合的独立运行的服务，局部的服务运维更新不会影响其他服务模块及系统的总体性能。

(7) 自动化可扩展性：全面的云原生架构支持软件应用的自动化服务编排，而减少人工手动进行服务管理和系统配置，避免因人为导致的系统错误被“硬编码”引入软件的底层基础架构中。

(8) 快速恢复：基于云原生的软件应用可以动态地管理容器在虚拟机群的部署，在软件发生故障时提供弹性的扩展和恢复重启功能。

6.3.2 云计算

“云计算”的概念最早来自分布式计算，即通过互联网环境将大规模、复杂的数据处理任务拆解为多个简单任务进行并行计算，提高数据处理的综合效率。

在当今数字化时代，“云计算”已经拥有了更加广泛的含义，即通过“云”的方式为企业提供随用随取的数字技术能力。基于云的数字化能力落地方案，可以满足企业复杂、不确定的业务需求，提供更强的数据资源和技术资源的开放和共享能力。

“云”的本质内涵是服务化，在数字化应用的落地环节，通过把数据存储、数据计算能力进行虚拟化处理，结合互联网的广泛连接能力，实现远程在线的数据服务能力。

越来越多的实体经济企业已经开始基于“业务上云”的战略推进数字化转型的进程。企业将更多的业务部署在云端，采用数据接口对全业务链路进行充分连接，更好地整合线上和线下的业务需求和业务能力，对数据资产进行集中治理和体系化管理。图 6-25 展示了数字化企业业务上云的背景和驱动力，以及上云的技术和业务需求出发点。

1. 云计算的服务模型

通过“云计算”的方式提供软件能力已经成为当今软件服务商提供数字化建设的主流方式，越来越多的技术服务商进阶成为“云服务”厂商。这些“云服务”厂商提供的服务模型包括 IaaS、PaaS、SaaS 共 3 种类型。

在介绍这 3 种云服务模型之前，先简单介绍软件系统的分层架构，每种云服务模型的定义与软件系统的层次结构密切相关。

一个典型的软件系统可以被划分为 9 部分技术能力，包括机房基础设施、计算机网络、磁盘柜、服务器和虚拟机、操作系统、数据库、中间件和运行库、应用软件、业务数据。除了业务数据属于业务方自身的信息资产，必须自己生产和维护，剩余的 8 项技术能力都可以从第三方技术服务商获得，并自底向上分布在 3 个逻辑层级上。

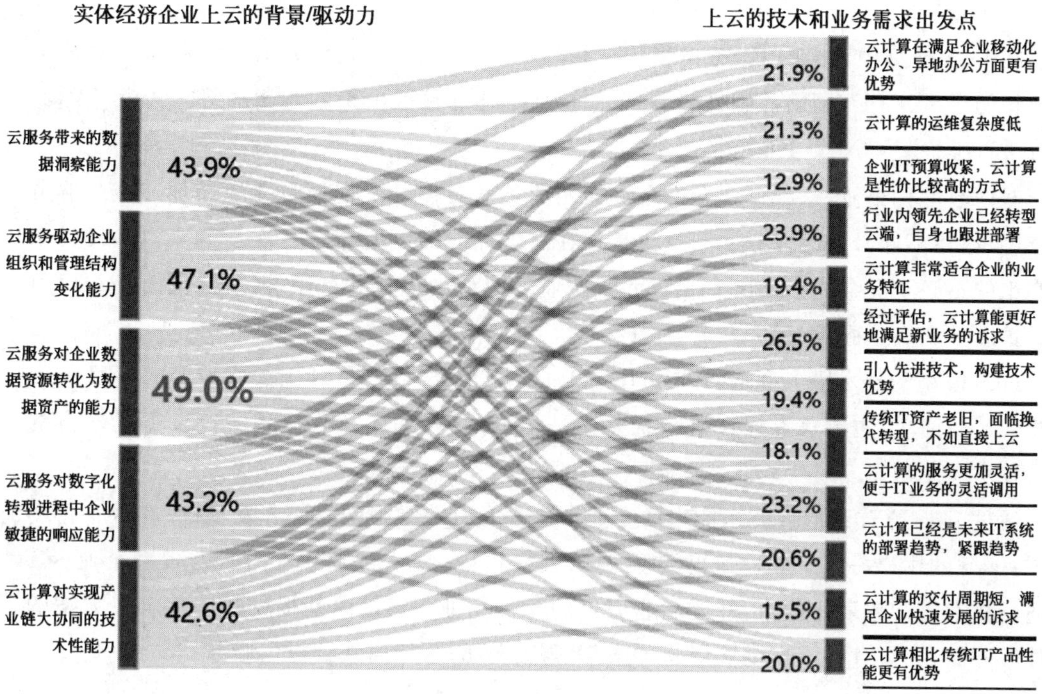

图 6-25　数字化企业业务上云的背景和驱动力

其中，基础设施层包括机房基础设施、计算机网络、磁盘柜、服务器和虚拟机；平台软件层包括操作系统、数据库、中间件和运行库；应用软件层主要指具体的应用软件。

IaaS、PaaS 和 SaaS 这 3 种服务模型的对比如图 6-26 所示。

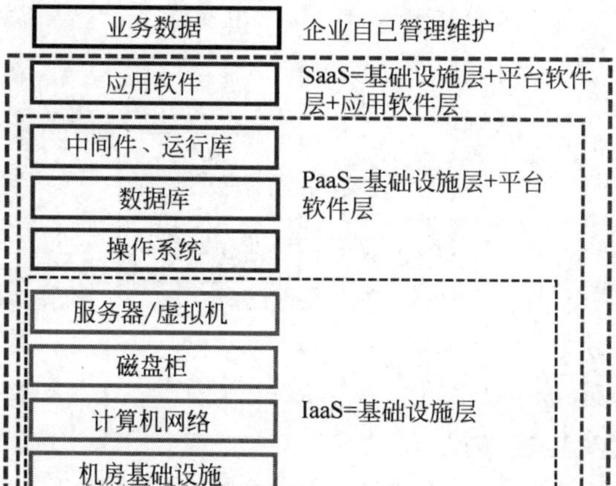

图 6-26　IaaS、PaaS 和 SaaS 3 种服务模型对比

1）IaaS

在 IaaS 模型中，企业向服务商采购或租赁系统的基础设施层技术资源，把应用程序运行依赖的磁盘、CPU、网络等硬件设备或基于硬件设备虚拟出来的逻辑计算节点都交给第三方进行维护。

对于数字化企业，这种模式允许企业按照业务的具体并发规模自主地增加或减少服务节点（服务在不同时段的业务访问量经常存在巨大差异），同时缓解一次性购买过多硬件设备产生的不必要资金成本。IaaS 模式允许企业之间最大化地共享硬件资源，同时获得可靠的维护服务和安全服务。

IaaS 模型的技术服务商通常叫作 IDC（Internet Data Center）厂商，这些 IDC 厂商的商业模式比较简单，主要负责计算机系统基础环境的运营，而不用过多地关心业务需求方的上层技术应用形态。

通过 IaaS 方式获取云技术能力的企业自身都具有非常强的软件开发基础，在数字化场景中，IaaS 的用户一般有 3 种角色类型：一是自身具有独立技术开发团队的大型企业；二是通过技术进行数字化创新，开展创业项目的小微企业；三是向外提供数字化解决方案的软件服务商，其自身并不提供底层基础服务，需要与 IaaS 厂商联合提供服务。

2）PaaS

在 PaaS 模型中，技术服务商除了提供底层基础设施，还提供平台软件层的技术能力。平台软件层集成了大量应用程序开发和部署所依赖的代码运行环境，例如底层的计算机操作系统、数据库管理系统，以及系统应用技术中间件，如 SDK、开发语言代码框架、大数据计算框架、机器学习代码库等。IaaS 和 PaaS 层的不同功能模块如图 6-27 所示。

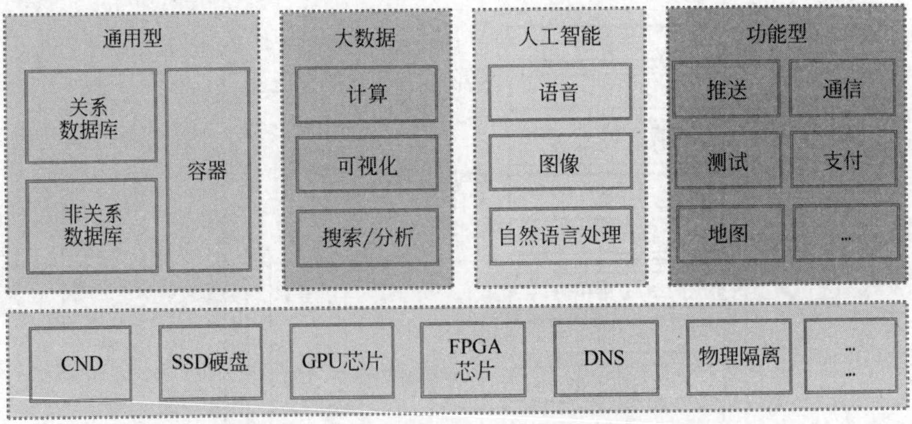

图 6-27　IaaS 和 PaaS 层的不同功能模块

除了包含 IaaS 部分的能力外，PaaS 的本质意义在于帮助系统需求方降低软件开发的技术门槛。应用程序构建所依赖的底层运行环境是可以标准化预置的，PaaS 服务可以帮助软件开发人员在具体的软件项目构建工作之前减少环境搭建的工作负担,提高系统建设的总体实施效率,让开发人员更聚焦于代码逻辑和业务逻辑。

提供PaaS的云服务厂商通常从大型头部科技企业演化而来,其代表性技术产品包括腾讯云、阿里云、华为云等。这些头部企业的自身业务复杂,具有充足的信息化项目经验,它们基于自身复杂的业务需求构建并研发出了诸多符合业界一般实践要求的软件环境组件,并拥有大量的硬件技术资产。

从所提供技术服务的侧重点来看,PaaS模型可进一步分为aPaaS和iPaaS两种子模式,其中,aPaaS模式包含很多为软件开发者提供的代码框架或插件,让软件开发者可以通过简单的现成代码块拼接或控件拖曳方式进行高效的系统搭建。该模式偏向于提供接近应用软件层的解决方案。

当前主流的低代码平台(Low-Code Development Platform,LCDP)是基于aPaaS模式的重要技术产品。低代码平台包含了应用系统中常用的基础组件,使业务人员可以自主地进行软件的设计和开发,让系统开发工作更加快捷且接近业务端的实际需求。

另外,还有一些aPaaS产品依托于具体的软件生态,微信小程序就是非常典型的应用场景。为了充分利用微信平台先天的流量优势及其底层提供的标准技术服务,很多面向C端的数字化产品以小程序的方式进行建设。基于该需求,微信提供了面向小程序开发者的aPaaS平台,让开发人员能够轻易地调用微信对外开放的技术服务接口(位置服务、消息提醒、移动支付等),低成本地开发出能够稳定嫁接在微信平台的高可靠性小程序应用。

与aPaaS相比,iPaaS是一种更加侧重于底层系统架构的软件基础服务。iPaaS的目的不是方便应用程序的开发,而是提供跨云、跨系统的技术解决方案。其目的是帮助开发人员改善和优化软件系统的整体结构,更好地应对架构整合方面的基础工程问题。

3) SaaS

在SaaS模型中,技术服务商提供从基础设施到平台软件,最后到用户端应用软件的全套技术解决方案。此刻,企业不需要考虑任何系统建设方面的问题,只需关注具体的业务功能需求。

SaaS模式的技术服务商,通常称为SaaS厂商,这些SaaS厂商很多由第三方独立软件厂商(Independent Software Vendors,ISV)演化而来。这些ISV厂商早期以软件定制加内部部署的方式对外提供信息系统建设服务,例如定制研发企业级的MIS、ERP、CRM等大型管理信息系统。

随着更多的企业和商业场景需要进行信息化和数字化赋能,企业获取信息技术的成本需要进一步降低。于是SaaS模式逐渐代替系统定制开发的方式成为业界实践的主流。SaaS模式主要借鉴了应用程序共享的商业理念,很多具有通用性特征的技术能力不需要重复开发,企业可以通过“以租代买”的方式快速满足数字化业务需求。

随着技术服务商体系的逐渐成熟,越来越多的 SaaS 厂商朝着规模小型化和业务垂直化的方向转变。SaaS 厂商不需要关心底层的信息化基建问题,将研发能力、创新能力向业务应用场景不断靠拢,让技术系统真正切入需求痛点。

随着长期在某个垂直领域的深耕经验,SaaS 厂商逐渐积累面向特定领域的一系列最佳实践方案,将其提供给相关的数字化企业进行订阅。SaaS 厂商的商业模式逐渐从“技术外包”向“软件销售”进行转变。

由于 SaaS 厂商需要最大化地提高技术产品、技术服务的共享程度,为软件能力的销售成效负责,所以除了提供优质的产品和服务,还需要“教会”企业如何使用现有的技术解决方案。SaaS 厂商需要充当好数字化咨询方的重要角色,成为企业数字化转型浪潮中的重要市场化推动力量。

2. 云计算的部署模型

云计算的部署模型是根据提供技术服务商所提供云计算服务的开放性定义的,当前主要的云计算部署模型包括公有云、私有云、混合云 3 种类型。

1) 公有云

公有云是产业界相对主流的云计算部署模型。在公有云模型中,云计算技术资源属于技术服务商,基于开放的公有网络向大多数企业机构和个人提供服务。公有云部署在企业外部,企业用户通过网络访问相关的技术能力,可以直接在技术服务商提供的系统环境中进行软件开发建设,或直接使用云计算厂商提供的应用程序。

公有云具有技术能力共享的特征,能够以低廉的价格向终用户端提供有吸引力的服务,适合个人、中小企业、创业企业,以及一些互联网企业的综合类业务应用。此外,公有云作为一个支撑平台,还能够整合上游的数字服务提供者和下游终用户端,打造新的价值链和生态系统。

公有云使用方便,可以轻松实现不同设备间的数据与应用共享,并根据实际需要随意扩充计算和存储资源。公有云的主要缺点在于用户数据存储在云服务中心,数据安全性和可靠性无法得到非常严格的保障。

2) 私有云

与公有云相比,私有云被大型企业和组织机构应用较多。私有云可以将底层技术基础架构委托第三方服务商部署和维护,但是所有的技术资源仅为客户自身所有,只有客户内部的员工有权访问云计算的服务。

私有云具有私有化部署的特征,业务数据留存在组织内部进行备份和管理,适用于对数据安全性要求较高的企业和机构，如银行、医院及政府管理部门等。私有云的另外一大好处是可以兼容企业自身的技术栈架构，实现定制化搭建和开发，当企业拥有较多存量信息化产品、需要迭代集成新的系统能力时，也可更好地进行软件系统的优化和扩增。公有云与私有云的主要区别见表 6-1。

表 6-1　公有云与私有云的主要区别

属　性	公　有　云	私　有　云
面向用户	中小企业、创业公司、个人	大型企业、政府
业务场景	以互联网业务为主	政企内部业务
架构	自研架构 分布式、大集群	OpenStack 开源架构 关注高可用、灵活性
兼容性	根据公有云要求 修改自身业务，达到适配	主动兼容和适配自身业务
安全	主机层实现安全隔离	网络层实现安全隔离
定制	不能定制	灵活定制
成本	初期成本低，后期业务量大时成本高	初期成本高，后期业务量大时成本降低

3）混合云

混合云是私有云和公有云的混合模式，企业一方面可以通过公有云节约成本，满足一些额外的、临时的、弹性的技术需求，同时也可以通过私有云来管理维护核心的技术服务和业务数据。

当前，越来越多的企业采用混合云的业务模式提升业务能力。例如，很多电商平台企业基于自身的私有云资源来保障日常的核心业务运营，当面对临时营销活动的高访问量需求时，也可以通过网络访问公有云在短期内快速提升系统服务的综合性能。公有云、私有云、混合云的比较关系如图 6-28 所示。

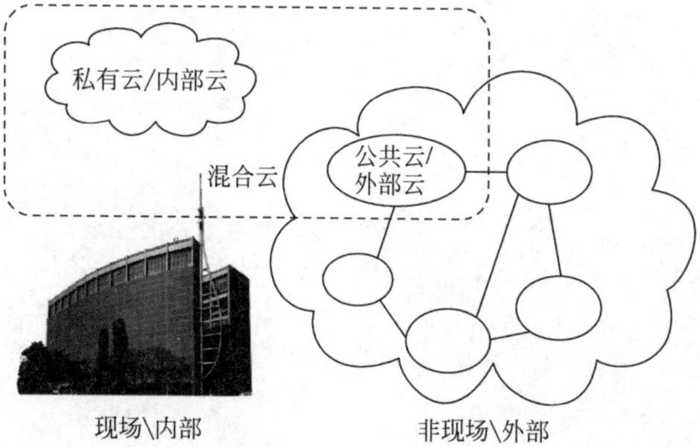

图 6-28　公有云、私有云和混合云

第四部分　数字化业务实践

第7章

企业数字化管理

在数字化时代已经公认的事实是数据和资金、土地一样，它们都是重要的企业资产，因此对企业来讲，需要参考和结合对其他类型资产的管理方式，为数据资源构建科学的管理制度和业务流程，在企业级的层面积极并持续地落实对数据的各项管理工作。

成熟的数据管理体系是企业数字化转型的基础。数字化转型的最终目的是对数据进行创新型的应用，为企业和用户创造业务价值，而数据应用的效果与数据的质量和使用数据的方式密切相关，"数据管好才能用好"，企业的数据管理水平直接决定了企业基于数据的运营能力和创新能力。数据是"贯通"在企业各个业务活动中的重要信息载体，因此数据管理是各类企业在经营中必不可少的日常工作。

数字化企业和非数字化企业在数据管理上的区别在于，数字化企业能够构建科学、规范的数据管理方法，把数据管理的客观要求和最佳实践制度化、流程化，并引入相应的技术工具。此外，数字化企业面对数据管理工作进行相应的组织架构设计，确定负责数据管理与决策的领导小组，定义和分配不同层级、不同责任的数据管理人员，并在此基础上针对数据管理工作的监督环节和操作环节构建紧密的协作机制。

对企业来讲，数据管理是一项十分综合、复杂的工作内容。同时，数据管理的责任应当由业务人员和技术人员共同承担。企业的数据管理需要企业内全体成员的深度参与和紧密协作，可靠的数据管理工作必须在组织文化建设的基础之上开展。

DAMA是由世界范围内超过50多个地域、万余名专业数据管理人员构建的专业数据协会组织，该组织构建了面向数据管理的典范级的知识体系。根据DAMA的数据管理知识体系，包括华为在内的很多国内大型企业的数字化转型项目都设计并构建了相应符合自身业务战略的数据管理工作流程和相应的规则、制度、标准。

本章主要结合DAMA的数据管理体系对企业数字化转型中关键的数据管理工作进行介绍。

7.1 数据管理活动框架

企业的数据管理包括很多具体的工作内容，从广义上看，几乎涵盖了企业中所有和数据相关的业务活动，包括前文所介绍的数据采集、存储、建模、分析等内容。

针对数据管理，DAMA 给出了完整的功能框架，该框架从整体层面描述了和数据管理相关的主要活动，能够引导企业决策者系统地理解数据管理工作的内涵，进行有效的顶层设计，推动数据资源的维护、监督和升级强化。DAMA 数据管理功能框架如图 7-1 所示。

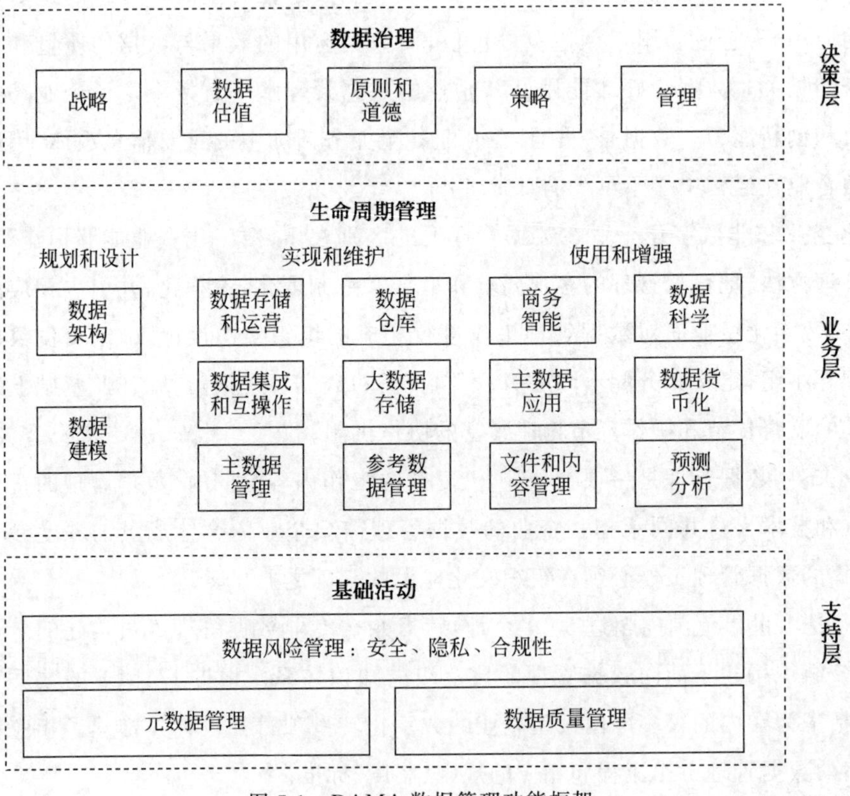

图 7-1　DAMA 数据管理功能框架

在 DAMA 数据管理功能框架中，把数据管理分为数据治理、数据生命周期管理、基础活动 3 个方面内容。

其中，数据治理是数据管理的决策层活动，定义了数据管理工作需要遵循的原则，为数据管理提供目标、方法和约束；数据生命周期管理是对数据资源的业务层活动，面向具体的业务主题和业务需求，构建全方位的数据服务能力体系，是数据管理的主体工作内容，包括前期的规划和设计、中期的实现和维护，以及后期的使用和增强等三部分内容；数据管理的基础活动从数据风险管理、元数据管理和数据质量管理3个方面，充分保证数据管理工作的规范性、安全性和可靠性。

7.1.1 数据治理

1. 基本概念

1）价值和意义

数据治理是与数据管理相关的重要概念，在很多企业中，数字化转型工作的深化往往以数据治理项目为契机展开。数据治理聚焦于数据管理工作的整体决策，保证数据管理活动的正确性，为数据管理提供指导性的方法和规范。简言之，数据治理是数据管理的一般性原则和约束。企业通过系统的数据治理工作，可以快速提升自身的数据管理水平。

数据治理和数据管理的概念十分相似，在业界的交流沟通中也经常引起不必要的混淆。实际上，二者之间的概念内涵具有明显的区别。数据管理是指围绕数据对象展开的长期、持续的业务活动，是执行层的具体工作内容，而数据治理关注数据管理工作的方法和制度建设，是数据管理工作中有关决策层的工作事项。

数据治理通常是项目制的，数字化企业通过发起和推进数据治理项目改进目前的数据管理现状。有效的数据治理用于指导具体的数据管理工作，在数据管理的过程中行使权利和管控。当前越来越多的企业在数字化转型过程中依托于数据治理项目改善企业整体的数据应用能力和规范性，并以此为契机建立企业的数据文化。

数据治理有两类业务驱动因素：一是遵从业务的监管要求，如在金融服务和医疗健康领域，需要引入法律客观要求的数据治理程序。这种情况通常是由外因驱动的，目的是减少企业在数据应用方面的风险；二是提高数据质量，满足相关业务的信息化管理要求，支撑相关业务活动更好地开展。这种情况一般是由内因驱动的，目的是让企业的数据能力与自身业务的市场发展要求相匹配。

2）数据治理的业务目标

数据治理强调数据管理工作的规范化约束，包括计划、监控、实施等多方面的内涵，其任务目标主要包括以下几方面。

（1）数据战略设计：梳理数据方面的需求，确定数据管理工作的总体战略方向，为数据管理工作提供工作目标和相匹配的工作策略。

(2) 制度设计：制度设计确定了数据相关活动的规范化、标准化工作流程，明确了数据责任主体和责任主体的工作范畴。制度是数据管理工作高效率、高标准落地的保障，数据制度包括数据管理、数据访问、数据使用、数据安全、数据质量等方面内容。

(3) 标准设计：标准设计使数据管理工作可评估、可考核、可审计，保证数据管理工作能够得到及时有效的反馈，从而持续改进和优化。数据标准设计包括数据质量标准和数据架构标准等方面内容。

(4) 数据监督：数据监督是指在既有数据制度和数据标准的基础上，对数据相关问题进行主动发现、责任落地及时纠正，从而保障数据质量与数据内容的合规性。

(5) 问题管理：对具体的数据管理问题设计解决方案，通过问题定义、任务梳理、流程优化等环节提升数据管理的综合实践水平；此外，问题管理也包括设置标准和流程，以一致的方式定义数据资产的评价标准，对企业数据资产进行完整维度的估值。

为了达到上面的业务目标，在数据治理的项目设施中需要输出具体的管理制度和工作细则。需要注意的是，数据治理的对象是组织的变革和文化变革，而并非单纯的数据方面的工作。企业的数据治理需要来自 CEO、CFO、CDO 等企业最高管理者的支持，这样才可以有效地推进并产生显著成果。

2. 主要方法

对于企业的数字化转型工作来讲，数据治理是一项复杂的系统工程，涉及企业中跨层级、跨部门、跨专业方向的不同组织单位的全员参与。数据治理往往是由信息部门牵头组织，但是需要全部业务部门全力配合，方能有效落地。企业的数据治理工作通常包括构建数据标准、制定业务术语表、开展数据资产评估、推动数据协作团队建设，以及数据治理工具开发与应用等内容。

1) 构建数据标准

在数据治理中，企业需要结合具体的业务开展情况设计相应的数据标准，并根据数据标准对各个业务部门、各个业务系统的数据表示形式进行统一，保证不同渠道来源的数据能够互联互通，更大范围地实现数据资源在组织范围内的共享。

此外，标准化的数据可以更有效地被机器理解，促进数据分析结果的质量和可用性。数据标准的主要形式有数据字段填写要求、字段之间的关系规则、关于是否可接受值的详细文档、数据格式等。

2) 制定业务术语表

制定业务术语表的目的是统一组织内部对业务概念的表述，提高沟通效率，同时避免在交流中产生歧义。业务术语表的制定来自日常业务工作的梳理，需要在核心业务人员的一致性认知基础上共同确定。定义业务术语表有利于提高数据需求的对接效率，同时也方便对企业内数据资源的查询检索。业务术语表中的每个术语与企业中的元数据存在紧密的关联关系。

3）数据资产评估

和企业中的其他类型资产一样，能够产生价值的数据本身也应该作为重要的企业资产进行科学有效的管理，因此，在很多数据治理工作中，把数据资产评估作为重要的事项进行开展。当前数据资产评估的方法主要有成本法、收益法和市场法。

其中，成本法从包括采集和加工在内的产生数据资产的环节所需花费的成本方面进行评估；收益法从数据搜索、用户细分、数值实验等方式产生的数据获利情况进行评估；市场法从外部相关数据资产的成交情况进行评估。

4）推动数据协作团队建设

数据治理涉及数据资源梳理及数据质量整改等具体工作任务。在相关过程中，需要从数据资源的角度识别企业发展的业务痛点，提出对数据内容的整改方向和具体工作实施方案。在推动数据整改过程中，考虑到数据生命周期的变化性和流动性，通常需要构建跨部门的柔性工作团队，提高数据问题的发现、定位、整治及验证效率。

5）数据治理工具开发及应用

在数据治理工作中，为了提高数据团队的工作效率，一般会涉及数据治理工具的开发和应用。数据治理工具通常具备数据资源的统计、展示、编目、查询、溯源分析，以及可视化等相关功能。此外，为了更好地支撑跨团队的任务协作，在工具的设计上还要考虑数据操作权限的一致性，并提供数据整改任务发布与任务流程管理等功能。

7.1.2　数据生命周期管理

如果把数据看作产品，则可以用全生命周期的视角观察和理解数据对象，并对数据生命周期中所包括的数据的设计、数据的实现、数据的使用等各个环节开展有效的管理活动。

1. 规划和设计

企业中的数据只有被形式化地定义并置于特定的语义上下文中，才能产生具体的业务含义，因此，必须在数据生命周期的开始阶段对数据提前进行规划和设计，这样才能产生有意义的数据，并以此展开基于数据的各类业务应用。数据规划和设计具体包括定义企业数据架构和数据建模两部分内容。

1）数据架构

架构设计是关于如何构建一个系统的科学，其中架构包含系统当前及目标状态的总体性描述。架构定义了系统中关键的组件及基于这些组件相互关联能够支撑实现的各种功能场景。通过清晰、无歧义的架构定义，可以传达企业中某个范围和维度的关键信息，为管理决策者提供企业战略目标下的总体业务图景，并协调企业中不同人员和资源的有效整合。

企业中与信息技术相关的架构包括业务架构、数据架构、应用架构、技术架构，后三类架构共同对业务架构进行支撑，其中，数据架构（Data Architecture）的作用是在数据域中对数字化企业的状态提供客观定义和描述，是全部数据管理工作的基础，其目标是在业务战略和具体的数字化项目之间构建起关系桥梁。

建立数据架构一方面可以帮助技术团队确定数据存储和数据处理的具体技术需求，另一方面可以在战略层面满足企业数据应用的长期发展规划。业务架构、数据架构、应用架构，以及技术架构之间的能力支撑关系如图 7-2 所示。

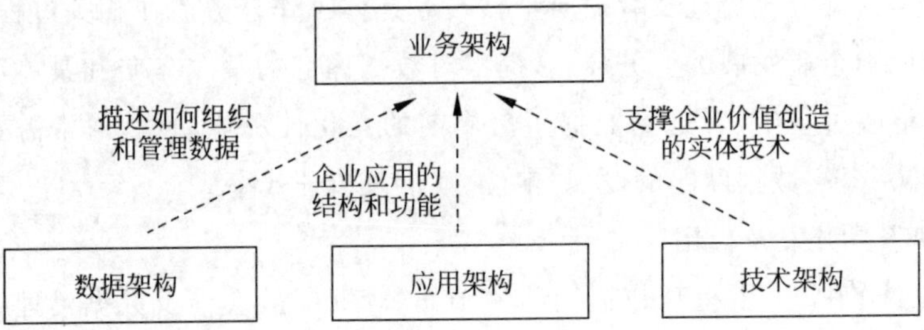

图 7-2　不同企业架构之间的关系

2）数据建模

数据建模是描述数据需求的重要活动，为数据应用和数据管理工作提供重要的技术实施参考依据。技术人员在数据建模的基础上分析和设计数据项目的具体实施方案，保证数据项目的最终落地产出符合实际业务要求。数据模型是数据建模工作的成果及产物，从目标定位上包括企业数据模型和项目数据模型。

其中，企业数据模型也是企业数据架构的重要组成部分，定义了企业中重要的实体、关系、业务逻辑、业务规则。企业数据模型是用户理解业务数据及在信息化项目中对数据结构、数据流进行设计的关键信息。在任何数字化项目中，从企业数据模型入手开始梳理业务需求有助于对业务应用背景进行深刻理解，提高项目需求的分析效率。项目数据模型与具体的数字化业务应用相关，定义了某个具体项目中的数据功能需求。企业数据模型为项目数据需求提供业务约束，是项目数据需求的起点和边界。

另外，数据模型从表现形式上包括概念数据模型、逻辑数据模型、物理数据模型，三者是从抽象到具体的数据规格表示。概念数据模型和逻辑数据模型主要解决需求分析的问题，物理数据模型主要解决技术方案设计的问题。

2. 实现和维护

在实现和维护阶段,数据管理工作主要关注数据的生产、存储、维护,即面向数字化应用构建有价值的数据资源。在该阶段,将数据从各个前端的业务系统中进行采集,将数据内容进行集成与重组,使其在表示和存储形式上完成从"满足业务逻辑"到"满足分析应用"的有效转化。

数据湖、数据仓库、数据中台等重要的数据管理平台都是针对实现和维护阶段的技术产品。基于这些重要的数据平台型工具,可以满足数据资源的高效检索和充分利用。

1）数据生产

数据生产主要指和数据集成相关的数据活动。通过数据集成,可以把来自不同业务系统的数据资源基于特定的数据模型实现信息融合,形成更有价值的数据资产。数据仓库、数据中台、数据湖都是数据集成的主要技术载体,作为重要的数据存储和管理中心获取来自不同业务场景的数据内容,并向上层业务应用提供必要的数据服务支持。

数据集成关注数据的同步过程。原始数据通过在线事务产生后,只有被集成到目标数据库中,才算完成实际意义上的数据生产环节。数据同步一般有3种实现方式,一是基于批处理的方式,二是基于事件驱动的方式,三是基于实时同步的方式。

批处理的方式通常是基于人工请求或按周期的方式来触发数据同步过程,包括ETL和ELT两种技术方案。批处理的数据同步方式具有较高的时间延迟。数据的批处理同步一般按天执行,业务系统通常要在非营运时间完成数据向目标数据源的更新操作。为了降低批处理的延迟,一些数据集成方案也采用微批处理的方式,降低数据的同步批次,并把数据批处理的周期降低到分钟级执行。

事件驱动的方式比其处理具有更低的延迟。用户可以对业务系统的数据流进行实时监控,通过事先配置好数据同步规则,在某个具体事件发生时及时触发数据的同步和更新操作。事件驱动的数据同步方式的目的是达到准实时(Near-Real-Time)的同步效果,由于数据同步是随时间分布的,因此对业务系统的额外负担相对较低。

实时数据同步的方式不允许源系统和目标数据存储之间存在时间延迟,要求数据在产生之时就立刻被处理,以保证下一个在线事务的连贯性。实时数据同步依赖流数据的技术解决方案,对企业的软硬件资源具有更高的要求。在相应的数据服务场景中,随着数据流源源不断地产生,立刻被"传送"到相应的算法模型,与现有的数据资源进行融合,完成数据加工和类别判断,最终实现业务监控和异常检测等应用效果。

2）数据维护

数据维护是指对数据资源进行存储和管理,并结合企业业务特点提供数据的运营能力，满足企业数字化建设需求。

首先，数据维护工作需要为不同类型的数据定义相应的表示和存储形式，提供相应的数据管理工具。企业为了更好地管理和使用数据，通常会构建具有数据资源整合能力的企业级系统平台。以数据仓库、数据中台、数据湖为代表的数据平台都依赖于底层的大数据存储技术能力。从具体应用特点看，数据仓库侧重于数据分析，数据中台侧重于数据服务，数据湖侧重于数据存储与整合。

其次，数据维护关注主数据和参考数据的录入和更新，以此来保证数字化应用所依赖的关键业务信息的准确性和可靠性。数据维护工作还包括结合具体的数据分析和应用需求，对业务系统日常生产的动态数据进行深度的价值加工。这一方面是为了满足企业各业务部门和团队对于取数、查数、用数的个性化需求，同时也是为了对具体数字化项目的落地实施提供必要的数据服务支撑。

3. 使用和增强

数据的使用和增强是指通过数据科学技术对数据资源进行加工和分析，从中挖掘出有价值的信息，并提高企业的综合业务能力。

1）数据应用

广义的数据管理包括与数据应用相关的活动，人们必须通过数据来让数据产生意义并释放价值。在该阶段，数据管理活动融合了商务分析、主数据应用、数据货币化、预测分析，以及数据科学研究等方面内容。在数据应用方面，关注第 4 章如何从数据中寻找业务规律的问题，也解决第 5 章中关于从数据中构建智能应用的客观需求。

在数据应用阶段，需要搭建面向不同业务场景的数据服务。数据服务可以解决面对某一具体业务环节的自动化信息处理需求，此外，通过数据服务可以快速地构建不同场景的数字化应用和数字化产品。数据应用是释放数据价值的最终环节，也是使企业的数据管理能力得到实际展示的关键环节。在前期大量数据管理工作的基础上，数据应用最终由前端业务部门结合实际需求推动落地。

2）数据增强

数据增强是指对数据资源进行再加工，提高数据的信息价值，增加数据资源的可用性和业务相关性。对非结构化数据的分析挖掘是重要的数据增强技术环节，其主要关注如何在领域专业知识的参考指引下，从文本、音频、图像中提炼出符合数据模型“观察视角”的数据特征和重要的主题知识。这些处理过的非结构化数据信息会与原始的文件内容一并进行存储和管理，提高用户对非结构化数据的检索和分析效率，同时也作为新的结构化信息与现有业务数据表进行融合，促进更有价值的业务洞察挖掘。

7.1.3 基础活动

1. 元数据管理

元数据是对数据进行管理的重要工具，对企业的数据架构、数据模型、数据安全需求、数据集成标准、数据操作流程等内容进行标准化定义。元数据也是数据，是"关于数据的数据"，因此数据管理工作同样要涵盖对元数据进行管理的部分。

企业中所有数据的定义和规范都必须用元数据的形式来表示，用户必须依靠元数据才能理解数据和使用数据。元数据管理可以看作全面改进和优化数据管理工作的基础活动，同时，高质量、高可靠性的元数据也是企业数据治理工作的重要成果及产出形式。

元数据为企业中不同场景下得到的数据资源提供解释说明，数据消费者及数据项目开发者必须依靠元数据才能准确地获取、更新、维护，以及应用企业中的数据资源。元数据管理是对其他类型数据管理的前提基础，元数据管理工作可以系统性地提高其他方面的数据管理效果。

2. 数据风险管理

数据风险管理包括数据隐私、安全，以及合规性方面的内容。企业在使用数据时，除了要关注数据产生的业务价值，还需要关注在生产数据和使用数据过程中可能产生的负面影响，这也是数据资产和企业其他资产的关键区别之一。

数据安全是数字化企业的重要议题，是企业数据战略成功的必要能力保障。企业在数据安全方面的需求可以来自利益相关方，如用户的隐私和客户的保密要求，也可以来自政府法规、行业规范、竞争条件、用户权限区分，以及合同义务等方面的客观约束。

为了保证企业的数据安全，通常需要从以下几个方面采取针对性的措施：

例如，制定数据安全制度并定义相应的数据安全管理细则，具体包括定义数据保密等级、定义数据监管类别、定义数据安全角色等；通过杀毒软件、防火墙、入侵侦测软件等网络安全技术确保信息设备的使用安全；通过元数据管理的方式对数据安全属性进行标记，限制数据的使用权限并提示敏感数据可能导致的风险；定期清理可能会产生风险的敏感数据；通过数据加密或数据脱敏的方式对敏感数据进行预处理，让数据在受控的形态上进行访问和分析应用等。

3. 数据质量管理

数据质量是保证数据应用可靠性的基础。如果企业的数据资源质量很差，基于这些数据的应用上就会得到误导性的分析结论，同时，相应的数字化服务也无法满足用户需求。

维持数据的质量需要投入成本，因此在数据管理实践中，并非要追求100%的极致标准，而是要能解决客观产生的业务问题，满足用户对数据的正常使用活动。在数据的质量管理过程中，要认识到数据质量的“多维度”内涵，其包括完整性、及时性、准确性、一致性、唯一性、有效性6个重要方面的主要内容。下面对这几个方面分别介绍。

1）数据完整性

数据完整性是指数据在创建和传递的过程中没有信息的缺失，缺乏完整性的数据被认为是有损的数据内容。完整性是数据质量最基础的维度，在录入和采集数据的过程中，可以通过对应用交互添加约束限制来保证进入系统的数据是信息完整的。

数据完整性在具体内涵上可以分为内容完整性和引用完整性两部分内容。对于内容完整性，又可以进一步包括实体完整、属性完整、记录完整、字段完整。引用完整性是指企业中所有的数据都应该能够被有效引用，缺乏引用完整的数据被认为是“数据孤岛”，会导致系统存储空间的浪费并影响系统的总体数据服务性能。

2）数据及时性

数据的及时性反映数据是否可以衡量最新的信息版本，及时的数据可以保证数据应用能够满足实际动态发展的业务环境。

首先，数据的及时性可以保证业务系统能够快速获取必要信息，满足数据资源对前端业务场景的实时服务支撑。当数据处理结果的交付时间过长时会导致数据分析结论本身失去参考意义。

其次，在数据处理应用中，很多算法功能所依赖的核心数据对象本身具有非常明显的时效性特征，这些数据会不定期地随着实际情况的发展而发生变化。例如，汇率、利率、交易报价等企业数字应用中的关键参考数据的取值，如果这些数据不能随着业务环境的保持动态更新，数据分析结果或数字化的事务操作将会产生不可避免的业务风险。

3）数据准确性

准确性是指数据能够正确表示“真实”实体的程度。例如，员工的身份信息必须与其身份证上的信息保持一致。只有基于真实数据的数据分析活动才能产生预期的业务目标。在实际应用中，数据的准确性通常很难描述，很多时候需要人工现场核查才能发现系统中是否存在数据准确性方面的问题。

当企业内部对同一数据对象在多个系统中有信息备份时，可以选定一个权威可靠的数据源，通过与这个权威可靠数据源进行比对来验证其他系统中存储的数据内容是否真实准确。

4）数据一致性

数据一致性是确保数据在数据集内及在不同数据集中信息表达的相符程度。例如，同一工号对应不同系统中的员工姓名应该保持一致。企业可以通过数据标准化的方式来达到数据一致性的效果。

在企业中,不同系统、不同应用场景对同样的数据对象应该用一致的形式进行表示,这有利于数据在企业内部的资源共享,促进信息的融合互通,加强数字化创新水平。数据一致性同时还可以避免因系统间信息不匹配导致的事务操作失败,以及由信息错误理解产生的相关服务质量缺陷。

5）数据唯一性

数据唯一性是指数据集内任何概念实体不会重复出现,即对同一数据实体仅存在唯一的身份信息标识。例如,在企业中同一员工只能有一个有效的员工账号,否则来自各业务专题的数据源无法通过某个核心的键值进行信息关联。企业数据唯一性的验证可以通过对关键结构进行测试来度量评价。

6）数据有效性

数据的有效性是指数据的取值与字段规定的值域约束保持一致,数据的值、格式、显示形式需要符合客观业务要求。例如,用户输入的电话号码必须符合号码区号、编码位数的规则要求。

除此以外,数据有效性还包括对数据精度和时间有效性的要求。低精度的数据无法满足细粒度、复杂的数据分析需求,无法支持更精准的数据定向服务,此外,丧失时效性的数据也对业务事件的分析没有足够的参考价值。需要注意的是,有效数据只是数据有用的必要条件,在有效的基础之上,要使数据达到可用的级别,还需要进一步满足准确性的要求。

对数据质量的管理是一个持续改进、优化的过程。需要对数据质量进行日常监控,当发现异常的数据内容时,应通过工单派发等方式将数据问题定位到具体的责任部门或责任人来执行具体的数据内容整改工作。

数据质量问题的发现一般采用人工和机器相结合的方式进行。在技术上,需要针对具体的数据约束条件,构建数据质量判别规则,机器通过这些规则对数据对象是否存在质量问题进行自动分类。人工的方法一方面对机器的分类结果进行二次校验,另外,也可以通过主观性分析发现既有规则无法覆盖的数据质量问题。例如,通过数据分析的反常规结论,倒推其对应数据源可能存在的质量问题。

7.2 数据体系规划

数据体系规划是面向企业数据内容顶层设计的重要数据管理活动,体现在对企业数据架构的设计和数据建模两方面的工作。成熟的数字化企业大多关心对自身数据架构的定义和维护，并有能力基于数据架构进行有效的数字化战略规划和项目实施。数据建模是数据架构设计的重要子任务，通过数据建模，能够对企业中的数据对象及对象关系进行准确定义，使数据产品充分满足客观业务逻辑和业务需求。

7.2.1 数据架构

数据架构是企业架构的一部分，其意义在于构建业务域和数据域之间的映射关系。在数据架构的基础上，可以更加准确地描述业务在数据方面的技术需求，让项目中的数据分析逻辑和数据交互逻辑与客观业务需求保持一致。

从形态上，企业数据架构的产出主要包括企业数据模型和数据流。企业数据模型是理解企业数据架构的静态视角，是对企业中客观存在的业务概念的状态描述，是以对象为中心的知识框架；数据流是理解企业数据架构的动态视角，是对企业中数据交互和信息流转过程的结构化表达，是以数据为中心的知识框架。

1. 企业数据模型

企业数据模型是一个整体的、企业级的、通用的顶层模型。该模型定义了企业中的重要概念实体、实体关系，以及实体和关系中的关键属性项。企业数据架构是各个具体数字化应用必须遵从的逻辑约束，项目应用中的数据模型在具体设计上衍生于企业数据模型。图 7-3 展示了企业数据模型架构。

企业数据模型不是从零设计出来的，而是基于企业当前的业务现状不断梳理、迭代、优化出来的。企业数据模型反映了企业目前的业务状态，也反映了企业未来的发展目标和战略规划。

企业数据模型的价值在于提供一个标准化、规范化的业务逻辑表示，不仅可以支撑不同数据项目的技术开发过程，也对企业中人、物、信息流之间的各维度、各层次关系提供重要的形式描述，促进业务人员和技术人员及跨团队业务人员之间的需求沟通与知识传播。

企业数据模型的最上层是概念模型，概念模型定义了企业在其业务边界内所有涉及的重要实体对象和对象间的业务关系；概念模型由主题域模型组成，在综合大型企业中常见的主题域有产品域、销售域、采购域、内容域，以及机构域等。在定义企业数据架构时，可以自下而上地先构建出各个主题域模型，再基于主题域模型之间的交集整合形成概念模型，也可以先形成概念模型，再从概念模型中拆解出不同的主题域模型；之后，在主题域模型的基础上，通过添加实体和关系的属性，可以构建更加具体的逻辑模型。这些逻辑模型为后续具体项目应用中的数据建模工作提供重要的原型参考。

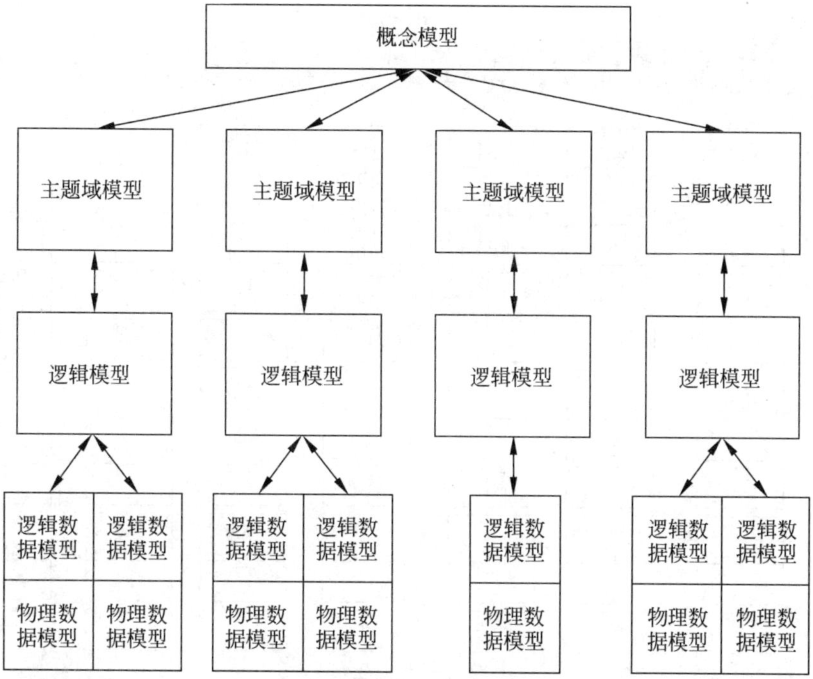

图 7-3　企业数据模型架构

2. 数据流

数据流描述了数据在业务流程和在系统之间的流动情况，通过数据流可以看出数据内容的变化情况及关于数据的各种业务操作行为。

数据血缘分析是基于数据流的重要技术概念，通过数据血缘分析可以了解数据对象的来源及其后续可能产生影响的业务数据、统计量、指标项目。同时，数据血缘分析可以对数据取值进行成分分析、溯源分析、敏感度分析及预测分析，并对业务端所产生的数据异常进行源头排查和问题聚焦。

数据流有很多不同的表现形式，其中比较主流的表现形式有矩阵的表现形式和流程图的表现形式。

1）矩阵形式的数据流

矩阵的表现形式通常用于反映面向业务流程的数据流动情况。矩阵的横轴对应业务流程的各个步骤环节，矩阵的纵轴对应数据实体对象。在矩阵的单元格中，记录各个数据对象在特定业务环节中的具体操作行为，如查询、创建、修改等。矩阵形式的数据流如图 7-4 所示。

2）流程图形式的数据流

流程图的表现形式能够反映数据在各个系统之间的信息交换的情况，在流程图中，一

主要业务流程

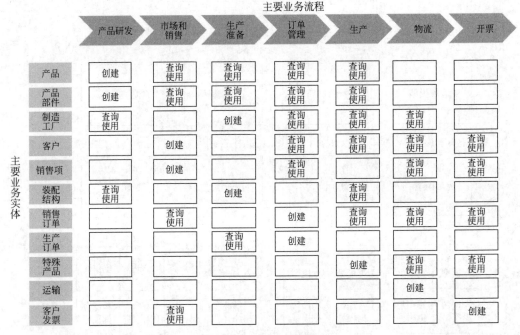

主要业务实体	产品研发	市场和销售	生产准备	订单管理	生产	物流	开票
产品	创建	查询使用	查询使用	查询使用	查询使用		
产品部件	创建	查询使用	查询使用	查询使用	查询使用		
制造工厂	查询使用		创建	查询使用	查询使用	查询使用	
客户		创建		查询使用	查询使用	查询使用	查询使用
销售项		创建		查询使用		查询使用	查询使用
装配结构	查询使用		创建		查询使用		
销售订单		查询使用		创建	查询使用	查询使用	查询使用
生产订单			查询使用	创建			
特殊产品					创建	查询使用	查询使用
运输						创建	
客户发票		查询使用					创建

图 7-4　矩阵形式的数据流

个系统的数据输出通常为另一个关联系统的数据输入。系统之间通过“数据交互”实现不同类型的具体业务功能需求。

流程图的一种表现形式是系统需求分析中的 0 级范围图(Context Diagram)。在 0 级范围图中,确定了各个业务系统的功能边界。流程图形式的数据流数据架构表示,对数据服务的支撑逻辑进行了准确定义。某制造业企业的流程图示例如图 7-5 所示。

7.2.2 数据建模

1. 基本概念

1)数据建模作用

数据建模的目的是客观、准确地描述数据需求,可以被技术人员无歧义地理解并提供相应的技术支持。数据模型是数据建模的工作产出形式,是业务人员和技术人员沟通需求的重要工具。在企业的数字化项目实现中,数据需求一方面指支撑业务系统开发的数据交互需求,另一方面指数据应用算法或模型的计算逻辑需求。

对于前者,数据模型可以帮助系统开发人员对信息系统中的数据库进行技术选型,对数据表进行结构设计,以及定义系统中和系统间数据传输对象的基本结构;对于后者,数据

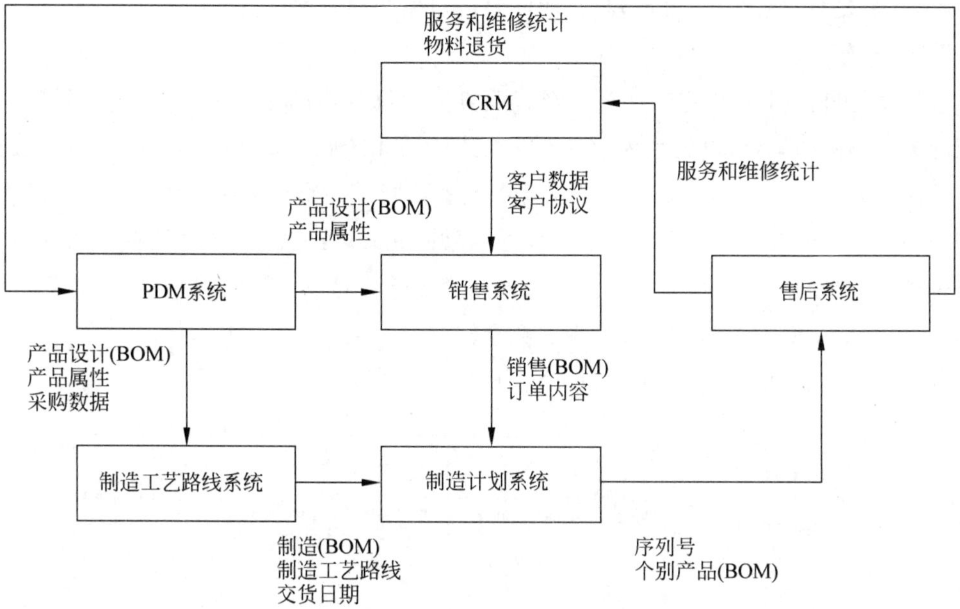

图 7-5　某制造业企业的流程图示例

模型可以帮助数据分析人员进行数据特征筛选、数据指标定义、数据处理规则设计、分析结果解读，以及算法和模型的合理性检验。

2）数据模型要素

数据模型主要定义的内容包括业务实体概念、实体关系、属性，其中，实体概念是企业业务活动的核心对象类型，实体关系是业务活动中对象之间的核心关系要素，属性包括实体属性和实体关系属性，分别对应实体或实体关系细节内容的数据项。

以互联网医院在线平台为例，典型的实体概念有“患者”“医生”“药品”“处方”等，对应的关系有“患者-预约-医生”“患者-购买-药品”“医生-开具-处方”“处方-包含-药品”等，实体属性有“患者年龄”“患者性别”“患者病史”“医生职称”“医生所在科室”“药品生产厂商”“药品禁忌”“处方时间”等。

关系规则是对关系进行实例化时，数据对象必须满足的客观约束条件，也叫作关系基数(Cardinality)。在一对指定的实体关系中，关系两侧的实体在基数选择上可以是 0、1 或者多 3 种情况，通过不同情况的组合可以形成各种实体匹配模式，如“1 对 1”“1 对多”“多对多”等。

2. 主要方法

数据建模有很多不同的具体方法，每种方法对数据需求的描述框架和表示方式存在很大差异，本节主要对关系建模、维度建模、面向对象建模 3 种方法进行介绍。

1）关系建模

关系建模是最常用的建模方法之一，该建模方法假设企业的业务逻辑是由不同概念对象之间的关系构成的集合，以关系为中心能够快速梳理并扩展出企业中不同的业务概念实体。关系建模方法对支撑 OLTP 的业务系统中关系数据库的设计实现具有重要参考意义。

基于关系模型的数据表示有利于消除数据记录的冗余，相应的业务系统在数据的输入和更新时具有较高的"写入"性能。关系模型严格遵循第三范式（3NF），数据单元较为松散和零碎，基于关系模型构建的数据库物理表数量较多。

基于关系模型的数据库物理表的设计结构如图 7-6 所示。

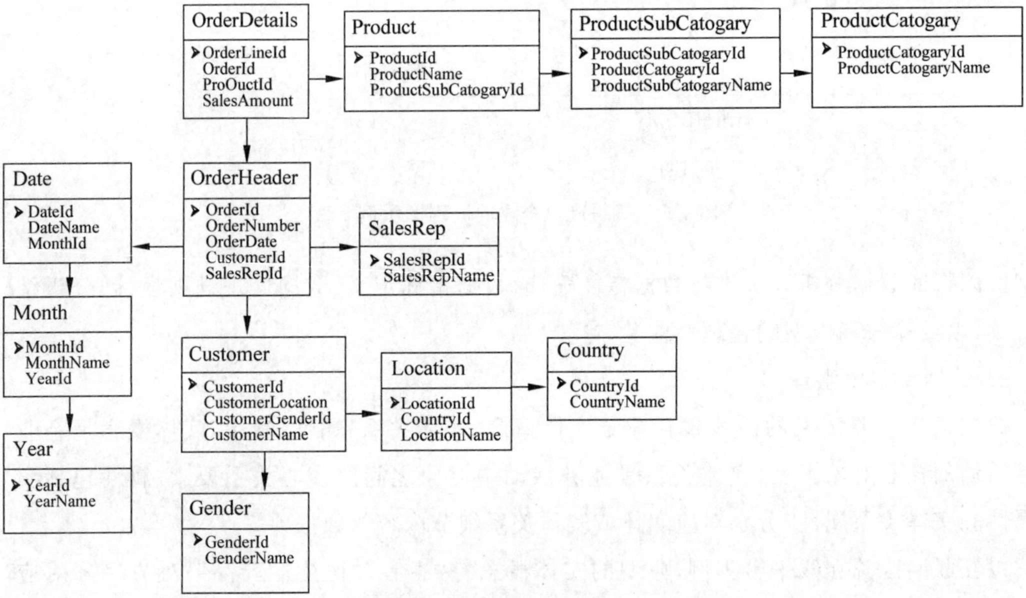

图 7-6　基于关系模型的数据库物理表结构

2）维度建模

关系模型在跨表的数据查询和数据分析过程中，很容易造成多表关联，对大规模数据的 OLAP 操作支持度并不好。此时可以选择维度建模方法，其更加擅长数据分析类应用的数据服务支持。

维度模型并非基于独立、静态的视角来描述数据对象，而是聚焦于特定的业务流程和业务问题进行信息组织。尽管维度模型在数据存储的"精简"特性上有所妥协，但比较有利于优化海量数据的查询和分析任务。维度模型是对数据仓库应用中"数据宽表"进行设计的重要参考框架。

基于维度模型，数据表可以划分事实表和维度表两种类型，其中，事实表（Fact Tables）的行对应于特定数值度量，这些数值包括原生的录入数据和采集数据，也包括基于公式和规则自动计算的数据，例如，金额、数量、比例等。据统计，事实表占据了数据库中超过 90% 的存储空间；维度表（Dimension Tables）表示业务活动中涉及的重要对象，维度表中记录的数据为事实表提供重要的环境信息，常见的维度表包括地区表、事件表等。

维度的作用一般是为查询约束、分类汇总及排序等数据分析功能提供条件。在电商平台中，对商品的描述有近百个维度属性，为前端数据统计、分析、探查等应用提供了良好的功能基础。根据具体的数据结构特点，维度模型又可以进一步细分为星型模型、雪花模型，以及星座模型。

星型模型中有一张事实表和多张维度表，事实表和维度表之间通过“外键”相连。星型模型是最简单常用的维度建模成果表现形式，维度表之间不存在关联关系，因此可能存在一定的数据存储冗余。星型模型对大数据的分析处理具有非常好的支持特性，具体结构如图 7-7 所示。

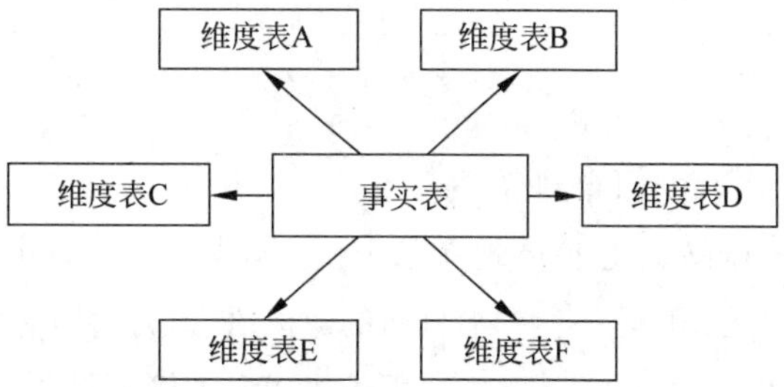

图 7-7　星型模型的基本结构

雪花模型是星型模型的扩展，允许维度表之间存在层级依赖关系。一些细粒度的区域维度表首先连接到主维表，再间接连接到事实表中。雪花模型可以缓解星型模型中存在的数据冗余问题，但是其缺点是查询效率较低，并且不易进行相应数据系统开发。雪花模型的基本结构如图 7-8 所示。

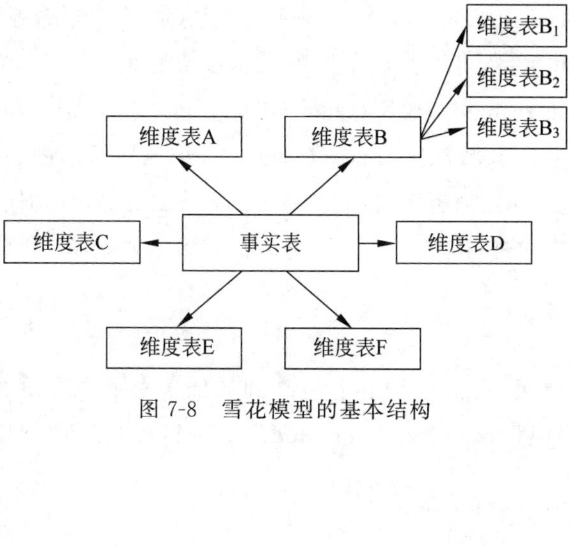

图 7-8　雪花模型的基本结构

星座模型也是星型模型的拓展，数据表之间的关联方式更加灵活。星座模型允许两个及两个以上的事实表共享同一个维度表提供的上下文信息，适用于数据关系更复杂的数据交互和数据分析业务场景。星座模型的基本结构如图 7-9 所示，从图中可看出，事实表 1 和事实表 2 共同引用维度表 B 提供的上下文信息。

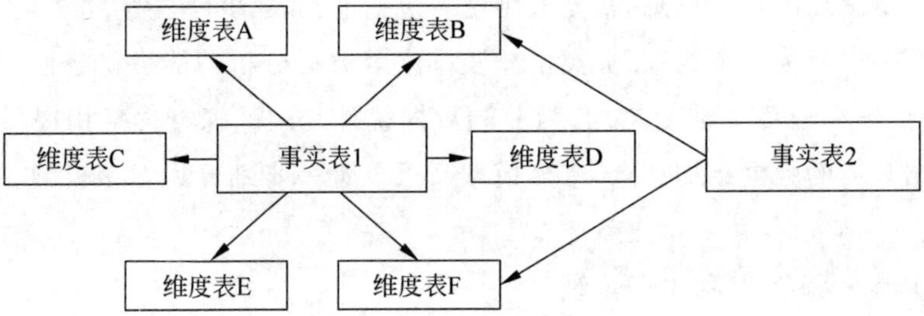

图 7-9　星座模型的基本结构

3）面向对象建模

面向对象建模体现在基于统一建模语言（Unified Modeling Language，UML）的数据建模方法。UML 是一种图形风格的建模语言，为面向对象的软件设计提供统一、标准，以及可视化的建模能力支撑。UML 适用于描述以用例为驱动，以体系结构为中心的软件设计全过程。

UML 的模型图主要由事物和关系两部分组成，其中，事物是模型的基本构成元素，具体包括构建事物、行为事物、分组事物和注释事物。构建事物是指模型的静态部分，指代描述的概念或物理元素；行为事物是指模型的动态部分，描述跨空间和时间的行为；分组事物是指模型的组织部分，描述事物的组织结构；注释事物是指模型的解释部分，用来对模型中的元素进行补充说明。

关系的作用是把事物紧密地联系在一起，具体包括依赖关系（Dependency）、关联关系（Association）、泛化关系（Generalization），以及实现关系（Realization）等主要类型。

基于 UML 的事物和关系，可以构成不同的 UML 图的表现形式，如用例图（Use Case Diagram）、类图（Class Diagram）、对象图（Object Diagram）、顺序图（Sequence Diagram）、协作图（Collaboration Diagram）、状态图（State Chart Diagram）、活动图（Activity Diagram）、构件图（Component Diagram）、部署图（Deployment Diagram）等，分别用于对数据系统不同设计和实现阶段的技术需求进行描述。UML 类图的基本结构如图 7-10 所示。

3. 数据模型层级

数据模型分为 3 个层级，在抽象程度上由高到低依次是概念数据模型（Concept Data Model，CDM）、逻辑数据模型（Logical Data Model，LDM）和物理数据模型（Physical Data Model，PDM）。

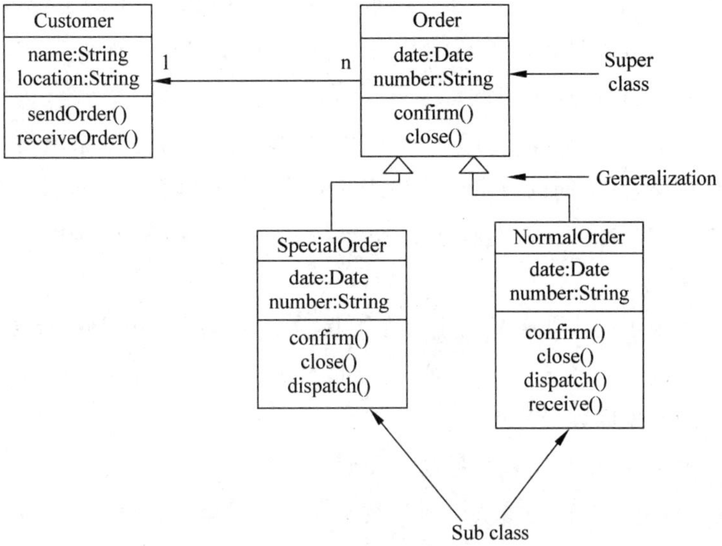

图 7-10　UML 类图的基本结构

低抽象程度的数据模型是在高抽象程度的数据模型基础之上的具体内容细化，提供了更丰富的数据需求信息，其中，概念数据模型和逻辑数据模型是需求分析活动的产物，物理数据模型是信息系统设计的产物。不同层级数据模型的依赖关系如图 7-11 所示。

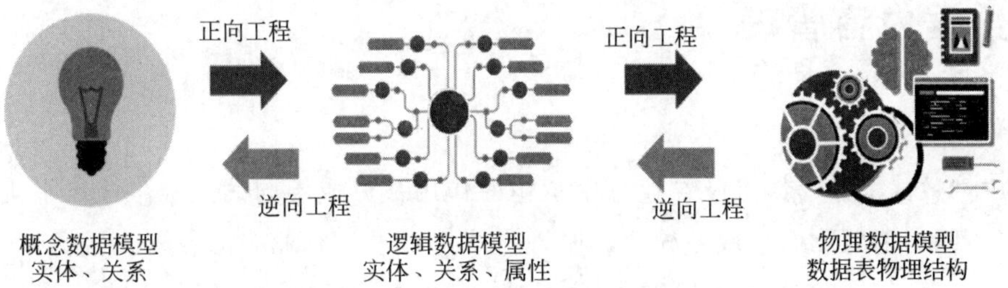

图 7-11　不同层级数据模型的依赖关系

概念数据模型是对数据需求进行定义的基础，其目的是确定业务背景和业务涉及的主题边界。在概念数据模型中需要指定一系列相关主题域及主题域里面的关键业务实体。此外，概念数据模型还需要对实体与实体之间的关系进行定义和描述。

概念数据模型一般是企业级的通用模型，不局限于某个具体的业务应用，但是为应用级别的数据模型定义提供重要的上下文信息参考。对于数据应用的设计人员来讲，数据建模需要从概念数据模型开始了解业务逻辑，并明确实际应用需求。

逻辑数据模型是基于概念数据模型之上的更加详细的数据模型，通常与具体业务应用场景密切相关。逻辑数据模型在概念数据模型上添加了属性要素，对业务活动、业务逻辑、业务规则进行了更清晰明确的定义，为业务需求提供规范的内容表示。逻辑数据模型分为关系型逻辑数据模型和维度型逻辑数据模型，面向具体技术应用的开发工作，前者主要提供过程知识，后者则主要提供框架知识。

物理数据模型是针对逻辑模型的进一步细化，是基于给定需求的系统设计阶段产物。针对同一逻辑数据模型，在不同的技术环境和产品要求下，可以存在不同的物理模型实现方式。物理数据模型融合了最终的技术选型想法，是最为详细、具体的数据应用解决方案。

物理数据模型体现了关于业务应用系统在工程实施方面的设计思想，需要结合数据服务能力上的客观约束进行具体定义及呈现。例如，对于提高检索性能方面的需求，通常需要采用“逆范式化”的数据库表设计思想。

在软件开发活动中，有正向工程和逆向工程两个重要的概念。正向工程是指从需求到数字应用建设的过程，逆向工程是指从当前的数字应用反推背后的业务逻辑的过程。在正向工程中，首先要梳理业务体系的概念数据模型，然后根据具体应用需求定义面向数据服务的逻辑数据模型，最后，结合开发产品的功能形态设计相应的物理数据模型。逆向工程中则遵循上述相反的实践过程。

7.3 数据内容管理

企业中的数据根据其特点及在业务中承担的作用被分成不同的类别。在数字化实践中，需要对不同类别的数据采取差异化的管理方式。本书将企业中的数据大致分成三类，分别是事务数据、基础数据、元数据，下面分别对这三类数据的内容管理方法进行介绍。

7.3.1 事务数据管理

事务数据是企业中伴随日常业务流程动态生成的数据，在企业信息存储中的占比和规模都很大。对事务数据的管理覆盖了数据管理工作中相对基础、通用的工作内容，成熟的事务数据管理工作是支撑业务系统可靠执行及业务数据准确分析的基本保障。

事务数据可以分为结构化数据和非结构化数据。传统的信息系统产生的数据以结构化数据为主，因此结构化数据的管理也称为常规数据管理。非结构化数据包括文本、视频、音频等不同格式的数据内容，非结构化数据的管理有特殊的管理工作要点。本节对常规数据管理和非结构化数据管理分别进行介绍。

1. 常规数据管理

结构化数据是事务数据的主要形式，无论是业务系统的工作日志还是用户使用系统的操作和交易历史信息，都会以结构化的形式予以记录和存储。

结构化的事务数据基于业务系统日常运行中的CRUD(Create、Read、Update、Delete)操作自动产生，通过数据集成和互操作等技术活动为数据操作事务和数据分析活动提供基础"信息原料"；此外，常规数据管理主要是面向表格中结构化数据的管理工作，主要考虑数据质量管理和数据安全管理两方面的业务需求。

1）数据集成

数据集成是事务数据管理的重要技术活动，其目的是通过整合企业内的现有不同数据资源来支撑上层的数字化业务应用。在数据集成的过程中，事务数据按照一定的规则和格式从源端系统同步到目标系统中，实现信息的交换与融合，最终支持不同用户对数据的访问和使用。

数据集成的目标系统可以是业务系统或分析系统。对于目标系统是业务系统的情况，主要采取实时的或基于事件驱动的准实时的数据更新方式，支撑存在数据交叉调用的复杂型应用；对于目标系统是分析系统的情况，主要采取批处理的数据更新策略，支撑数据库或数据中台对来自各业务系统的数据进行整合。

在基于事件驱动的数据更新策略中，技术人员要定义数据更新的触发条件，设计有效的机制捕获源端系统的数据变更情况；在批处理策略中，需要指定数据更新的周期，也有一些场景允许用户手动触发数据的批处理更新与集成操作。

在系统之间的数据同步操作一般包含3个基本步骤，分别是抽取(Extract)、转换(Transform)、加载(Load)。抽取是指从源端系统中选定所需的数据内容，转换是指让选定数据与目标系统的数据库在形式上相互兼容，加载是指在目标系统中对源端系统所选定的数据对象进行存储。实践中，数据同步操作有两种执行顺序，分别是ETL和ELT。

ETL方法将数据转化操作置于两个系统的中间件来单独处理，当数据从源端系统同步到目标数据仓库时，把数据格式转换放在数据内容加载之前。该方法在技术实施上相对更好建设和维护，但是整个数据加载的运行过程比较"笨重"，其中，T和L的环节关联紧密，每次数据同步的运行时间都冗长。ETL是传统的数据仓库建设过程。

ELT方法则是将数据转化操作置于目标系统来处理，本质上是搬运组件、计算引擎和调度引擎的组合体，该过程在产业上通常称为"数据入湖"。ELT的逻辑是在把数据资源同步到目标存储时，不预先进行数据格式的转化，实现了T和L环节的技术解耦。该方式首先完成数据的加载，在数据应用环节根据实际需求再调整数据的展示形式。ELT的好处不仅是提高了数据同步的效率,也简化了数据服务的维护过程,同时也可以通过在数据存储层尽可能地保留原始数据的全部细节来应对各种可能新增的需求变化。

ETL 和 ELT 的技术原理对比如图 7-12 所示。

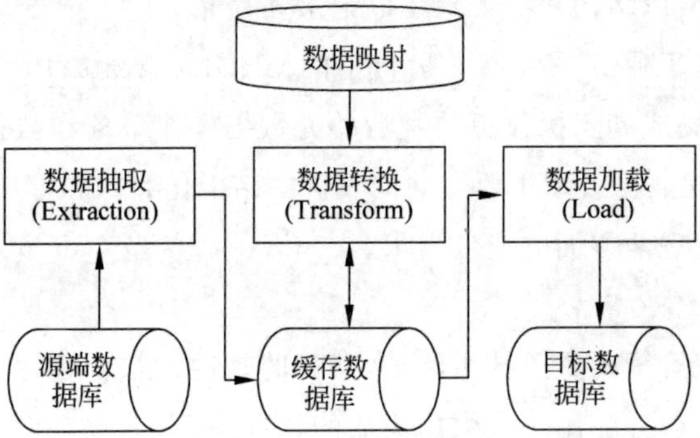

(a) ETL技术原理

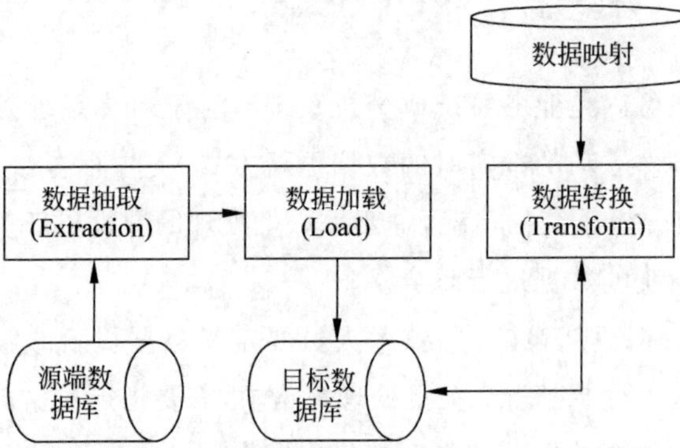

(b) ELT技术原理

图 7-12　ETL 和 ELT 的技术原理对比

2）数据质量管理

数据质量与产生数据的业务系统的运行状态非常相关。当业务系统上查询到的信息出现异常或基于事务数据得到的分析结果与现实情况出入较大时,可以识别到数据源业务系统所输出的数据存在“质量隐患”。当上述问题产生时,需要对产生的数据问题进行责任归属,通过人工或技术的方式进行数据质量整改。必要时,还需依靠现有的技术运维体系对业务系统进行及时修缮和维护。

数据质量管理依赖于很多必要的技术工具来提高其效率和成效,主要包括数据分析工具、数据查询工具、数据建模工具、数据规则质量模板,以及数据质量元数据。

业务人员可以通过数据分析和查询工具开展实际的数据分析应用,结合业务经验来剖析数据质量的潜在问题,开展数据质量的综合评估；通过数据建模工具,可以提升数据思维，确定数据质量的改善和优化方案，设计更标准和规范的数据结构与表现形式；数据规则质量模板可以简化业务需求转换为技术需求的过程，帮助业务人员定义出可被技术人员理解和开发的数据质量规则，这些数据质量规则在代码化后可以实现数据质量问题的自动识别；元数据是定义数据的数据，因此也可以用来表示与数据质量相关的重要信息，包括数据质量的客观要求、判定规则，以及评价方式等。

3）数据安全管理

在数据安全方面，数据管理者需要管理和控制对数据内容的访问权限，同时对数据存储介质中的信息在安全性与合规性方面定期审查，判断所存储数据内容在范围和形式上是否满足法律要求、业务要求、合同要求。如果发现数据安全方面问题与隐患，则按照数据治理工作发布的管理细则进行及时整改和评估。

数据审计是根据既定的标准对数据集进行评估的过程，关注数据在某一方面的业务特性。在数字化企业中，根据预定义的审查项目清单对数据内容及数据的访问记录进行系统和全面的检查。数据审计是数据管理工作中重要的业务活动，通过数据审计一方面可以确定数据资产的价值和维护成本，另一方面可以对数据质量进行严格评估，发现数据在安全上的缺陷和漏洞。

2. 非结构化数据管理

对非结构化数据的采集和应用是大数据时代的主要技术发展特点，因此数字化企业需要针对非结构化数据建立单独的管理体系。非结构化数据包括文本和文件两种主要形式，文本是指由字符串集合组成的数据对象，而文件既指网页、日志、PDF、Word等包含文字信息的文件，也涵盖音频、视频、图片等不同数据格式。

对非结构化数据的管理首先体现在数据采集能力的建设上。业务系统不仅需要对结构化的表格数据进行记录，同时需要关注对非结构化的数据内容进行有针对性的采集和存储。相比结构化数据，非结构化数据通常包含更多信息细节，非结构化数据的存储和管理是对现有结构化表格数据的重要补充。非结构化数据一方面可以满足业务上文件管理、档案管理、电子取证(E-discovery)，以及业务监管和审计方面的客观要求；另一方面也为分析人员进行业务决策提供更丰富的数据资源。

非结构化的数据很难直接被机器理解并得到分析结论，人的经验和认知对数据分析结果的影响很大。通过数据建模、数据编目、数据标注3种基本数据管理方式，可以帮助用户更有效地从非结构化的数据中获取关键业务信息，解决实际业务需求。

1）非结构化数据建模

数据建模是指基于特定的业务框架，进行数据特征的提取操作，将非结构化的数据对象转换为结构化的数据对象。基于文本识别、图像识别、语音识别等数据建模技术，可以提取其中的结构化语义特征，从而沿用传统的结构化数据分析技术对数据进行统计、挖掘、学习等技术处理，得到有意义的数据结论和数据服务。

对于同一种数据类型，通常有不同的数据建模方法。例如前文所述的文本数据，既可以采用 N-Gram 进行语言建模，也可以使用神经网络语言模型。建模方法的选择取决于对数据内容理解的颗粒度要求及前端业务应用指定的客观约束。

2）数据编目

数据编目是指在基于元数据对非结构化数据进行多信息域的描述基础之上，对数据记录按照一定的规律方式进行组织排列，该方法源自图书管理和档案管理的工作思路。数据编目的目的是提供一种高度结构化的信息索引接口，帮助用户快速定位到所需的高价值信息资源。

数据编目的结果是一个目录的结构，该目录结构可以是扁平或多层级的表现形式。沿着目录结构的指引，用户可以依次遍历各个数据内容对象，通过元数据了解数据资源的基本信息。除此以外，用户也可以通过关键词对数据资源的重要描述字段进行检索，或通过跳转链接直接查看数据记录的详细内容。

3）数据标注

数据标注是指基于特定的业务标签对非结构化数据内容进行分类，以此来扩充数据的基本信息。业务标签为数据提供了更强的检索能力，用户可以通过搜索引擎接口，以业务标签作为查询条件，筛选满足条件的数据集合。

从更广义的角度看，为数据建立索引是一种数据分类的特殊形式。以文本数据为例，通过受控词表可以将数据中的关键词匹配出来，然后将其作为数据记录相关的索引标记出来。在数据的查询过程中，当查询条件与某篇文章的索引相匹配时，可以将该文章筛选出来作为备选的数据对象。

7.3.2 基础数据管理

基础数据是相对于事务数据的概念。基础数据不直接反映业务活动的过程，但是可以对表示业务活动的事务数据提供重要的上下文解释。与事务数据相比，基础数据在系统中的存储状态比较稳定，其数据规模体量相对较小，对基础数据的录入和维护通常需要依靠人工操作完成。

基础数据主要包括主数据（Master Data）和参考数据（Reference Data），很多大型企业的数据管理人员会为主数据和参考数据分别构建专门的管理方法和制度，并使用相应的管理工具进行数据内容的维护和治理。

在企业中，基础数据贯穿于企业的不同业务系统，各个业务系统产生的数据都会对基础数据进行引用。理想的情况下，不同业务系统所使用的基础数据应当是一致的，然而很多企业在业务系统上线时，由于缺少前期的项目统筹，通常会导致基础数据资源的重复建设。在这种情况下，不同数据源之间将会很难整合，从而无法实现有效的数据共享与一致性的数据服务输出。

1. 主数据管理

1）主数据

主数据一般是指企业中重要的业务实体对应的基本信息，如供应商、客户、渠道商、雇员、商业伙伴、竞争者、设备、产品、服务、财务体系、地理位置等。在事务数据中，通常将主数据作为表示业务活动中重要的关联对象。一个表示消费者基本信息的主数据表见表7-1，表格中每行对应一条消费者的基本信息记录。

表7-1 表示消费者基本信息的主数据表

用户ID	用户名称	用户地址	用户电话
122	张三	安泰大街11号楼-101	1234-567-9001
123	李四	幸福大街1号楼-502	1234-567-9002
124	王五	幸福大街2号楼-611	1234-567-9003
125	小明	绿荫大街2号楼-212	1234-567-9004
126	小帅	绿荫大街10号楼-717	1234-567-9005

主数据是多个业务系统中共享的数据，有时也称为基准数据，在业务流程的信息交互中起到关键作用。主数据的产生大多由专人采集、录入、管理及维护，主数据的质量水平对企业中IT系统的应用效果具有很大影响。

主数据对企业来讲主要有3方面作用：一是提升效率，通过共享的方式统一数据标准，避免系统间因数据不一致的问题产生时间成本和沟通成本；二是消除冗余，不同系统中的主数据仅存储一次，避免同样的数据在不同的部门中多次重复积累；三是提高协同，主数据的统一管理有利于实现组织部门之间的数据共享和业务协同，促进以主数据实体为中心的数据融合与分析实践。

2）主数据管理方法

在主数据管理（Master Data Management，MDM）工作中，最终的目标是用统一的标识来定义组织中的重要实体，并持续对这些重要实体的信息进行管理和维护。保证主数据内容的权威性是主数据管理工作要考虑的关键因素。

当企业中多个业务数据源在使用某个主数据时，可以通过数据血缘分析的方式溯源到最上游的核心数据源，以此来梳理主数据在系统环境中的信息流转路径。通过"对齐"不同业务系统引用的主数据内容，可以保证主数据应用的准确性、可用性、一致性。

主数据管理包括数据模型管理、数据采集、数据验证、实体解析、数据管理共享等多项相关的业务活动。对主数据进行管理本质上在于构建主数据信息与业务实体对象之间的对应关系，在业务端为不同系统使用主数据信息提供统一的视图和理解。

实体解析是主数据管理中非常核心的一项数据治理工作，是指判断两个主数据实例是否代表同一个业务实体。例如，判断两套业务系统的不同编码体系下的供应商编号是否指代同一个物理上的供应商主体。实体解析可以通过规则匹配的方法自动确认，也可以采用线下人工验证审核的方式持续优化。在实体解析的基础上，可以对主数据的各个细节条目进行合并和去重，并对其实体属性进行更新和拓展。

业务系统可以通过记录系统(System of Record)和参考系统(System of Reference)访问主数据信息。记录系统是人工录入主数据的源端系统(如通过ERP系统来录入销售客户的基本信息)，通过定义数据录入的标准、规范及审核制度，可以控制录入的主数据质量；参考系统不是源端系统，但是它的主数据内容与源端系统保持信息同步，对参考系统的规范治理可以满足业务系统对主数据内容的高质量访问。常见的参考系统有主数据管理应用、数据共享中心(Data Sharing Hubs，DSH)、数据仓库等。

2. 参考数据管理

1) 参考数据

参考数据是指事务数据中引用的一些通用的业务概念，这些业务概念一般按照主题进行组织，表示行业或业务中的一些规范化的表达，例如分类体系、状态标记、业务编码，以及技术代码等。一个表示业务状态的参考数据表格见表7-2，表格内容通常包括代码、描述，及定义等基本信息。

表7-2 表示业务状态的参考数据表

代码	描述	定　义
1	新建	表示一个新的服务单已经创建，但还未进行人员分配
2	已分配	表示服务单已经分配到了指定服务人员
3	施工中	表示分配的服务人员已经进行表单处理
4	已解决	表示服务人员已经完成表单处理
5	已取消	表示服务单根据交互情况已经取消
6	待定	表示服务暂时无法被处理
7	已完成	表示请求已经处理完成

参考数据有多种不同的具体数据结构，常见结构包括列表、交叉参考列表、分类法等，

其中，列表由代码和代码描述组成，是最简单的参考数据结构；交叉参考列表可以同时表示对同一实体概念的多个代码标识；分类法是具有层次结构的数据结构，每条参考数据会包含关于父代码项的业务属性。

通过元数据的描述，可以对参考数据的基本信息进行详细解释，与参考数据相关的常用元数据包括数据集名称、提供者信息、数据集来源、版本号、版本更新日期等。

2）参考数据管理方法

在参考数据管理（Reference Data Management，RDM）工作中，主要关注对事务数据属性阈值的规范定义，并对属性取值内容进行严格控制，保证对某些业务概念的描述遵循一整套最新的、一致的业务或行业标准。在数据管理工作中，对参考数据构建统一的数据库进行集中维护可以减少系统间因标准不一致导致的业务风险。

参考数据集可以由企业内部自主创建，也可以通过第三方供应商进行打包采购。从第三方采购参考数据集的好处在于可以获得最新的维护版本，保证所实施业务标准的时效性。很多情况下，直接采购的参考数据集不能直接支撑企业内部的业务活动，应当首先进行数据集的调整和适配。

当向业务中引入参考数据时，通常存在多个备选方案，例如，面向产品上架管理的需求可以存在多套不同的商品分类标准。选择参考数据集时需要结合实际情况，标识、比较、评估不同参考数据集对目标业务的有效性。

对于参考数据的管理维护，数据的更新方式和更新频率是影响数据质量的关键因素。需要构建配套的数据管理工具，使数据管理人员在无须技术支持的情况下对参考数据进行手动管理，同时保证新增参考数据符合基本的准入标准。除此以外，数据管理人员还需要对参考数据进行建模，梳理不同数据集之间的关系，确定数据集之间的映射关系和同步方式。

3. 元数据管理

1）元数据

元数据提供了面向数据对象的内涵、用法、活动记录，描述了数据、业务概念，以及数据与业务概念之间的联系。元数据可以帮助企业了解自身的数据和数据相关的信息系统。对元数据的有效管理可以从体系上提升企业的数据管理水平，强化数据服务与数据创新的综合能力。

元数据是数据成为企业资产的必要条件。元数据固化了关于数据的全部知识，通过对元数据的准确使用，可以增加数据的共享能力、降低业务团队和IT部门的沟通门槛、缩短数据系统的研发周期，同时也有助于促进业务端对数据资源的有效利用。

由于元数据提供了关于数据的准确语义描述，由此可以降低对数据的使用风险，避免对数据的错误使用和误导性分析。元数据从功能方面主要包括业务元数据、技术元数据，以及操作元数据，三者的关系如图 7-13 所示。

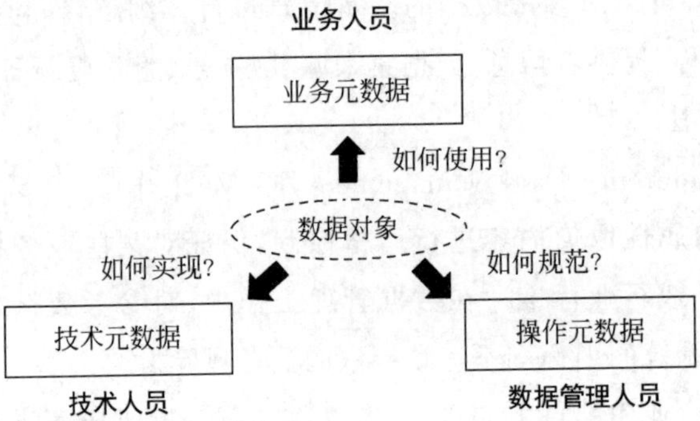

图 7-13　业务元数据、技术元数据、操作元数据

其中，业务元数据(Business Metadata)关注数据的内容和使用约束，同时也涵盖和数据治理相关的详细信息。业务元数据的意义在于为数据资源提供应用层级的上下文解释说明。典型的业务元数据包括数据对象的描述、业务概念、数据模型、数据标准、数据更新计划、数据血缘关系、数据安全和隐私级别、数据质量标准、数据的有效值约束，以及数据的使用说明等。

技术元数据(Technical Metadata)描述了数据系统相关的技术元素和技术实施细节，同时还涉及了数据存储系统及与数据流相关的重要技术信息。技术元数据的意义在于为数据应用的开发提供工程视角的上下文解释说明。典型的技术元数据包括数据库的表结构、数据表的字段属性、数据访问规则与权限、数据备份恢复规则、数据文件格式、数据 ETL 同步规则、源到目标的映射文档，以及数据模型与实物资产之间的关系等。

操作元数据(Operational Metadata)描述了处理和访问数据的基本信息，既包括数据操作的历史记录信息，也包括对数据活动的执行标准和要求约束。操作元数据的意义在于为数据相关活动提供规范性的解释说明。典型的操作元数据主要包括数据操作日志、数据审计结果、数据归档记录、数据灾备恢复预案、数据服务水平(SLA)要求、数据容量和使用模式、数据共享协议，以及数据技术人员的基本信息等。

2) 元数据管理方法

企业中一般不会为了元数据内容本身而创建元数据，正常的元数据应该是在企业的日常系统建设和数据管理活动中伴随产生的。高质量的元数据依赖于对元数据创建过程的系统规划与设计，产生元数据的业务流程执行者对元数据的质量负责。

企业一般会构建专门的元数据管理系统，从不同来源对元数据进行采集和整合，以此来对元数据内容进行集中管理与更新维护。常见的元数据来源包括应用系统的元数据存储、业务术语表、管理配置工具、数据库、数据字典、数据模型、数据集成工具等。

对元数据的采集可以通过访问元数据存储的方式进行提取，主要有两种方式。一是通过专用接口，采用单步方式，扫描程序直接调用特定格式的装载程序将元数据加载到元数据存储中；二是通过半专用接口，通过两个步骤，扫描程序从来源系统采集元数据并写入特定格式的数据文件，之后，目标存储基于任意兼容的格式从数据文件中读取元数据并进行信息加载。

在元数据管理工具中，一方面会保证元数据信息的高效同步，同时也提供手工录入、更新、请求、查询元数据的基本功能。此外，对常规数据对象的数据质量、数据维护、数据服务水平、数据安全等方面的客观需求，也同样适用于元数据的管理工作。

当元数据被采集、存储和管理后，最终需要发送给前端的数据消费者进行查看，并接入相应的元数据应用或工具。通过对元数据进行分析，数据需求方可以更好地理解数据内涵，准确地对数据及数据服务进行调用，提高数据资源的使用率和准确率。常见的元数据分析功能包括血缘分析、影响分析、实体关联分析、实体影响分析、主机拓扑分析，以及指标一致性分析等。

其中，血缘分析是指对数据对象进行溯源的分析功能，描述某个特定数据对象是从哪个数据库、数据表，以及数据字段经过接口读取、数据汇集，或统计计算等各个信息处理环节生成的。数据血缘分析为数据的可靠性及数据误差的判断提供重要的信息决策价值。基于技术元数据进行数据血缘分析的应用效果如图 7-14 所示。

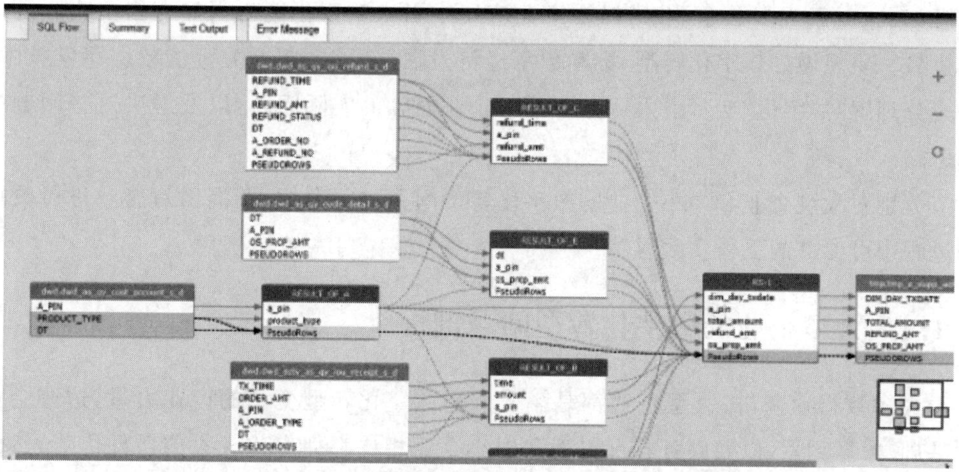

图 7-14　基于技术元数据进行数据血缘分析的应用效果

第 8 章

数字化产业实践

基于对数字经济的本质及数据科学技术的理解，本章主要针对企业数字化转型工作在产业端实践落地的具体活动进行介绍，剖析企业数字化转型的业务瓶颈，介绍数字经济的主要参与主体，并对数字化的未来发展趋势进行前瞻性展望。

8.1 非数字原生企业转型之困

众所周知，数字化转型对企业的产业升级非常重要，是未来企业获得行业竞争力的关键发展途径。越来越多的企业开始关注数据本身的价值和数字化转型的实践意义。同时，围绕数字产业生态，也崛起了越来越多的云服务厂商、SaaS 厂商、咨询公司等核心市场参与主体。可以说，已经正式迈入数字化转型的特殊时代。

尽管如此，对于大多数企业来讲，在产业应用中引入数字化能力仍然有很多实际落地方面的挑战。要想做好数字化转型，推动数字经济发展，除了要掌握关键的数据科学技术，还需要充分理解“数字化”变量引入业务体系时企业面临的实际问题，以及解决这些问题的方法和思路。

本节分别对大型企业和中小企业的数字化转型问题进行介绍，并提出对企业进行数据赋能的过程中可参考的工作实践思路。

8.1.1 大型企业的数字化转型问题剖析

对于大多数行业来讲，大型企业都是率先开启数字化转型变革的产业力量，这些企业在人才基础、数据积累，以及财务状况方面和中小企业相比都拥有比较大的条件优势，然而业务能力强并不意味着在数字化转型方面更容易。很多非数字原生的大型企业在推广数字化转型工作时仍然面临不少困难，这些转型问题主要来自 3 方面：业务复杂性、数据可用性、组织压力。

1. 业务复杂性

1）现状描述

数字化转型的本质是用数据来指导业务升级，因此，在转型的具体工作中，企业需要对自身的关键业务逻辑进行系统复盘和梳理，把业务模型转换为数据模型，以此对企业的数据架构进行建设和完善。大型企业的业务体系通常非常复杂，其商业模型通常覆盖多个业务线条，并且不同业务线条之间有可能存在复杂的关联关系，因此，大型企业基本上会面临来自业务复杂性方面的转型困难。

从业务模式上，大型企业均走在所在行业的前列，无论是对于数字化系统建设，还是对于数字化业务创新，在行业内都缺少足够的参考案例，因此，大型企业在寻找转型方向上很容易陷入决策风险，在前期业务的规划阶段存在较大困难，难以确定有效可靠的数字化转型路线和具体实施方案。

2）解决思路

为了应对业务上的复杂性挑战，企业需要结合目前的数据治理工作内容，同步梳理各业务主题的核心数据模型，并通过数据分析、头脑风暴、专家研讨等多种方式，从中挖掘数字化的创新点和机会点。

在上述过程中，除了要向协同各业务部门广泛收集数据方面的业务需求和工作意见，还要充分利用元数据和相关技术文档，从现有业务系统和技术产品中以逆向工程的方式快速积累可靠、成熟的数据模型。

2. 数据可用性

1）现状描述

很多大型企业经历过信息化变革阶段，通过采购、订阅、自建等方式，建设了很多不同类型的软件系统。这些系统的最初用途主要在于支撑企业自身的核心业务活动，实现快速的市场扩张，在建设期间，大多缺乏系统的设计规划。新系统的重复建设情况十分普遍，很多系统的开发也缺乏对数据未来使用需求的考虑。

基于以上原因，很多大型企业尽管对数据的历史积累并不少，但是企业的数据整体可用性并不强。典型的数据问题包括数据内容不一致、数据内涵不明确、数据标准不统一，以及填写错误或缺失等数据质量问题。

2）解决思路

当数据质量水平不足时，难以开展有效的数字化应用。大型企业为了构建强大的数字技术能力，推进全面的数字化产业战略，就必须通过数据治理的方式持续提高数据质量，全面提升企业数据资源的实用价值。

改善存量数据问题的典型实践做法包括盘点企业的业务系统，梳理权威数据源，制定数据使用标准；构建统一的数据中台，整合来自不同业务系统的数据源，实现关键数据项的对齐，保证各业务场景对数据资源使用的一致性；构建并丰富数据应用服务，完善元数据体系，为业务人员提供便捷的数据查询和数据分析工具。同时，为数据科学家搭建灵活易用的数据应用开发环境；定义数据质量规范，建立数据整改责任机制，监督并落实保障数据资源的完整性、准确性、规范性。

3. 组织压力

1）现状描述

大型企业进行数字化转型的另外一个非常重要的问题是来自组织方面的压力，这也是企业在转型过程中最易被忽视的一大类问题。尽管从技术能力表现来看，数字化转型关注对数据的管理和应用，但是数字化转型的最终目的是业务的转型和组织的转型。企业长期的数字化战略必须依靠“人”实现。

大型企业的业务非常复杂，转型中的企业必须在战略层把数据价值提升到和业务价值一样的高度。无论是构建数据模型，整合业务系统的数据资源，还是设计数字化业务场景，都需要IT技术人员和各层级业务人员密切配合实施。数字化不仅是数据团队的工作任务，更是企业各层级全部人员的工作任务。在转型的过程中，不同角色的人员之间需要形成工作合力。

在实际工作中，很多企业经常把数字化“降级”为系统建设项目来落地，几乎由数据团队自己从头到尾单独推进，缺少业务部门的深度参与。在这种情况下，数字化建设工作结果就会脱离一线实际，导致“有投入，无应用”的现状窘境。

数字化转型是面向未来的，大多时候不会带来目前的“收益”，业务团队通常无法均衡当前业务拓展和未来业务提升两者之间的矛盾，缺乏足够动力投入当前的转型工作。

对于数字化来讲，另一个典型的组织压力来自“部门墙”的问题。在数据治理的工作中，企业需要盘点并整合数据资源，在企业层面实现数据资源的充分共享、共同创新。“部门墙”是很多企业在发展壮大过程中不可避免的问题，随着企业规模的增长，在企业内部会分化出越来越多独立的利益单元，如不同的分公司、事业部、职能部门等。不同利益单元掌握着各自的数据资源，这些数据资源的背后是对应的组织权益和话语权，共享数据意味着打破原有的利益均衡，于是在转型中很可能产生“口头支持，实际怠慢”的特殊现象。

2）解决思路

为了应对数字化转型面临的组织压力，让企业的数字化转型工作达到实际落地的效果，就需要为数字化建设项目提供组织上的资源支持，尤其是来自企业一把手领导的重视，有时甚至需要一把手亲自牵头参与转型工作。

企业各级领导需要提升对数字化的认知水平，制定数字化转型的目标和行动战略。同时，还要配合具体的制度、标准、工具、考核等多方面的手段来整合组织内部不同的职能岗位和业务角色，实现企业数字化能力的全面转型。

8.1.2 中小企业的数字化转型问题剖析

尽管数字化是一种前沿的经营管理理念，但是数字化并非是大型企业的专利。在数字经济的大趋势下，中小企对数字化转型的需求可能更加迫切。中小企业应当及时地把握数字化的机遇，拥抱数字化挑战，充分借鉴数字科学技术的发展提升自身市场竞争力，实现全面的产业升级。

中小企业在数字化转型方面的问题主要体现在企业自身基础能力薄弱的方面，主要包括数字化的资金、人才，以及业务和数据等方面的能力不足。

1. 资金基础薄弱

1）现状描述

资金基础薄弱是中小企业数字化转型面临的最大困难。很多中小企业的管理者虽然认识到数据的价值及数字化转型的重要性，但却难以对数据相关系统的投入进行果断决策。中小企业在经营中大多面临资金方面的困难，在技术方面的投入预算相对不高，为了解决企业目前的生存困境，其在财务方面的投入必定会优先于生产或营销。

2）解决思路

在选择数字化技术产品时，中小企业可以优先考虑市场上价格相对便宜、功能比较通用的数字化应用软件，尽量不采用系统定制开发的方式引入数字化能力。以租赁的方式“按需”订阅有价值的 SaaS 服务，或使用免费的商业套件来提升数字化能力，也是受众多中小企业青睐的技术落地方式。

中小企业非常关注如何能快速提升其自身业务水平，改善财务状况，因此在转型时引入的数字化系统应当尽量贴近中小企业当前的业务痛点，能够让中小企业在短期内看到数据和信息的经济价值。中小企业的目的是以最小的投入成本使用数据科学技术实现业务能力的提升和业务潜力的挖掘。

例如，中小企业非常关注销售能力，订单需求是大多数中小企业面临的最大业务痛点。稳定的订单可以保证中小企业在行业中的竞争力，因此很多中小企业会充分选择并利用第三方平台提供的数字化营销能力和数字化运营能力。很多企业会借助自媒体平台进行数字营销和品牌推广，使用自媒体平台提供的内容分析和用户分析工具，了解客群成分和客群需求，进一步制定具有针对性的产品设计和推广计划，以实现更显著的订单增长效果。

2. 人才基础薄弱

1）现状描述

中小企业的发展规模决定了其在行业内的人才基础相对薄弱，因此，在接纳和使用数字化技术的过程中也会面临更多来自技术方面的困难。在业务中引入数字化相当于给企业的管理经营带来了更多复杂性。企业员工需要面对更复杂的业务过程，无论是使用新的技术系统，还是基于数据来指导业务，现有人员都缺乏相应的能力和工作经验。

2）解决思路

对于中小企业来讲，在数字化转型活动中要关注企业员工对数据工具的认知能力、理解能力、实践能力，尽量保证在引入数字化技术和相关信息系统后，用户能够真正有效地参与到全新的数字化业务体系中。

当企业引入数字化系统时，要努力减少用户使用系统的相关活动对用户本职工作产生的额外负担。对大多数业务人员来讲，采集和管理数据并非主要的业务职能，存在天然的排斥心理。好用、易用的业务系统能够提升用户使用系统的积极性，缩短用户从传统业务模式向数字化业务模式的过渡周期，因此，企业引入的数据工具需要交互简单、易操作，同时，采用更加接近实际业务逻辑的概念表达和操作流程。

3. 业务基础薄弱

1）现状描述

除了资金和人才方面的短板，中小企业在业务能力上也相对薄弱。由于接触的业务范围和业务案例相对较少，中小企业对如何基于数据进行业务创新缺乏有价值的实践经验，对业务数字化的认知水平也有待提升。很多传统行业的中小企业管理者普遍缺乏对数字化的基本认知，对商业模式的理解仍然停留在传统的思维框架。

2）解决思路

对中小企业进行数字化转型，关键在于提升管理者自身的业务认知水平。管理者的认知水平决定了其是否能够洞察到数字化技术对业务发展的机会，认识到数据蕴含的商业价值，以及如何充分利用数据资源帮助企业改善当前业务现状。在实践中，中小企业可以参考同行业的大型企业、头部企业的数字化方法和案例，采用跟进策略，引入成熟的数字化模式。

中小企业也应当广泛合作，开拓经营思路，尽可能地将自身企业的发展规划与头部企业的数字化战略进行深入融合，实现数字化转型战略的合作共赢。

4. 数据基础薄弱

1）现状描述

中小企业的业务线条单一，业务范围较小，因此相应积累的数据资源也比较有限。数字化创新需要挖掘数据的价值，因此数据资源是关键生产力。缺少数据的积累是中小企业推动数字化场景建设的另一主要困难。

2）解决思路

在数据基础薄弱的情况下，企业需要采用多种方式，广泛拓展可以获得的数据资源，加强数据创新基础：

首先，对现有的业务流程进行改进，在新的业务流程中更充分详细地进行数据信息的采集，把数据获取当作重要的业务环节；其次，寻找并存储对自身业务开展有参考和启发意义的免费开放的数据资源，将这些数据资源与企业自有数据进行融合创新；其他有效应对数据匮乏的方法还包括，与有相关数据资源的企业或机构进行合作，通过服务的方式获得数据能力，以数据动态整合的方式实现数据增值；购买外部技术供应商提供的数据库或租赁数据库的访问权限，直接扩充数据资源存量积累。

8.2　数字化组织与人才

企业进行数字化转型，目的是成为真正的数字化组织。了解数字化组织的基本特点，可以帮助管理者判断企业当前阶段和数字化组织的真实发展差距，确定未来数字化转型工作的推进方向。其次，企业还需要了解数字化转型需要的人才基础，理解不同类型的数据相关岗位如何解决数字化工作的实际需求。

8.2.1　数字化组织

数字化组织在数据管理和组织管理方面都与传统企业存在很大不同。在数据管理方面，数字化组织具有更成熟的数据管理制度和数据应用流程，不仅数据资产的质量更高，在数据应用形态上也更先进、更丰富。在组织管理方面，数字化企业的组织结构更有利于信息和资源的转化和流通，具有更高级的组织管理形态。下面从定量的成熟度等级和定性的能力特点方面分别进行介绍。

1. 数字化成熟度

企业在确定数字化转型战略及衡量数字化工作成效时，需要一个客观的评价标准，通过该评价标准可以了解企业的数据管理能力水平及相对的行业排名位置。此外，数字化成熟度的评估还能够帮助企业管理数字化转型的进度，帮助决策者选择适合企业自身基础情况的转型战略路径。

1）CMM

数据管理成熟度模型（Capability Maturity Model，CMM）是DAMA体系中的一种非常有效的数据能力评价工具，在业界数据治理项目中广泛应用。CMM最早用于对软件开发方面的成熟度评估，近些年在企业的数字能力的评估方面优势明显。CMM成熟度模型通过描述各阶段的能力特点来定义企业数据管理的成熟度级别，企业通过对照比较这些级别的特征项目来判断自身所处的成熟度阶段。

CMM将企业的数据能力定义为6个级别，在每个级别内又进一步分为未开始、正在进行、能使用、有效等细分状态。这些细分状态用来反映在当前级别的过程进展，以此来量化企业从当前成熟度阶段到下一阶段的发展差距。CMM的成熟度评价框架如图8-1所示。

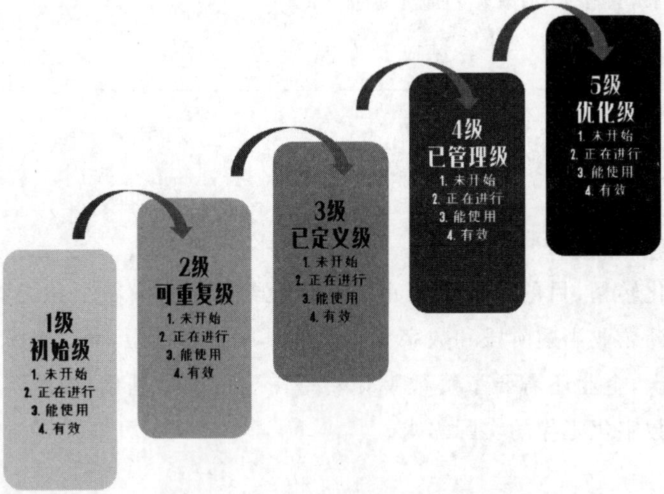

图8-1 CMM的成熟度评价框架

在1级（初始级）：企业内部仅使用有限的数据管理工具。数据的采集和使用活动随意、缺乏统筹，没有遵循既定的流程规范。数据质量问题较多且难以得到有效解决。

在2级（可重复级）：组织开始使用集中化的数据管理工具，以此来对数据活动进行监管和控制。此时组织会对不同的数据用户角色进行定义，规定数据活动的标准流程，组织开始关注数据质量问题及参考数据和主数据的相关概念。

在3级(已定义级):将数据管理活动制度化,通过引入数据工具降低人工操作的负担,总体数据质量得到了普遍的提升。

在4级(已管理级):体现在企业能够对数据风险进行管理,可以制定出数据管理相关的绩效指标,并实现数据管理工具的标准化。

在5级(优化级):数据管理活动得到进一步优化,企业关注持续的数据能力改进。数据管理流程具有更强的自动化特点,同时对数据管理的过程和成效具有较强的可预测能力。

2) 其他评价方法

除了围绕数据管理工作开展对企业数字化水平成熟度评估,在业界还有很多面向更多数字化业务视角的成熟度评价模型。这些模型不仅涵盖了企业经营过程中的主要业务活动,同时也考虑到了企业的技术创新能力及文化等重要因素。

例如,在麦肯锡公司提出的评价模型中,相关评价指标覆盖了战略、IT能力、文化、组织与人才等方面,并将数字化企业根据实践水平划分为进化者、市场匹配者、数字奋斗者、数字干扰者,以及生态系统塑造者;再例如,Leyh等学者提出的数字化评价模型比较偏向于从数字化技术应用和创新水平方面进行评估,相关评价指标覆盖了水平整合、垂直整合、数字化产品开发、代表性技术标准等方面,将企业分为基本数字化、跨部门数字化、水平和垂直数字化、完全数字化及优化完全数字化等类型。

在实际评价过程中,为了更好地了解数字化发展水平,需要构建比较容易理解、无歧义、容易评价的指标,这些指标通常以一些典型问题的形式抛出,例如

"企业是否进行线上的产品销售?"

"是否采用数字化技术来优化客户体验?"

"企业购买和使用数字化硬件设备占硬件设备支出的比例是多少?"

"企业是否会组织员工进行数字化转型方面的学习和培训?"

"是否实现了数字化的人力资源管理?"

……

2. 数字化组织特点

数字化组织与传统组织之间具有不同的能力特点。数据作为重要的信息和知识载体,不仅支撑着丰富的业务能力,还能够重塑整个组织的业务生态和管理文化。通过一系列的数字化项目,企业逐渐进化为新型的数字化组织。数字化组织的管理特点主要有扁平化、平台化、可复制、协同成长等特点。

1) 扁平化

数字化企业具有扁平化的组织特点。企业通过引入数字化系统,可以更加高效地传播

业务信息和知识,在企业内部的人和物之间构建紧密的连接关系。数字化系统提升了人对信息的处理能力,面对同一管理层级,可以让管理者对更多数量的业务单元进行任务协调,提高企业管理经营的总体效能。

在数字化系统的支持下,信息在企业内的不同业务单元之间的传播方式更加直接和快捷,对很多业务问题的处理不需要经过复杂的组织层级关系来解决,而可以按照被数字化软件应用事先“固化”的既定流程自动处理。

在数字化的扁平组织模式下,当企业在经营过程中面临外界业务需求及市场环境的各种变化时,对应岗位的管理者和业务人员可以借助数据查询、实时分析、数据可视化等技术工具,进行快速的数据分析和业务决策,发挥可靠的管理职能。

2）平台化

数字化企业具有平台化的组织特点。数字化企业以系统级平台作为数据资源底座,实现企业内数据资源充分且可控的资源共享。数字化企业会通过建立数据中台或数据湖等企业级的信息系统完成数据资源基础能力的构建。基于这些数据资源基础能力,可以把企业打造成一个数字能力创新平台。

对内,企业不同岗位的业务人员可以通过数据服务和数据工具,自助式地进行数字化业务创新。业务人员可以面对不同问题开展数据分析,自主挖掘有价值的业务知识,同时也可以和相关技术人员进行配合,设计并构建满足不同场景建设的数字化应用服务。

对外,企业能够以平台为载体实现行业数据资源的充分价值转化。数据的价值关键在于开放,企业数据不仅支撑自身业务,也可以纵向和横向进行产业赋能。

从纵向来看,企业数据可以整合供应链的资源,很多大型企业将自身在场景侧独有的数据资源以数据服务的形式加载在行业能力平台之上,并基于能力平台为供应链上下游的中小企业主体提供数字化运营能力;从横向来看,企业可以依靠数据优势进行跨行业、跨领域的产业合作,对不同类型、不同主题的行业数据资源进行整合,进行综合型的数字业务创新,或者为政府的城市治理决策提供有价值的数据参考。

3）可复制

数字化企业具有可复制的组织特点。通过数字化转型,可以将企业原先的很多业务活动通过数据的形式进行定义和编码,从而可以在数字世界开展更多的业务活动。与物理世界不同,在数字世界进行的业务活动具有显著的“可复制”特点,该特点为企业在市场竞争上带来强大的业务优势。

首先,可复制意味着更低的运营成本。在数字世界,通过数据定义的业务活动允许机器尽可能地代替人来完成原有的业务活动。这种模式不仅解决了人的工作负担,同时也使业务活动本身的执行效率更高。随着很多行业中内部人力成本的不断攀升,通过数字化的方式降低运营成本的做法将是大势所趋。

其次,可复制意味着业务能力标准化。在数字世界,通过将行业经验知识及行业规范业务流程,以数字应用系统的方式进行产品化沉淀,能够让组织从“无形”变成“有形”。在这种模式下,一家好的企业本质上可以等价为一个优秀的数字化产品,而企业规模和业务的扩张,也可以像产品的复制一样简单而快捷。

4) 协同共生

数字化企业具有协同共生的组织特点。数字化企业比传统企业具有更强的成长性,以数据资源作为载体,企业可以被塑造成一个更加开放的知识型组织。在知识型组织中,知识管理成为组织管理的焦点,同时企业的智慧资本成为组织不断创造价值的核心资产。

数字化企业有利于知识的创造和共享。以数据为载体,企业可以更好地进行知识的共创沉淀、传播。在数字化企业中,人和系统是一种协同共生的状态,一方面通过人对系统的使用及人对数据资源的标注可以让系统变得更加“智能”,同时,人可以从系统中学习到行业“最佳解决方案”,提升自身业务素质。当系统分担了原先由人承担的烦冗、重复、单一的业务活动时,人就能更加聚焦于核心业务逻辑,发挥业务创新能力,以更高水平来解决业务需求痛点。

8.2.2 数字化人才

企业的数字化转型离不开人才基础,成功的数字化企业必须同时拥有数字化高级人才、数字化专业人才和数字化一般人才。下面分别对这三类人才进行介绍。

1. 数字化高级人才

数字化高级人才决定数字化转型的战略方向,确定企业转型的发展路径,对企业的数字化能力体系进行顶层设计。数字化高级人才大多是公司级高层领导的身份,如CEO、CDO、CIO、CTO等,对数字化转型工作具有总体的决策权,提供重要的业务指导。数字化高级人才对企业核心业务具有深刻的业务洞察能力,能够准确把握行业发展方向,在数据和产业的结合方式、结合效果上具有前瞻性的认知和判断。

1) CEO

对于企业CEO(Chief Executive Officer)来讲,需要把握企业发展的总体战略,确定企业进入数字化转型的时机和方向。CEO应当是对数字化转型的第一责任人,需要对企业数字化转型的结果成效总体负责。CEO对数字化的认知决定了数字化转型工作的深度和广度,以及数字化转型工作对组织整体业务架构产生的最终影响。

数字化转型是一项跨业务和跨职能的企业级项目群工作,需要整合必要的人力资源、财务资源,同时改变企业内部的管理和考核方式。期间,只有企业的 CEO 角色才能对相关事项进行决策并提供必要的执行力。

2）CTO/CIO

在很多企业中有专门分管信息技术项目落地的高级管理人员,一般称为首席技术官(Chief Technology Officer,CTO)或首席信息官(Chief Information Officer,CIO)。CTO 或 CIO 需要组织技术团队与业务部门进行密切配合,整合技术能力和数据资源,对数字化项目进行具体的实施落地。

对于 CTO 或 CIO 来讲,需要具备极强的产品化思维,能够站在用户的立场规划有价值的数据功能和数据服务,实现从数据资源到数据产品的成功转化。在数字化工作中,不仅要求 CTO 或 CIO 具备技术项目的实施能力,更要求其具备更强的业务素质,能够主动沟通业务需求、主动发现业务机会。数字化项目不是传统意义上被动接受的技术开发项目,而是业务端和技术端共同协作、共同设计、共同创造实施的数字技术成果。

3）CDO

首席数据官(Chief Data Officer,CDO)是近年来随着数据相关工作越来越细分而产生的新型管理者。CDO 与 CTO 或 CIO 类似,属于技术方面的高级管理人才,但是其岗位更偏向于管辖和数据相关的事务统筹和项目管理,是数字化转型中重要的管理类人才。

从项目统筹上看,CDO 通常负责牵头数据治理项目、数据科学研发项目、数据平台建设项目,以及数字化业务创新场景的实践项目等。从管理职能上看,CDO 需要配合 CEO 制定数字化发展战略,设计企业级的数据资源架构,基于数据团队的数据分析结论为企业的业务发展提供有价值的决策建议。

2. 数字化专业人才

数字化的专业人才主要针对产业实际的业务问题,采用数据科学技术提供相应的数字化解决方案。专业人才既需要懂业务,也需要掌握一定的数据科学知识,负责数字化应用场景的具体设计和实现。数字化专业人才主要包括系统架构师、数据分析师、数据科学家等,下面分别进行介绍。

1）系统架构师

系统架构师主要负责提供和数字化相关系统的具体建设方案。在数字化相关工作中,和信息化一样,需要构建很多配套的技术系统。唯一区别在于这些技术系统大多围绕数据管理和数据应用展开。

系统架构师需要对数据相关系统的功能和产品十分熟悉,理解数据要素在系统中的核心作用及支撑不同系统功能方面发挥的信息价值。具体来看,系统架构师需要对数据的存储、集成、同步、交互、预处理、监控、更新、恢复等不同信息处理环节的具体方案进行总体设计。此外，数字化项目的系统架构师还需要在工程上解决与大数据场景相关的技术问题，通过合理的技术架构选型提高数据服务的综合性能。

2）数据分析师

数据分析师是企业中和数据打交道的传统岗位，主要负责从各主题、各渠道的数据中通过数据分析活动提取有价值的业务信息，挖掘商业洞察，指导企业的运营决策。早在数字化转型概念提出之前，数据分析师岗位就广泛地存在于不同行业、不同规模的企业之中。

早期的数据分析师大多是从业务分析岗位衍生的。随着企业信息化水平的提高，其数据获取能力也逐渐增强，越来越多的业务分析工作开始基于企业内外部的数据资源开展，数据驱动的业务分析方法逐渐普及。当前，在一些规模化的成熟企业，业务人员大多采用Excel电子表格或企业内部的数据应用平台开展分析工作，数据分析师的岗位也逐渐在这些企业中分化形成。

对于从事数据分析的人员来讲，要认识到数据分析工作本质上并非技术类岗位，而是业务类岗位。尽管在数据分析过程中会用到一定的数据科学技术，但其仍然是以业务逻辑为主线开展的工作事项。有效的数据分析工作必须围绕业务需求开展推进，数据分析结果的好坏取决于分析结论的业务价值，而非分析方法本身的独特性和创新型。

3）数据科学家

在数字化业务中，数据科学家关注数据挖掘和数据建模等技术手段的具体设计和实施。面向具体的业务需求和数据资源，数据科学家需要确定数据模型中有效的数据特征和模型参数，在工程上需要保证数据模型能够在实际的业务生产环境中具备可靠的服务性能。

数据科学家本质上是技术类岗位，尽管很多数据科学家也参与软件系统开发，但是会更多地关注其中算法层的代码实现。在数字化工作中，数据科学家要不断学习、更新前沿的数据科学技术，能够不断深化对企业现有数据资源的使用效能。

同时，数据科学家也要认识到数据技术的局限性。尽管随着深度学习等前沿技术的发展，数据模型的“自学习”能力越来越强，但是在近期内，业务经验对于建模的指导参考意义仍然巨大。好的数据科学家需要持续增强自身的业务素质，一方面能够充分地对企业内部的业务经验进行结构化表示，融入数据建模的工程任务中；另一方面，也可以在数据技术迭代更新的过程中，发现并创造更多有价值的数字化业务机会。

3. 数字化一般人才

数字化一般人才覆盖了所有和数字化转型任务相关的一线基层员工，负责数字化转型的具体执行部分。数字化转型的一般人才包括信息系统的开发人员、运维人员、数据库管理人员，以及使用数据系统的业务人员等。企业数字化的业务落地对一般人才的需求量是最大，一般人才的平均职业素质和人数决定了数字化转型的效率和效果。

1）开发人员

对于有能力自建信息系统实现数字化的企业来讲，软件开发人员是必不可少的。软件开发人员承担着数字化系统的具体建设工作，根据软件系统的设计需求，用特定的开发语言及软件框架进行代码逻辑的编程实现。此外，开发人员需要对系统的不同功能模块或子系统进行软件集成，从相关系统调用数据服务获取技术支撑，并在产生外部需求变化时对软件版本进行更新和升级。

数字化系统的开发与一般应用软件开发的区别在于，涉及更多数据交互逻辑的处理，需要熟悉数据库及数据库仓库的技术原理和操作方法。同时，开发人员也需要掌握大数据的相关技术栈，能够在分布式环境中进行数据的查询和计算，实现高性能的数据交互。

此外，在很多企业中，可能涉及技术外包的事项。此时开发人员也负责对外沟通协调技术方面的相关事务，保证外包团队开发的系统、模块或服务能够与企业现有的系统保持有效的功能对接和数据贯通。

数字化对开发人员的要求不仅是更强的技术素质，而是更强的综合素质。由于不同企业的业务逻辑和业务需求的个性化程度都很强，因此数字化项目中的软件系统一般在需求方面存在更大不确定性。数字化系统的有效性，很大程度上取决于开发人员对前端需求的理解程度。理解业务、熟悉业务，是数字化转型项目对软件开发人员提出的更高要求。

2）运维人员

在数字化项目中，企业不仅要对数字化系统进行建设，同时需要对信息系统进行持续运营，保证系统的正常服务和安全运行。运维人员是数字化项目中重要的技术支持者。

运维人员负责承担软件系统生命周期中的具体技术管理和技术实施工作，通常与开发人员相互配合推进技术项目工作。运维人员负责企业系统及其相关应用组件的日常维护，确保系统稳定、安全、可靠地运行，负责系统运行环境的搭建和配置，对企业系统的日常运行情况进行监控、巡检、故障预警、故障排查等工作。随着数字化产业不断成熟，很多技术运维工作也可以通过租赁和外包等形式交予第三方云服务厂商负责。

3）数据库管理人员

在数字化项目中的信息系统中，涉及大量与数据库相关的技术操作，对数据库的设计、操作、维护是企业中数字化项目的重要技术工作。数据库管理人员（Database Administrator，DBA）负责在底层技术操作层面处理和数据相关的事务，对应用系统数据库从设计、测试、部署、交付等环节进行全生命周期的管理。

数据库管理人员需要根据前端业务需求和数字系统的产品需求，对数据库的选型、版本、表结构、部署架构进行详细设计，编写实现数据同步和数据计算处理逻辑，保证数据库在质量、效率、成本、安全等方面表现良好特性。

为了应对企业系统运行异常的风险，数据库管理人员需要对数据进行信息备份和内容恢复等基础运维操作。此外，很多企业中数据库管理人员也深入参与到数据治理工作中，配合业务团队进行数据资产的梳理、盘点，对数据问题进行发现和整改，持续改善和提升数据资产的可用性和价值性。

4）业务人员

业务人员可以是数据的生产者，也可以是数据的消费者。从数据生产者的角度看，业务人员通过日常运营各种信息系统，不断生产出新的数据资源，例如直接录入数据，或通过自动计算的方式合成新的数据记录。从数据消费者的角度看，业务人员可以对数据进行分析挖掘，提炼关键的业务信息，将数据分析结果以撰写报告或开发数据应用服务的方式进行价值输出。

业务人员是所有数字化项目中的主体参与者，也是直接使用数字化系统的用户。业务人员直接从业务活动角度理解和使用数据，因此对数字化项目的推动效果及数字化系统的有用性具有更加“权威”的话语权。

业务人员能够为数据提供业务的上下文的解释，定义数据的内涵，并对数据格式、数据质量、数据使用权限提出客观要求。在具体推动数字化项目时，需要业务人员的全力配合和实际参与，无论是对于应用需求的提出、产品方案的设计，还是数据全生命周期的管理，都只有依靠业务人员才能真正有效地执行落地。

8.3　数字化产业实践

在数字经济时代，对于大多数企业来讲，不管在理论认知层面还是产业实践层面，已经真正参与到了数字化转型的活动中。在社会整体的数字化产业变革中，诞生出了很多成功的转型实践案例，通过对这些案例的观察和分析，可以系统地理解数据科学技术如何与行业知识体系相结合，进行有价值的数字化应用创新，并应对来自不确定性市场的各种业务机会和挑战。

下面将从投资消费领域、生产制造领域、公共服务领域等几大方面介绍典型的数字化实践成果和方法，为业界的实践者和创新者提供前行的指明灯。

8.3.1 消费与金融数字化产业实践

消费与金融的数字化产业实践大多聚焦于第三产业，与C用户端的关系更加接近。该场景有多样化和动态化的特征，数据分析维度十分综合，对数据处理的实时性要求较高。下面从消费行业数字化、生活家居数字化、金融服务数字化3个方面进行具体介绍。

1. 消费行业数字化

消费行业是服务业中非常重要的组成部分，该行业具有非常大的用户基础和丰富的服务场景，在日常的经营中会产生海量的数据，具有很强的数字化业务创新潜力。消费行业数字化的主要技术特点在于业务线上化与大数据分析的有机结合。

对于消费行业，随着网络购物的场景不断加深，商家和平台采集用户消费数据的能力越来越强，可以更加精准地分析用户的购物偏好，提供更精准、更便捷的消费综合服务。消费行业企业关注的数字化场景主要有内容推送、关系运营、数字营销、门店管理等几个主要方面。

1）内容推送

内容推送是指基于用户在购物平台上的历史访问和行为记录，如用户浏览商品、浏览评论，以及加入购物车等行为，对用户的产品偏好进行分析预测，动态定位用户可能感兴趣的商品或服务，对其进行精准推荐，促成更多有效交易。

相应业务场景需要用到知识图谱、推荐算法、用户画像分析等前沿的大数据应用技术。在内容推送的模式下，不再是人找商品，而是商品找人，是在数据要素驱动下商品向用户需求精准对接的全新购物模式。

2）关系运营

关系运营是指利用数字化技术构建面向用户的线上化和自动化运营管理体系。关系运营包括利用线上消息通信组件构建网络社群，进行商品主题预热，并提供相应的用户咨询服务，提高用户关系黏性。此外，关系运营还包括基于语义理解和知识图谱等技术，构建以实际需求为中心的智能商品查询服务等技术应用。例如，当消费者输入“送女友”“送老婆”等关键词时，即可查询情人节专题的商品推荐结果。

此外，通过对话系统的智能客服技术，可以提供自动AI答疑服务，引导用户在商品使用、退货换货、质量问题等方面得到实时准确的问题解决，同时也极大地减少商户在维护客户关系时的人力成本。

3）数字营销

无论是内容推送还是关系运营，主要是解决线上化的消费购物需求，而数字营销则是面向线上、线下双渠道的数字化产业实践方向。

数字营销是指基于用户的行为习惯和购物意愿，通过绑定销售或降价折扣的方式引导用户的在线购买行为。数字营销与传统营销的区别在于，营销活动不是人为设计的，而是由算法自动生成的。营销活动更加具有针对性和动态性，会随着用户消费行为的变化而变化，可以实现精细化的营销管理效果。对于线上场景，更多是通过埋点分析的方式来感知用户的消费行为。对于线下场景，则需要结合各种电子支付手段，如智能 POS 系统，实现用户消费行为的跟踪和深度挖掘。

4）门店管理

门店管理是指通过数字化的方式实现线下销售门店的管理职能，提高门店经营的工作效率和智能化水平，达到更加优质、精准、动态的门店运营能力。通过数字化技术辅助门店管理的应用场景主要集中在便利店行业。便利店的主要特点是门店分散、客群个性化需求强、小而精、有连锁化特征，这些特征十分有利于数字化技术发挥其数据处理及数据服务的优势。

在一些智能化的数字化门店中，基于计算机视觉并融合多种传感器技术来捕捉进店消费者的日常购物行为，对消费者进行全维度画像，并对店面进行精准的流量分析。此外，通过对人、货、场的综合大数据统计分析，还能够实现精准营销、销售动因分析、智能选品、货架优化、动态盘货及补货自动提醒等各环节的门店经营管理活动。这些应用可以极大地降低人力管理成本，并通过控制成本、提高引流的方式，有效提高单店的盈利率。某厂商提供的面向零售门店的全维度智能化解决方案如图 8-2 所示。

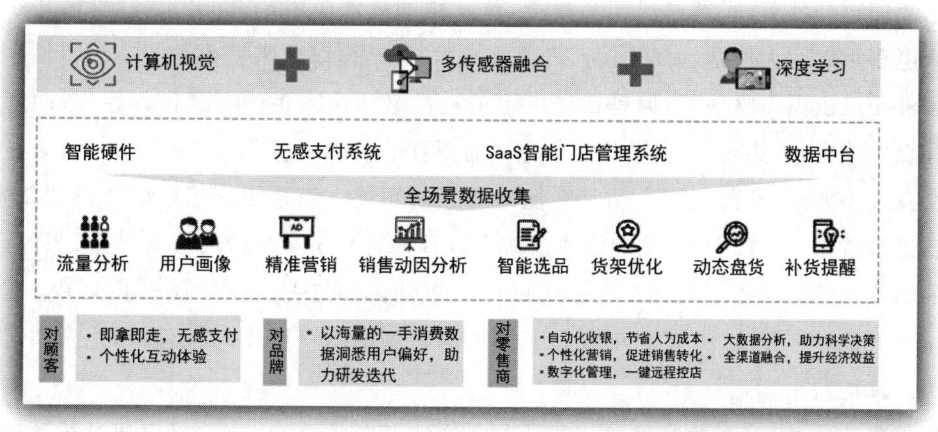

图 8-2　面向零售门店的全维度智能化解决方案

2. 生活家居数字化

生活家居数字化是指通过数字化技术改善人们的日常生活体验，是数字化技术产品在家装、家居等相关产业领域的广泛应用实践。生活家居数字化带来的好处主要在于便捷性、安全性、体验性，甚至还包括节能减排的优势。生活家居数字化应用的最主要特点在于物联网和人工智能技术的紧密结合，产业上也称为智能物联网（AIoT）。

1）家装设计

在家装行业，最典型的应用就是家装设计。首先，数字家装设计软件在近些年已经得到了越来越普及的应用，通过设计软件的三维高仿真渲染效果，可以让消费者在真正开始装修施工之前，就可以看到近乎等同的装修效果。不仅如此，随着VR、AR技术的进一步普及应用，消费者不仅可以通过一般的计算机屏幕感受设计效果，还可以获得全方位沉浸式的数字化体验。

除了利用数字图像渲染技术以外，数字化能力还体现在需求的精准匹配方面。家装设计是一件非常复杂的决策需求，设计者必须结合消费者的风格偏好及住宅户型的基本信息给出高度定制化的完美解决方案。在一些和家装设计相关的智能化应用中，只要用户提供户型的基本参数及期待的装修效果，就可以自动匹配或合成出相关的设计参考方案，也可以自动匹配到能够提供类似设计服务的设计者。

在上述装修方案设计的基础上，数字化技术还能够提供家居产品的搭配推荐组合。住户在为房屋寻找需要购买的家具时，智能算法可以自动在电商平台上寻找风格一致的家具和家电款式，同时保证推荐产品符合消费者的预算需求。

2）智能家电

除了装修设计环节，回到家居产品本身，数字化的技术应用则更加广泛。当前几乎每种传统家电都可以和大数据、物联网、人工智能技术相结合，以此来获得新的功能特性。传统家电虽然也是由电力驱动的，但是传统家电的功能必须由人工的方式进行控制，而智能家电则在交互能力、连接能力、自动化能力上具有更强的智能化水平。

在交互能力方面，最典型的应用是智能语音控制系统。该系统依赖于语音识别技术、自然语言处理技术，通过语音声控的方式让住户以日常自然语言交流的方式简单地进行家电功能的切换。智能语音控制让家电使用的门槛更低，提高交互效率，省却了应用需求到操作需求之间的转化环节，方便老年人和工作繁忙紧张的用户群体，真正做到让人和居住场景融为一体的效果。

在连接能力方面，通过物联网技术把不同的家电连接起来，一方面可以通过移动应用终端统一管理、统一控制；另一方面可以实现不同家电之间的功能联动，实现以情景为单位的整体切换。例如，早上起床后，智能音箱首先进行唤醒服务，然后窗帘自动拉开，客厅的音响逐渐自动播放喜欢的音乐，咖啡机同步开始冲泡咖啡。

在连接的基础之上，智能家电真正的魅力在于智能化水平，随着人工智能技术的不断普及，越来越多的智能家电开始具备自主提供服务的能力，例如智能扫地机器人、智能门禁、智能洗衣机、智能冰箱等。智能家电通过传感器设备，自动采集居住环境的光度、温度、湿度等关键信息，通过模糊逻辑算法或深度学习模型，以满足住户真实场景为目标，按需启动并调整服务参数。

除了家电设备以外，家具和家装也可以变成智能化的家居产品。在未来，越来越多的家居产品会携带数字基因，成为服务于人的“电器”。

全屋智能是基于家居数字化提出的流行概念，从整个房屋的基础装修阶段就开始引入数字化技术，包括门窗、地暖、风控系统、安防监控、水管等设施，这些都可以通过物联网设备进行连接，并提供人性化的控制交互接口。图 8-3 展示了百度的全屋智能解决方案，包括智能暖通系统、智能遮阳系统、智能环境系统、智能照明系统、智能安防系统、智能影音系统 6 个主要部分。

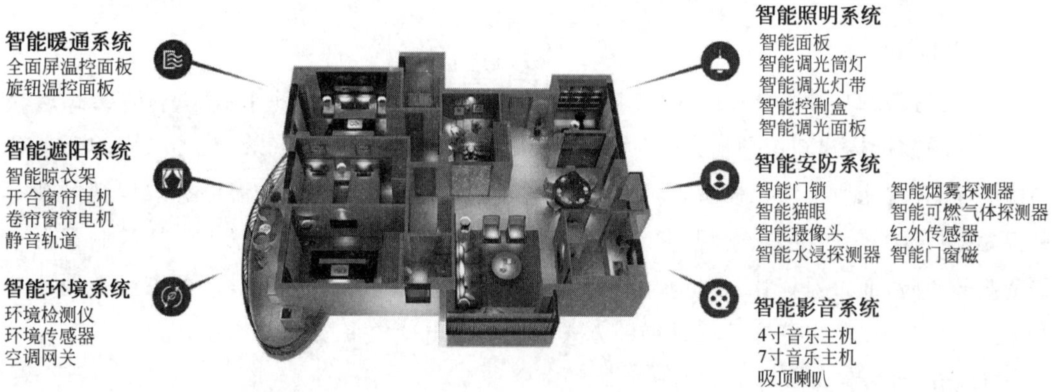

图 8-3　百度全屋智能解决方案

3. 金融服务数字化

金融行业在日常服务中会产生大量的用户行为数据，这些数据涵盖范围广泛，包括用户的账户基本信息、信用记录、交易信息及其他辅助决策的关键信息。金融行业对数字化技术的需求十分旺盛，产业需求方以银行为主，此外也包含保险公司、支付机构，以及投资机构等。

金融行业的数字化应用主要表现在数字营销、数字化支付、数字风控、智能决策等几个关键方面。金融服务数字化的主要技术特点在于需要实现多场景数据的深度融合与大数据分析，同时兼顾对数据安全性方面的考虑。区块链、隐私计算技术的发展，极大地满足了金融数字化领域的应用需求。

1）数字营销

在数字营销方面，与传统消费行业相似，金融机构通过对消费者在线下网点、金融软件、投资软件、购物平台、支付系统、信息中心、征信信息等不同相关渠道的行为数据进行大数据挖掘和关联分析，构建全维度的用户画像。在此基础上，实现对目标用户的精准触达、关系维护、服务引流。数字营销可以极大地降低银行和保险公司推销金融产品的“获客”成本，同时，也有利于相关机构的客户经理为投资人更精准地推荐金融产品，提供定制化的金融服务。

2）数字支付

在数字化支付方面，数字化技术为支付机构带来了极大的业务便利，帮助支付机构更好地面对商户提供高价值的收单服务。通过智能终端设备，不仅可以提供指纹支付、刷脸支付、虹膜支付、NFC 近场通信支付等多种灵活、安全、便捷的支付应用，还能自动采集消费场景信息。数字支付手段为商家提供重要的销售决策支持，还能提供自动对账、自动分账、同名实体账户绑定、聚合收单、同名账户提现、线下充值、资金清分结算等一体化的资金管理综合服务。

3）数字风控

在数字风控方面，数字化技术有效地解决了金融风险识别的业务需求。例如，基于海量的金融交易数据构建知识图谱，提取图谱中交易节点、交易关系、交易链路等关键的拓扑结构特征，融合智能风控量化模型，预测风险交易节点。通过这种方法，能够有效识别可疑交易行为，对金融诈骗、洗钱、套现等行为进行警示和预防。数字风控场景也包括控制银行的信贷业务风险，通过对贷款人的基本信息和信用行为数据进行建模分析，可以精准地预测贷款人的还款能力，以算法智能辅助的方式协助贷款申请的审核。

4）智能决策

在智能决策方面，主要体现在对金融产品的投资方面。金融产品投资活动十分依赖于决策者的投资经验，然而随着金融市场的日益复杂及影响变量因素的动态性特征，即使是最有经验的投资者也非常容易在决策过程中犯错。

基于大数据技术手段，实时捕获市场行情数据，如大盘指数、社交评论、媒体信息、交易记录等，可以实现自动化的精准定量分析决策。大数据的智能决策技术可以极大地弥补业务人员进行主观决策的风险，提高决策效率和准确性。

8.3.2 生产制造数字化产业实践

生产制造数字化产业实践大多聚焦于第一产业和第二产业，更多关注于如何通过数字化技术来提高供给端的产能，同时降低生产成本，提高产品的生产效率和质量。生产制造数字化产业的技术特点在于软硬件结合，除了基于数字化软件对数据进行管理和分析外，还有很多应用集中在数字驱动的生产工具升级。下面从制造业数字化、能源行业数字化、农渔业数字化3个方面进行具体介绍。

1. 制造业数字化

制造业数字化是这两年数字化转型非常重要的主战场之一,智能制造、智慧工厂、智慧车间、工业4.0,这些时髦概念都是从制造业数字化领域衍生出来的。由于制造行业本身的业务复杂度很高,早在信息化时代,制造行业的企业就对软件系统具有非常大的应用需求。制造企业充分利用计算机软件的数据分析和数据管理能力,实现了对生产车间及整个供应链的人、物料、产品、资金的综合管理。

制造业的数字化转型包括信息化阶段的工业软件应用,同时也在自动化、智能化方面进行了更深层次的实践探索。

1) 工业信息系统

信息化时代衍生出来的主要工业软件系统包括以下类型:

产品数据管理系统(Product Data Management,PDM)。管理所有和产品相关的信息及所有产品相关过程的信息系统。零件信息、配置、文档、CAD文件、结构,以及权限信息等重要数据都在PDM中进行同步和管理维护。

产品生命周期管理系统(Product Lifecycle Management,PLM)。PLM能够集成与产品相关的人力、流程、应用系统和信息。PLM的目的是缩短产品的设计和研发周期,实现企业内部多点的产品信息协同,支持产品全生命周期的信息创建、管理、分发和应用。

仓库管理系统(Warehouse Management System,WMS)。该系统对制造企业的生产物料及产品的入库、出库、调拨、批次管理、盘点等日常库房管理活动提供完整的业务功能支持。

企业资源计划(Enterprise Resource Planning,ERP)。ERP是从MRPⅡ的基础上发展出来的制造业计划软件应用,目的是实现企业物质资源、资金资源,以及信息资源的集成一体化管理。

ERP以管理会计为核心,提供计划层的管理支持和决策支持,除了涵盖MRPⅡ已有的生产资源计划、财务、销售、采购等功能外,还满足了质量管理、实验室管理、供应链管理、业务流程管理、人力资源管理、产品管理等全维度的常见管理功能需求。随着ERP的发展,当前绝大多数行业的管理信息系统纳入了ERP的定义范畴。

制造执行系统(Manufacturing Execution Systems,MES)。MES是制造企业车间执行层的生产信息化管理系统,可以为企业提供制造数据管理、计划排程管理、生产调度管理、库存管理、质量管理、看板管理、生产过程控制等主要功能。MES通过连接理论数据和实际数据,提供业务计划系统(计划层)与制造控制系统(执行层)之间的通信功能。图8-4展示了智能制造工业软件体系的分层架构。

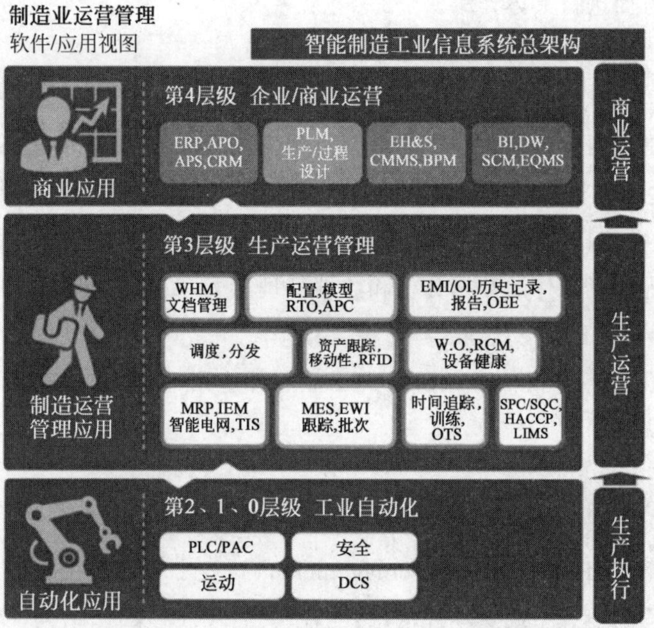

图 8-4 智能制造工业软件体系的分层架构

2）智能制造主要特点

制造业的数字化应用在大型企业中的实践和普及程度通常高于中小企业，其主要在于大多数的工业软件的定位是面向制造过程的复杂性与规模性。基于上述典型工业软件的基础上，制造业的数字化实践主要体现在以下几个方面：

一是提高对制造装备的可见和可控能力。面向装备制造方面的需求，构建数字孪生平台，提供基于三维模型的数字化设计能力，使用 MBD 技术实现装备的参数化、模块化设计，提高产品设计的定制化水平，并有效缩短产品的研发周期。除了面向设计方面的应用，数字孪生平台还支持产品的远程运维功能，实现产品的远程诊断、故障检测预警，以及预测性维护等功能。

二是提升制造环节的自动化执行水平。例如自动质量检测，通过机器视觉技术，开发智能检测设备与产品一体化测试平台，这在电子信息制造领域具有广泛应用。另一类典型应用是智能物流配送系统，通过物流机器人实现生产物料在仓库之间及从仓库到生产线工位的自动配送。除此以外，还包括自动化生产设备本身的智能化升级和应用，具体体现为将生产工艺流程固化，自动执行相应的加工操作，这方面应用贯穿在整个制造行业的发展之中。

三是完善工业互联网架构，促进人和制造设备之间的信息同步。通过物联网技术将生产车间内的设备进行连接，提高生产流程的自动化水平，对工艺、质量、设备、生产等环节的数据进行实时采集和分析，以及进行数据的互联互通。基于上述过程，可以支持生产过程的监控和全流程的生产质量的追溯。搭建专业工业网络，提高制造业的安全防护水平，在此基础上打通计划层、运营层、执行层的不同系统级平台，实现供应链与制造车间的内外部信息联动和业务联动。

2. 能源行业数字化

能源行业尽管是实体资产投入比例非常高的行业，但是随着现场设备的数据采集能力逐渐增强，以及行业数据底座的不断完善，该领域也具有非常强劲的数字化应用潜力。很多能源行业的企业规模非常庞大，组织结构也非常复杂，不同业务领域和职能部门每天都会产生大量需要进行管理的数据内容。

能源行业的数字化实践主要体现在两方面，前端主要面向设备管理和产能提升的需求，后端主要面向业务运营和计划分析的需求。

1）能源开采数字化

在石油、天然气等开采行业，生产设备经常需要长时间在极端的外界环境中进行作业，日常的开采工作对设备的损耗情况非常严重，导致生产设备非常容易发生故障问题。在大数据技术的基础上，结合生产数据可以实现对设备故障进行合理预测，进行设备的提前维护，保证其稳定运行。相关应用可以降低由于生产作业设备临时宕机对业务上下游产生的直接或间接经济损失，并合理降低设备本身的运维成本。

在勘察石油和天然气储量的过程中，也会产生非常多具有重要实验价值的地质数据和生产数据，这些数据与设备数据进行有效结合，可以极大地提高底层中碳氢化合物的识别效率，更加精准地进行资源定位和开采，提高能源获取的综合产能。

2）电力行业数字化

在电力行业，数字化的产业前景也非常开阔。在“十四五规划”中，已经明确提出了智慧电网、智慧电厂的建设目标。通过提升电力行业的数字化管理水平和数字化应用水平，可以更好地如期实现碳达峰、碳中和的发展目标。

从发电侧来讲，通过整合电厂运行、监测、设备诊断等生产全过程信息，不断积累海量发电数据以供电厂人员进行决策，可以提升电厂生产管理的综合效率；结合5G和大数据技术，构建泛在感知、智能融合、自适应的电厂运营能力，以此形成全流程的智慧电厂生态体系，可以有效地减少生产环节的冗余性，构建绿色低碳、敏捷高效的能源基础设施。

从输配电侧来讲，通过建设数字电网体系，以数据驱动的方式实现输配电环节的智能化和精细化水平。例如，通过采集和分析动态的输电、配电数据，实时检测设备状态，在线监控线路故障并辨识设备异常情况，可以提高设备检修效率和运维水平；其次，面向长距离输电产生的能源浪费业务痛点，通过对各设备节点的统计和大数据预测，可以有效识别和预测线路中的输电损耗，合理进行电力网络拓扑结构的设计规划。

从用电侧来讲，通过对售电数据进行采集和分析，可以充分了解不同行业、不同地区的实际用电需求，加强用电市场的销售服务体系，并通过建立线上售电平台开展个性化定价与相关营销增值服务。基于智能电表和用电信息采集系统，能够有效采集各种终端的用电明细数据，有助于推行阶梯式的定价策略决策，更加科学合理地完善电力价格体系。

对用电数据进行分析，除了可以支持电力企业的售电决策，还能有效地支持用电企业的生产管理决策。基于用电数据和用电企业实际产能的联合分析，可以发现生产过程中的主要能耗环节，提高电力能源利用率，有针对性地改善产能结构。除以上方面，从更加开放的视角看，电力数据还可以代表企业或行业的业务发展情况，以及地区的经济发展水平，可以支持金融机构的投资决策和地方政府的发展规划决策。

3. 农业数字化

农业属于第一产业，也是比较传统的行业领域，具有劳动密集型行业的特征。随着社会人口的不断增加，以及消费者多元化需求的日益增长，农业领域亟须改善传统的以人力为中心的生产作业方式，提高自动化水平和数字化水平。

依据技术应用的成熟度将农业活动划分为农业 1.0 到农业 4.0。

农业 1.0 是指传统农业，使用简单农业工具进行生产。农业 2.0 指的是小型规模化农业，利用机械化工具实现部分地区的规模化发展。农业 3.0 是自动化农业，通过计算机和硬件设备提升农业生产的专业水平。农业 4.0 是智慧化农业，强调将不同渠道的数据资源打通，实现农业生产活动的智能决策和智能作业。

当前，农业数字化是非常重要的行业发展方向。乡村振兴、数字乡村是国家提出的与农业数字化密切相关的产业政策。农业的数字化发展不仅解决了土地资源不足、产品结构不均衡、作业产量不稳定等供给端问题，也能提高农业生产者的生产积极性和收益水平，改善农村生产生活条件。农业数字化技术服务体系如图 8-5 所示。

1）农业产前环节数字化

在产前环节，数字化的主要应用在于大数据技术驱动新作物的研发方面。通过广泛收集和分析气候土壤数据、基因数据、生产实践数据，进行精准高效的作物育种，实现传统育种技术与大数据育种技术的深度融合，推动数字育种技术的生产实践。此外，基于历史的生产数据和销售数据，通过智能算法数据模型，可以对农作物产量和相应收益进行预测，帮助农户更好地制定生产计划决策。

2）农业产中环节数字化

在产中环节，主要通过数字化手段提升农业生产装备的智能化程度。与智能制造的自

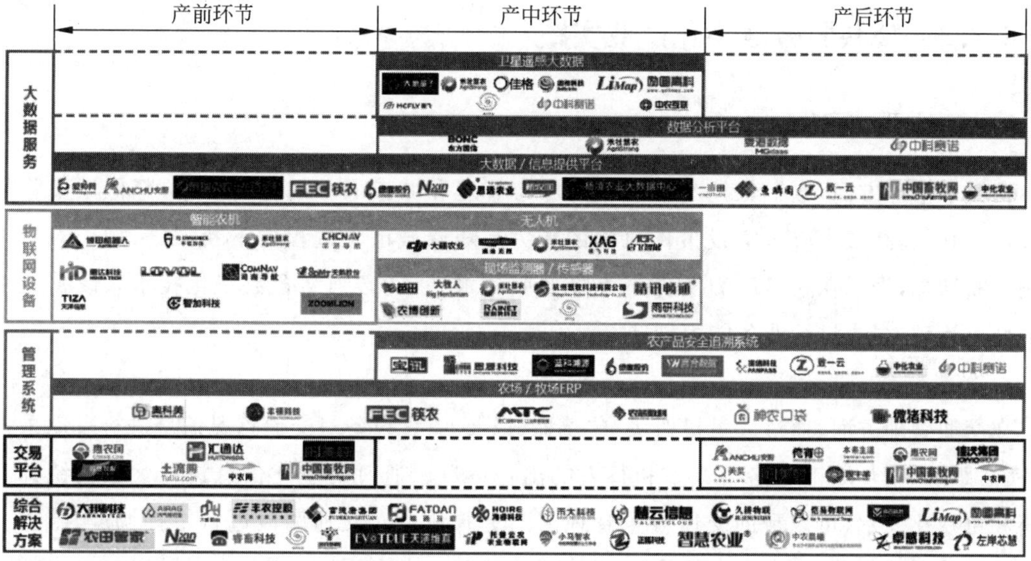

图 8-5　农业数字化技术服务体系

动化车间类似，通过各类农业传感器和智能芯片，对农机设备的生产作业状态数据进行实时采集和信息共享，实现不同农机设备的自动控制和协同作业。除此以外，农机设备还可以不断整合农业地理信息、农业作业参数、智能农机决策信息等关键数据，实现农业数据的广泛共享与应用。

产中环节主要依靠的数字化技术包括物联网、大数据、AI，以及 5S 技术，其中 5S 技术涵盖了遥感技术（Remote Sensing，RS）、地理信息系统（Geographic Information System，GIS）、全球定位系统（Global Positioning System，GPS）、数字摄影测量系统（Digital Photogrammetry System，DPS），以及专家系统（Expert System，ES）。这些数字化技术有效地推动了播种、施肥、灌溉、畜牧养殖及环境监测等传统的生产作业环节，通过大数据监测、无人机植保、精细化养殖等方式，提高农业活动的精细化水平和自动化水平。

3）农业产后环节数字化

在产后环节，数字化技术有效地推动了农产品的自动分拣环节。例如，通过自动分拣机器对农产品按照品相、质量、大小进行自动分类，之后发送到不同的加工渠道和销售渠道进行后续处理；通过数字标签技术，对农产品的物流和加工过程进行实时跟踪，实现农产品的溯源，保障食品安全，提供可靠的农产品品牌背书；此外，为农产品商户搭建专业的助农服务平台，通过大数据技术根据位置、偏好、历史消费记录自动匹配产销需求，帮助农户更高效地进行产品销售，降低农产品的库存率并提高最终创收水平。

8.3.3 公共服务数字化产业实践

1. 城市治理数字化

在城市治理方面,数字化技术可以提高城市管理和城市服务的综合水平,降低城市管理成本,同时提高城市应对突发事件风险的能力。随着城市化进程的不断推进,城市人口比例不断增加,为了在人口压力条件下不降低服务水平,就必须结合数字化技术来改善原有的城市治理方式,进行业务能力创新。

1) 智慧交通

在交通管理方面,通过大量摄像头、传感器,以及 GPS 设备对交通路况信息进行自动采集,实时跟踪、同步城市道路中汽车和行人的出行信息。通过对上述信息进行大数据统计分析和可视化展示,可以帮助交通应急管理部门更有效地对交通路段进行指挥调度,维护城市交通的通畅。此外,在融合不同渠道数据的基础之上,基于智能算法还可以预测出拥堵事件及可能出现的突发事故,并及时采取管制措施以排解相关隐患。

2) 智慧政务

在政务服务方面,很多政府通过搭建数字政务平台,帮助群众了解各种政策法规,并提供线上化和自动化的政务服务。各种渠道的在线政务平台可以减少政务服务人员的工作压力,提高群众解决日常政务需求的效率,并提升相应服务的满意度。

线上化的政务服务除了可以保证事务处理公开透明,还可以实现业务办理过程的可查询、可追溯,同时方便不便出行的残疾人和老年人的事务办理。随着人工智能技术的普及,智能客服或智能代理也越来越多地出现在政务平台网站上,用户通过简单的语言描述就可以准确定位到能够解决对应问题的在线服务模块。

3) 智慧安全

在安全方面,通过智能摄像终端、物联网等数字化技术,广泛感知全域的人员身份数据,数据库中存储的不再是简单的摄像视频,而是各种类型的身份 ID 信息,如车牌号、银行账号、人脸等。这些信息经过实时监控和分析处理,可以为园区、停车场、商场、小区等不同公共区域的安全管理提供非常有效的技术支持。此外,还可以通过收集互联网平台上各种舆情信息,面向特定的敏感主题进行持续监控,实现对突发危机事件的快速反应和有效预警。

4) 智慧民生

在基础民生方面,可以通过在各种公共区域部署大量智能化终端设备代替人工运营来提供便民服务。例如,智能垃圾分类箱可以自动进行投递人身份识别,感应开门,帮助市民养成垃圾分类习惯，同时确保无接触条件下的清洁卫生状态；智能回收站、智能水站、智能零售机，这些无人服务设施的普及有效地增加了居民日常生活和消费的便利性，此外，基于对无人设施的简单改造，还可以用于大批量公益物资的发放，缓解基层社区人员的工作负担。

2. 医疗卫生数字化

相对于我国庞大的人口规模，医疗卫生资源相对处于十分短缺的状态。结合数字化技术提升医疗行业的服务效率和服务水平，是未来行业发展的重要趋势。在医疗卫生领域有很多典型的数字化创新应用场景，主要涉及远程医疗、数字管理、智能诊断、AI研发等几个主要创新方向。

1）远程医疗

远程医疗是指采用互联网平台为患者提供线上化的医疗服务。这种模式可以把一部分原本线下的医疗服务环节转到线上环节完成。当前，远程医疗的方式十分多样化，除了传统的“互联网＋”医疗平台，很多医疗机构也开通了自己的线上服务门户，还有不少传统医院和互联网企业共同组建了能够直接在线上渠道完成治疗过程的互联网医院。

在远程医疗模式下，医院和医生可以通过PC端、小程序、App、公众号等不同的网络渠道接触到患者群体，为患者提供医疗咨询、就诊随访、慢病管理、智能问药等各种服务能力。

对于患者来讲，远程医疗服务提高了就诊效率，方便了行动不便及距离遥远患者的就诊活动，同时帮助患者更好地实现个性化诊疗、灵活诊疗、本地化诊疗。对于医疗机构来讲，远程诊疗可以缓解线下的门诊压力，降低人力服务成本，更有效地配置线下的稀缺医疗资源，推动分级诊疗体系的进一步完善。

2）数字管理

数字管理是指通过医疗信息系统提高患者基本信息及临床数据的计算处理能力和管理维护能力，帮助医生进行更加科学精准的诊疗服务，协助对患者进行健康档案的建立与健康状态的跟踪。

常见的医疗信息系统有医院信息系统（Hospital Information System，HIS）、临床信息系统（Clinical Information System，CIS）、电子病例系统（Electronic Medical Record，EMR）、影像归档和通信系统（Picture Archiving and Communication System，PACS）、实验室信息系统（Laboratory Information System，LIS），以及手术室信息系统（Operation Room Information System，ORIS）等。这些信息系统涵盖了医院的各个科室和相关职能部门，在前端与医院的线上服务门户打通，在后端与各种数字医疗设备相连接并保持信息同步。

3）智能诊断

智能诊断是指基于大数据和人工智能技术，对患者的健康状况进行自动分析和自动诊断，帮助医生提高诊断效率和诊断准确率的技术应用。

例如，通过机器视觉技术可以对病理影像中的异常区域进行自动识别，发现可能存在的病灶位置，帮助医生进行快速的疾病筛查，提高疾病诊断精度；此外，还可以基于对大量核心的疾病知识和临床经验进行结构化编码，构建出具有疾病自动诊断能力的专家系统。专家系统将患者的基本信息、病史信息、影像数据、生化数据等不同维度的信息进行融合，生成综合客观的诊断结果。

4）药物研发

药物研发是一项知识密集型的产业实践领域，依赖对大量的临床数据和实验数据进行分析处理。大数据算法的广泛应用极大地加速了药物研发的过程，并缩短了相应的研发周期。

例如，在药物发现阶段，利用自然语言处理技术对海量文献、专利、临床报告进行自动分析，能够挖掘潜通路、机制、蛋白与疾病的相关性，生成新的实验猜测，辅助进行新机制和新靶点的发现；在该阶段，还可以利用机器学习或深度学习技术对大量的化学反应记录进行建模分析，得到的数据模型可以对各个化学反应步骤进行预测，该技术广泛用于化合物的合成；此外，在临床试验阶段，通过对大量历史实验资料的语义分析，能够自动总结影响试验成功或失败的关键变量因素，通过综合考虑，以保障临床试验结果的成功率。

图书推荐

书　　名	作　　者
深度探索 Vue.js——原理剖析与实战应用	张云鹏
剑指大前端全栈工程师	贾志杰、史广、赵东彦
Flink 原理深入与编程实战——Scala+Java(微课视频版)	辛立伟
Spark 原理深入与编程实战(微课视频版)	辛立伟、张帆、张会娟
HarmonyOS 应用开发实战(JavaScript 版)	徐礼文
HarmonyOS 原子化服务卡片原理与实战	李洋
鸿蒙操作系统开发入门经典	徐礼文
鸿蒙应用程序开发	董昱
鸿蒙操作系统应用开发实践	陈美汝、郑森文、武延军、吴敬征
HarmonyOS 移动应用开发	刘安战、余雨萍、李勇军 等
HarmonyOS App 开发从 0 到 1	张诏添、李凯杰
HarmonyOS 从入门到精通 40 例	戈帅
JavaScript 基础语法详解	张旭乾
华为方舟编译器之美——基于开源代码的架构分析与实现	史宁宁
Android Runtime 源码解析	史宁宁
鲲鹏架构入门与实战	张磊
鲲鹏开发套件应用快速入门	张磊
华为 HCIA 路由与交换技术实战	江礼教
openEuler 操作系统管理入门	陈争艳、刘安战、贾玉祥 等
恶意代码逆向分析基础详解	刘晓阳
深度探索 Go 语言——对象模型与 runtime 的原理、特性及应用	封幼林
深入理解 Go 语言	刘丹冰
深度探索 Flutter——企业应用开发实战	赵龙
Flutter 组件精讲与实战	赵龙
Flutter 组件详解与实战	[加]王浩然(Bradley Wang)
Flutter 跨平台移动开发实战	董运成
Dart 语言实战——基于 Flutter 框架的程序开发(第 2 版)	亢少军
Dart 语言实战——基于 Angular 框架的 Web 开发	刘仕文
IntelliJ IDEA 软件开发与应用	乔国辉
Vue+Spring Boot 前后端分离开发实战	贾志杰
Vue.js 快速入门与深入实战	杨世文
Vue.js 企业开发实战	千锋教育高教产品研发部
Python 从入门到全栈开发	钱超
Python 全栈开发——基础入门	夏正东
Python 全栈开发——高阶编程	夏正东
Python 全栈开发——数据分析	夏正东
Python 游戏编程项目开发实战	李志远
Python 人工智能——原理、实践及应用	杨博雄 主编,于营、肖衡、潘玉霞、高华玲、梁志勇 副主编
Python 深度学习	王志立
Python 预测分析与机器学习	王沁晨
Python 异步编程实战——基于 AIO 的全栈开发技术	陈少佳
Python 数据分析实战——从 Excel 轻松入门 Pandas	曾贤志
Python 概率统计	李爽

续表

书　名	作　者
Python 数据分析从 0 到 1	邓立文、俞心宇、牛瑶
FFmpeg 入门详解——音视频原理及应用	梅会东
FFmpeg 入门详解——SDK 二次开发与直播美颜原理及应用	梅会东
FFmpeg 入门详解——流媒体直播原理及应用	梅会东
FFmpeg 入门详解——命令行与音视频特效原理及应用	梅会东
Python Web 数据分析可视化——基于 Django 框架的开发实战	韩伟、赵盼
Python 玩转数学问题——轻松学习 NumPy、SciPy 和 Matplotlib	张骞
Pandas 通关实战	黄福星
深入浅出 Power Query M 语言	黄福星
深入浅出 DAX——Excel Power Pivot 和 Power BI 高效数据分析	黄福星
云原生开发实践	高尚衡
云计算管理配置与实战	杨昌家
虚拟化 KVM 极速入门	陈涛
虚拟化 KVM 进阶实践	陈涛
边缘计算	方娟、陆帅冰
物联网——嵌入式开发实战	连志安
动手学推荐系统——基于 PyTorch 的算法实现(微课视频版)	於方仁
人工智能算法——原理、技巧及应用	韩龙、张娜、汝洪芳
跟我一起学机器学习	王成、黄晓辉
深度强化学习理论与实践	龙强、章胜
自然语言处理——原理、方法与应用	王志立、雷鹏斌、吴宇凡
TensorFlow 计算机视觉原理与实战	欧阳鹏程、任浩然
计算机视觉——基于 OpenCV 与 TensorFlow 的深度学习方法	余海林、翟中华
深度学习——理论、方法与 PyTorch 实践	翟中华、孟翔宇
HuggingFace 自然语言处理详解——基于 BERT 中文模型的任务实战	李福林
AR Foundation 增强现实开发实战(ARKit 版)	汪祥春
AR Foundation 增强现实开发实战(ARCore 版)	汪祥春
ARKit 原生开发入门精粹——RealityKit + Swift + SwiftUI	汪祥春
HoloLens 2 开发入门精要——基于 Unity 和 MRTK	汪祥春
巧学易用单片机——从零基础入门到项目实战	王良升
Altium Designer 20 PCB 设计实战(视频微课版)	白军杰
Cadence 高速 PCB 设计——基于手机高阶板的案例分析与实现	李卫国、张彬、林超文
Octave 程序设计	于红博
ANSYS 19.0 实例详解	李大勇、周宝
ANSYS Workbench 结构有限元分析详解	汤晖
AutoCAD 2022 快速入门、进阶与精通	邵为龙
SolidWorks 2021 快速入门与深入实战	邵为龙
UG NX 1926 快速入门与深入实战	邵为龙
Autodesk Inventor 2022 快速入门与深入实战(微课视频版)	邵为龙
全栈 UI 自动化测试实战	胡胜强、单镜石、李睿
pytest 框架与自动化测试应用	房荔枝、梁丽丽